イヌに「こころ」はあるのか

遺伝と認知の行動学

レイモンド・コッピンジャー
マーク・ファインスタイン
柴田譲治［訳］

How Dogs Work

原書房

口絵1　イヌが墓地にいる動機はいくつかある。静かで安心できる空間であること。石材が暖かいので気持ちよく寝転がれること。そして遺体からは食物の臭いがするのかもしれない。世界の多くの地域で、イヌは埋葬されたばかりの遺体を掘り返して餌にしている。写真ジェーン・ブラックマン（上、左下）とエヴィ・ジョンストン（右下）。

口絵2　行動レパートリーとして《注視》＞《忍び寄り》を見せることが作業犬のいくつかの犬種、たとえばボーダーコリーとポインターでは必須になる。他の家畜護衛犬など犬種では、捕食運動パターンを発現すれば作業犬として失格になる。写真上クリスチャン・ミュノス＝ドノソ、写真中ローナ・コッピンジャー、写真下モンティ・スローン（ウルフ・パーク）。

口絵3　３つの運動パターン。写真上は《忍び寄り》運動パターンのピューマ（クリスティアン・ミュノス＝ドノソ撮影）。写真中ボーダーコリーが《注視》運動パターンを見せている（ローナ・コッピンジャー撮影）。写真下ディンゴの《前足突き》（ケリー・グッドチャイルド撮影、ディンゴ・ディスカバリー・センター）。

口絵４　育児行動1。すべての哺乳類は子どもに授乳し、イヌ科動物と大部分の肉食動物は子どもを保護するために巣穴を建設する。写真ブラッドリー・スミス、ダニエル・スチュアート。

口絵 5　育児行動2。オオカミやコヨーテ、ジャッカルそしてディンゴはみな授乳期が終わってからも長い間子どもの世話をし餌を与える。この点でイヌ属の中でもイヌは例外的存在で、離乳後子イヌは自分で餌を食べる。写真ブラッドリー・スミス、モンティ・スローン（ウルフ・パーク）。

口絵 6　動物の遊びは正真正銘の謎だ。このページと次ページにあるイヌやオオカミそしてディンゴの行動は人間の目からすると遊び心いっぱいのように思える。しかしどうしてわたしたちはそう思うのだろうか？　動物が生きていく上で遊びにはどんな機能があるのだろうか？　この行動が遊びで別の行動は遊びではないと、わたしたちにはどうしてわかるのだろうか？　写真モンティ・スローン（ウルフ・パーク）。

口絵 7　遊んでいるように見える動物たち。写真クリスティアン・ミュノス＝ドノソ、ブラッドリー・スミス。

口絵8　人間が出す社会的な合図は、イエイヌだけでなく、多くの種が容易に解釈できる。写真ローナ・コッピンジャー。

イヌに「こころ」はあるのか

遺伝と認知の行動学

目次

序文

レイ・コッピンジャーとマーク・ファインスタインによるイヌの動物行動学を論じた本書に序文を寄せることができるのは、わたしにとって光栄なことです。また本書がインディアナ州のウルフ・パークとその創設者である故エーリック・クリングハマーに捧げられていることもとても嬉しく思っています。エーリック・クリングハマーはわたしの指導教授であり、シカゴ大学でわたしの学位審査委員で、その後も長年の友人でした。エーリックは留巣性の鳥類における性的刷り込みに関する初めての研究に取り組み、研究人生をスタートさせましたが、愛犬家で特にジャーマン・シェパードをこよなく愛していました。50年以上も前のことになりますが、インディアナ州北部にあるエーリックの研究〝農場〟で、エーリックの愛犬ジッタが子を宿しているガーターヘビを発見したのです。わたしがヘビに関心のあることを知っていたエーリックは、そのヘビをわたしにくれました。そしてこのヘビの子が大きな契機となってわたしはヘビを研究するようになり、さらにヘビを博士論文のテーマとし、その後ヘビ動物行動学を専門とすることになったのです。エーリックとジッタには最初の著書（バーガート、1966年）で感謝の意を記しました。ジッタはイヌですから献辞など関係なかったかもしれません。しかしイヌとエーリックがわたしの仕事に大いに影響を与えてくれたのです。エーリックがかなりひどい鳥類アレルギーを発症すると、彼はイヌをはじめとするイヌ科動物の行動に学術的関心を移し、適切な飼育条件を提唱し、オオカミ保護を支持し、重要なドイツ語書籍を翻訳して動物行動学の振興に寄与しました。

本書の筆頭著者であるレイ・コッピンジャーとはかなり前からの知り合いです。わたしが科学者として生涯でおそらく最も困難だった場面で、レイのユーモアのセンスで緊張がときほぐされて以来の知り合いで、その時のことは大変懐かしい思い出となっています。それは1968年にダラスで開催されたアメリカ科学振興協会・動物行動学会でのことで、コッピンジャーは同じ分科会のわたしの発表の後で、鳥類に関する博士論文の発表をしました。したがってレイもやはり鳥類世界からの難民で、現在は学生と同僚らとともにイヌの行動の詳細な研究を行っています。コッピンジャーの重要な理論的著作（コッピンジャー、スミス、1989年）は過小評価されていますが、わたしの動物の行動に関する考察、なかでも遊びの進化に関しては、その著作から大きな影響を受けました。

イヌの行動に関する動物行動学を論じる本書は、イヌとその進化、行動、認知そして家畜化への新たな科学的関心の最先端にあります。人間に最も近い類人猿が人間の行動の象徴的な鏡の役割を果たしてきたのは19世紀以来のことで、第一次世界大戦期のヴォルフガング・ケーラーによる有名な「洞察学習」の実験や、1920年代のロバート・ヤーキーズの飼育下における行動の研究、1960年代のジェーン・グドールによる先駆的野外研究、1970年代の言語訓練を受けた類人猿、さらに認知的にも社会的にも洗練された類人猿の存在については、今日では一般書籍や「比較認知学」という生まれたばかりの分野でよく知られています。しかしイヌも頭のいい動物の殿堂入りを果たしつつあり、類人猿の研究者の中にはイヌ科の研究に手を伸ばす者も出てきているほどです。

ところで人間の行動の不思議と起源への便利な入り口でもあるイヌの歴史は、かなり遡ることができます。何よりイヌを愛したチャールズ・ダーウィンは、1859年の『種の起源』の本能に関する有名な章で、行動における血統の相違とその科学的重要性を論じています。その後『人間の進化と性淘汰』(ダーウィン、1871年)と感情に関する書籍『人及び動物の表情について』(ダーウィン、1872年)で、ダーウィンはイヌを感情の3原則の実例としてあげ、同時にイヌには忠誠、愛情、嫉妬、誇り、恥、想像力、理性、抽象そして初歩的言語といった明らかに最も人間的と思われる属性を備えていると論じました。ダーウィンの弟子ジョージ・ジョン・ロマーニズによる精神的進化に関する先駆的書籍では、イヌは他の捕食動物と違い、その精神性の高さから類人猿と同様に最も人間的であるとされています(ロマーニズ、1883年)。

動物行動学を確立した重要な人物であるコンラート・ローレンツは生涯イヌを愛し、初めて一般読者向けにイヌの行動と進化に関する書籍『人イヌにあう』(ローレンツ、1954年)を出版しました。この書籍ではイヌの行動が科学的に評価され、生物学的な客観性が重視されました。面白いのは、イヌが研究の最前線へ戻ってくるには、比較心理学と動物行動学における認知革命が必要だったのですが、最先端の分子遺伝学が様々な犬種の関係を解明したこともあって、動物行動学的レンズを通してもう一度イヌをよく観察するうえでタイミングが良かったのです。本書はまさに画期的な事件であり、ローレンツを継ぐにふさわしい書物です。イヌやオオカミなどイヌ科動物に関して生物学と動物行動学での新しい発見が数多くを盛り込まれ、しかも長きにわたり重要な貢献をしてきたイヌ科動物行動研究者による権威ある著作です。さらに著者らは一般的な〝イヌ〟よりも特定の犬種を重点的に取り上げ、一貫して動物行動学的アプローチをとっています。またローレンツと同じように、イヌの行動に関する重要な点について多くの人と共有できる解釈ではなく、あえて挑発的な視点を提示しています。したがってイヌの飼い主やイヌの愛好家にとっては、この視野の広い書籍からイヌと科学について多くを学べるだけでなく、イヌを扱う専門家やイヌ科動物の研究者にとっては相変わらずの固定観念に異議が唱えられることにもなります。

この最後に挙げた点は、比較動物認知学において素朴な方法を使っている現在のアプローチでは、類人猿やサル、イヌなどの認知能力の複雑性と問題解決能力をいたずらに強調するばかりか、行動の解釈に無批判に擬人的思考の導入を助長しているという事実に基づいています。こうした擬人観は、ペットの飼い主や科学者ではない一般の人だけが犯す〝罪〟と思われがちですが、実際にはプロの科学者自身の研究や語彙にも浸透しているのです。こうしたことが生じるのは研究者同士の競争にも原因があり、彼らは類人猿やイヌそして他の動物が人間的な属性を持っていることを示すことを競っているのです。しかもその人間的属性というのも、動物たちの心理ではなく、人間の心理を通して他の動物を見る傾向があるのです。こうした競争によって、動物が人間のように賢いことを唱導する者と、たとえこじつけでありそうにない説だとしても、最もつまらない解釈に研究者を押しとどめておこうとする興ざめな人々との間の論争が続いてきました。

この刺激的な書物では、認知論と行動学の両極端の議論の間に分け入り、動物行動学と動物の基本的な学習過程に関する豊富な概念装置を使ってイヌの行動を議論し解釈します。主に取り上げているのはそり犬や護衛犬、牧羊犬そしてオオカミたちの魅力的な行動ですが、本書で解説される行動の考察法は、もっと多くの犬種にも拡張できるでしょうし、そうすべきでしょう。本書は臆することなく比較動物行動学の中心的方法論を適用、応用してイヌを理解しようとするもので、人間も含めたあらゆる種の行動を観察する新たな方法を提言しています。動物の解剖学と生理学が種特有の特性であるように、動物の行動も種特有の特徴であるとするローレンツの洞察を真摯に受け止めています。本文に添えられた素晴らしい写真は、読者がイヌとオオカミの姿勢や表情、行動的ダイナミクスを理解する助けとなり、こうした動物たちの理解を深めその喜びを増幅してくれるでしょう。それは森の中で樹々の名がわかれば森の散策が一層豊かな体験となるのと全く同じことなのです。

著者らはあえて挑発的にイヌやその他の動物を複雑な機械とみなし、その特殊な行動や行動の流れ、さらに学習や発達、感情そして認知に関する研究を、身体と脳そして本能的メカニズムの進化と変容に断固として結びつけます。今日では分子遺伝学により、進化的起源の詳細が解明されつつあり、神経科学により行動の基礎に脳の過程が存在することも理解されつつあります。それらは無関係なトピックとして扱われることが多いのですが、行動学、特に動物行動学的アプローチを利用することで、他のどんな行動科学よりも効果的にそれらを関連づけることができるのです。

ゴードン・M・バーガート

参考文献

バーガート、G・M　1966. Stimulus control of the prey attack response ion naive garter snakes. Psychonomic Science 4:37-38
コッピンジャー、R・P／C・K・スミス　1989. A model for understanding the evolution of mammalian behavior. In *Current Mammalogy*, ed. H.Genoways（New York:Plenum）2:335-74
ダーウィン、C『種の起源』（1859年）
ダーウィン、C『人間の進化と性淘汰』（1871年）［長谷川真理子訳、文一総合出版、1999年］
ダーウィン、C『人及び動物の表情について』（1872年）［濱中濱太郎訳、岩波書店、1931年］
ローレンツ、K『人イヌにあう』（1954年）［小原秀雄訳、至誠堂、1966年］
ロマーニズ、G．J『動物の精神生活（Mental Life of Animals）』（1883年）

第1章 イヌとは何か？

本書は動物の行動について論じたもので、特にイヌその他のイヌ科動物（オオカミやコヨーテなど）がどのように生活しているのか、イヌが生物として実際にどう生きているのか、どのようにそしてなぜそう行動するのかといったことについて論じる。イヌがこの世界で何らかの動きを見せているとき、どのような力と機構によってそのように〝作動〟するのかを理解したいのである。ボーダーコリーはヒツジを追うのに、なぜ家畜護衛犬はそうした行動をとらないのか。グレイハウンドはドッグレース向きなのに、どうしてダックスフントはそうではないのか？　生まれたばかりの子イヌはどうしておとなのイヌとは異なるふるまいをするのか？

わたしたちが動物行動学者として、つまり動物の行動についてその生物学的根拠を体系的に研究する科学者として、動物は時計仕掛けのように〝作動〟するものと捉えているのは、単なる比喩ではない。機械とはエネルギーを運動に変換する装置だ。あらゆる機械がそうであるように、イヌの行動もエネルギーを運動のパターンへと変換した結果である（そして生物であれば、究極的にはエネルギーを子孫へと変換する)。形状と部分の組織化がどのように形成され、作動に必要なエネルギーをどのように獲得しているか、そのことが機械のあらゆる動作を決定し、機械に可能な動作の限界も決めている。本書では読者のみなさんにも、イヌやその他の動物を機械と同じようにふるまう存在として考えてもらいたい。

イヌはただの機械仕掛けのゼンマイおもちゃではないと、直ちに激しく反論されるかもしれない。もちろん大多数の人がイヌにも個性と欲望があり、機械に帰すことはできないと考えている。確かにイヌや動物にも少なくとも人間と同じような〝心〟があるだろう。それは確かに刺激的な視点であって、一般的なメディアでもてはやされ、認知動物行動学と呼ばれるようになった新分野では、動物の〝心〟をテーマにした研究も多い。わたしたちは後の章でこうした研究についてもっと詳しく検討するが、本書で認知学的な説明に訴えることはそれほど多くはない。本書の目的は、動物が行動する時、その行動はなぜどのようなメカニズムで生じるのか、そのことを〝伝統的な〟動物行動学の立場からどこまで理解できるのかを明らかにすることにある。つまり生物の身体がどのように構築され、完成した生物機械の形状によって、生きてゆくのに不可欠な動作のパターンと活動のパターンがどのように決定されているのかを解説する。

ダーウィン革命以来、実質的にすべての生物学者と思慮深い人々のほとんどは、地球上のあらゆる生命が何十億年もかけて張り巡らせてきた進化の網目の中で互いにつながりあっていることを認識してきた。「生物機械」の無数の特性、つまり細胞や組織そして身体部位とそれらを接続している様々な過程は進化的作用の結果であって、この作用が遺伝的メカニズムを形成し、再形成し、究極的にはエネルギーを目的のある行動へと変換しているのである。ダーウィンの偉大な発想は進化によって適応が生じるとしたことにある。つまり生存上の有利な形態変異が自然選択によって選好され、その結果動物は食べることでエネルギーを獲得し、（他の動物に補食されるといった）危険を回避し、自らを再生産するように適応してきたのである。動物行動学の重要な視点は、生物機械の身体的形状を形成する有機体組織と同じように、動物の行動そのものも進化的作用による適応の産物と捉えることにある。

確かに動物はある意味で機械に似ているのだが、それは単純な機械装置でないことは言うまでもない。例えば脳ももちろん生物機械の重要な要素であって、イヌ（や人間）などの高等生物の行動と関係しているわけで、脊椎動物の脳は全宇宙とは言わないまでも、地球上で最も複雑な物体と言えるだろう。銀河系には４０００億個の恒星があるが、人間の脳には60兆もの神経結合がある。このようにイヌの脳は宇宙ほど大きくはないものの圧倒的に複雑な器官だが、それでも複雑に統御された生物機械の一部に過ぎない。骨や内臓、皮膚そして筋肉、目、耳などの器官はどれも遺伝子の産物で、進化によって磨き上げられてきたわけだが、これらの器官がなければイヌなどの動物が状況に適応してエネルギーを有効な運動に変換することはできない。したがって行動とは動物の全体的形状、動物の遺伝子が構築する機構が相互作用する複雑な全体性が現れた結果なのである。

とはいうものの、動物が単純な機械（のようなもの）に過ぎないとする見方には長い思想史がある。数世紀前、哲学者ルネ・デカルトは二元論の教義を明確に述べ、〝身体〟と〝心〟はふたつの異なる種類のものであって、一方を他方に還元することはできないとした。そしてデカルトの考えでは、この両方の特徴を兼ね備えているのが人間ということになる。人間以外の動物は本質的にうまくできた単なる時計仕掛けの装置に過ぎず、動物には機械の身体があるだけで〝心〟はないとデカルトは主張した。わたしたちは昔から、そして今も続くこうした身体と心の関係についての哲学的な議論に関わるつもりはない。しかしデカルトがどうして時計仕掛けのカラクリ機械という比喩的なレンズを通して動物を見ることができたのか、さらにそうした発想が人間の行動を理解するうえでどのように役立つのか検討してみるのは有益だと考えている。

時計は要するに時刻を知らせる機械だ。創意に富む人間は時刻を知らせるために驚くほど多様な方法を工夫した。日時計は空の上の太陽の位置によって変化する影で時の経過を知らせた。ろうそく時計、水時計、砂時計も時刻を知らせる機能を果たすが、これらはどれも物質を使い終わるまでの速さがほぼ一定であることから、時間経過を知ることができた。機械式時計は中世に登場し、デカルトの時代までには大きく改良され、動作原理も変化した。この新しい装置では、振り子の振動やバネの変形による機械的な動きを歯車の回転に変えるようになった。さらに間もなくすると初期の時計職人や修繕職人たちが時計の複雑なメカニズムを使って時刻を知らせる以上のことができることに気づき、多彩で複雑な動きを実現させた。18世紀の発明家は人間や動物にそっくりな模型を作ろうとして、超絶技巧的な自動装置や時計仕掛けを作っては悦に入っていた。本物の恋人同士のようにキスをしたり、兵士が発砲したり、イヌが自分の尻尾を追いかける様子を機械で再現して見せたのである。歯車が別の歯車を回し、針金が部品を引き寄せ、振り子

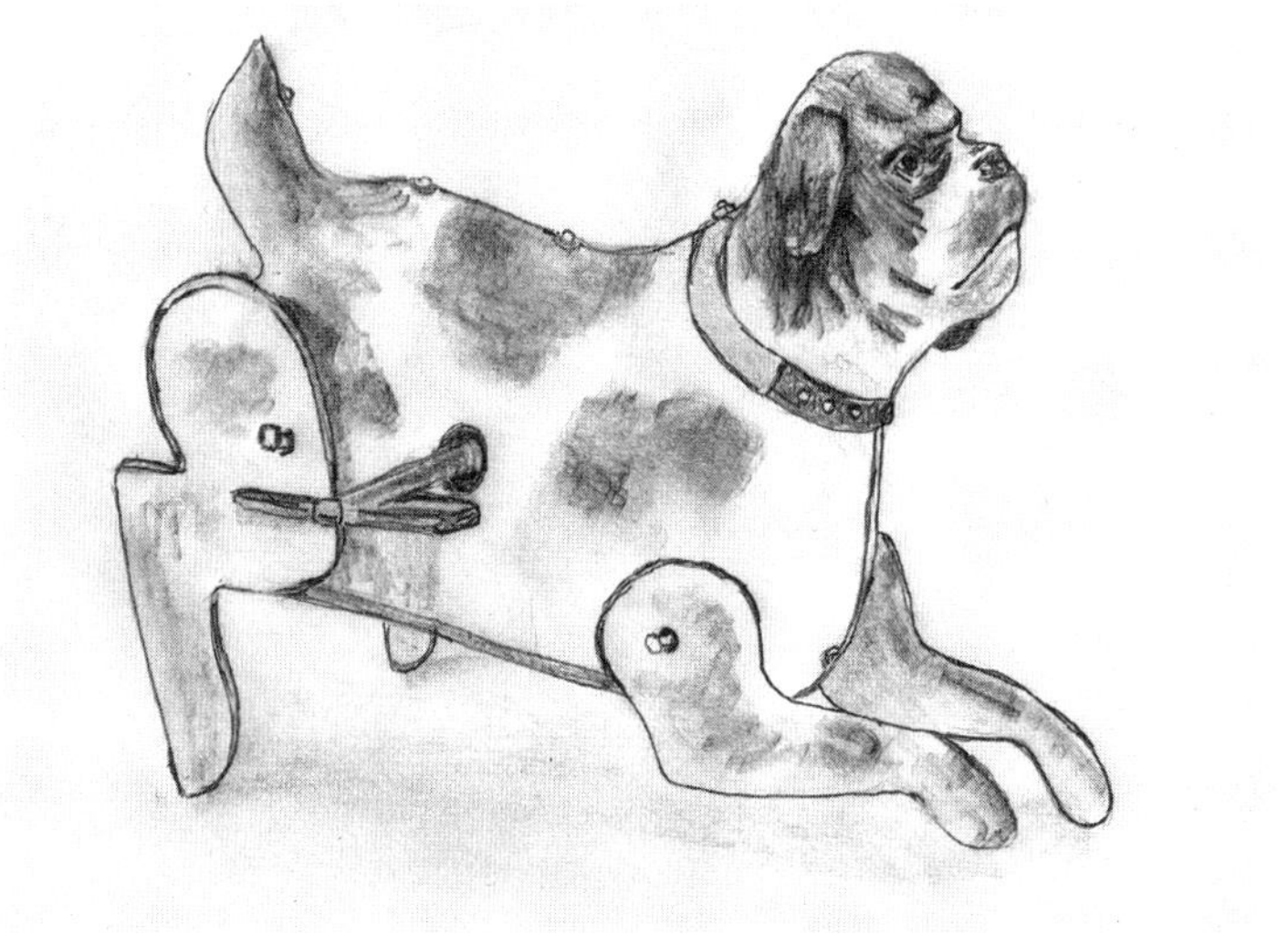

図1　ゼンマイ仕掛けでカチカチと動くおもちゃのイヌ。
キャロル・ゴメス・ファインスタイン画。

が振れるとまたそれらを引き離すといっただけの仕掛けだ。驚くほど簡単な仕組みによってまさかというような動きが生み出されたのである。こうした伝統は、進歩したデジタル・コンピュータのデバイスによって強化されて現在も受け継がれ、世界中のテーマパークでアニマトロニクスを駆使したロボットを見ることができる。何世紀もの間、無数の観客が「本当に生きているみたい！」と見事な自動装置に目を丸くさせてきたのである。こうしたロボットの中には一見しただけでは本物と見紛うくらいうまくできているものもある。とにかく非常に単純なゼンマイ仕掛けのおもちゃでさえ、本当の生き物が動いている感じがする（図1）。こうして人間が作った機械や装置が本当に生きているのではないかと思える理由として、ふたつの要素がある。明らかに本物の動物のような形状をしていること。そして生きている動物のような動きを見せることだ。結局わたしたちはこれら機械仕掛けのおもちゃや自動装置に、動物の行動の基本的な特徴を見出しているのである。わたしたちは動物の行動を「空間と時間の流れの中で移動し変化する生物の形状」と定義している。読者はこの定義では単純すぎると思うかもしれない。しかしわたしたちは、自然界の生物が「行動している」と言うとき、その生物の動きを特徴付けるには、この定義が適切だと考えている。こう定義しておけば、たとえ人間が作ったものであっても「機械が行動する」と言えることになる。

機械が〝どのように〟行動するかということは、それがどのように作られ、世界と接触したときにその形状がどう変化するかという問題になる。機械仕掛けのハト時計が、巻き上げたバネの動力で歯車の仕掛けを動かし時刻を告げるとき、この時計は生物有機体の行動を特徴付ける定義どおりの行動をしている。歯車機構の形状というのは、ある歯車およびその歯と、別の歯車との空間的な関係のことで、歯車が回転し、他の歯車とかみ合って動き出せばその形状は時間とともに変化する。この歯車機構がある形状になると、時計はチャイムを4回鳴らす。またチロリアンハットの中の小さな人形が飛び出して、円を描いてお辞儀をする動作を4回繰り返す。こうした行動は滑車とレバーが歯車の形状とかみ合い、歯車の空間的な位置と動きによって生じる。時間が経過しバネが歯車にエネルギーを伝達すると、時計の内部機構が変化し、それによって時を告げる行動も変化するのである。

人間が作った「時計仕掛けの機械」と生きている動物がそっくりであることは認めざるをえな

い。ハト時計が正時にだけ決まった数のチャイムを正確に鳴らすように、実際に多くの鳥のオスも類型化された（儀式化した）動作を見せる。例えば決まった回数だけ頭を上下に動かしメスの気を引く。それも1年の決まった時期にだけそうした動作を見せる。オオカミの繁殖期は年に1回だけ、初冬の頃だ。毎年どこでもオオカミの繁殖行動の時期は同じで、平均63日間ある妊娠期間を経て早春の全く同じ時期に子オオカミが生まれる。正時と正時の間には時計のチャイムは鳴らないように、オオカミの類型的な求愛行動も繁殖期の合間には全く見られない。

ここでも強調しておかなければならないが、当然のことだが本当の動物は、ハト時計やうまくできた機械仕掛けのイヌのおもちゃより圧倒的に複雑だしずっと巧妙にできている。それに本物の生物有機体は機械とは全く異なる物質でできている。生物有機体には外部世界を感じとり、それに反応する卓越した組織がある（今日ではこうした能力を持つ自動装置も作れるが）。時計仕掛けのイヌは人間が手でゼンマイを巻いたり、電池からエネルギーを得ているが、本物のイヌは人間が与える餌からエネルギーを得る。野生動物なら他の動物と競争しながら外部世界で自らのエネルギーを探さなければならない。また本物の動物なら時間が経つにつれて変化する。例えばニワトリは卵として生を受ける。新しく生まれた子イヌとおとなのイヌの形状は全く違う。しかし人工的な装置の場合は、自らを作り変えて新たな形態になることはない。さらに最も重要なのは、動物が自己複製できることだろう。これは人工的な機械では（今のところ）不可能だ。繁殖は生物という存在の極めて重要な部分で、〝生命〟であることの核心でもある。また繁殖は進化の本質的要素であり、動物の行動においても決定的な役割を果たしている。

言うまでもないと願いたいところだが、動物は天才発明家が部品を単純かつ論理的に組み合わせて作っているのではない。生物の形状とその運動能力は、自然選択の作用や、その他の進化や発達の過程が複雑に絡み合った結果の産物だ。その結果生存上の難題に対する実に多様な解決法が得られるのだが、そうした解決策がなぜどのように機能するのかについてはよくわからないことも多い。それとは対照的に時計や自動装置がどのように作動しているかは比較的簡単にわかる。ただ辛抱強く分解し、部品をひとつひとつ確認し、それらが組み合わさってどう動くのかを調べればいい。しかし生物機械の場合は同じように調べようとしても極端に難しい。「動物を分解する」のは解剖学的にも生理学的にも行動学的にも実に難しいのである。問題は何が部品なのかがはっきりしないことが多く、何の部品なのか、どう組み合わさるのかもよくわからない。細胞の仕組みから神経組織まで、生物システムは腹立たしくなるほど複雑で、それを解明するために、すでに多くの分野の科学者が生涯をかけて何世代もわたる研究を積み重ねている。

◉遺伝子と生物機械の行動

それでも今日確実にわかっていることがひとつある。DNAに暗号化された遺伝する化学指示書である遺伝子が、生物機械の本質的な基本要素であるということだ。遺伝子は基本的な複製能力の基盤である。動物の遺伝情報は、生物機械としての初期基本計画を決定するうえで重要な役割を果たしている（遺伝子が作動する環境としばしば強く相互作用するが）。遺伝子は一生の間来る日も来る日も生物機械を作っては作り直し、あらゆる時点での身体形状の特徴と限界、そして運動能力を規定している。

こうした見方をすれば、動物の行動は、必然的にその機械の構築を指揮している遺伝子によって形成されることになる。イヌがイヌらしくふるまうのはイヌの遺伝子を持っているからで、その遺伝子が生物機械を他でもないイヌらしくなるようにしているのである。この意味であらゆる行動は遺伝子による。動物が周囲の世界からどのように影響を受けるか、訓練や学習によって動物の行動がどの程度まで変化しうるのか、そして情報を表象し利用する方法（〝心〟と言ってもいい）でさえ、みな種固有の遺伝的特性によって限界づけられているということ、実際このことこそ動物行動学の本質的主題なのである。

しかし「あらゆる行動は遺伝的である」という場合、念には念を入れて正確を期さねばならない。動物が見せる現実の運動パターンがＤＮＡの言葉で直接はっきり〝書き込まれているのではない〟。単一の遺伝子の分子暗号の中に行動の設計図があるわけではないのだ。遺伝子がしていることは、タンパク質を生産する細胞のメカニズムを作動させ、なんらかの運動や行動ができるように動物の身体を作り、身体機能を調節しているに過ぎないのであって、それ以上でも以下でもない。この意味で、すべての行動は確かに遺伝子が土台になっているわけで、そうでなければならない。同時に逆説的ではあるが、行動の遺伝子が存在しないというのも確かだ。つまり配偶者を選択する単一の遺伝子は存在しないし、捕食行動における複雑な運動パターンを制御する遺伝子も存在しない。存在するのは様々な遺伝子発現の総体によって構成された全体としての身体

（それと脳）だけであり、その形態によって特定の行動がとれるようになるのである。

では、レース用のグレイハウンドはたいていダックスフントより速く走れるが、それはグレイハウンドという犬種の遺伝性質なのだろうか？　重要な意味でその答えはイエスだ。グレイハウンドにはグレイハウンド固有の身体の大きさ、骨格構造、筋肉組織そして神経系を持つ動物を作る遺伝子があって、その結果速く走れる形状が生まれるのである。足の遅いダックスフントは〝スピードに関する〟遺伝子がグレイハウンドと異なっているのではない。ダックスフントの遺伝子は、グレイハウンドとは異なる運動能力を発揮する身体形状を構築するのである。

さらにドッグレース場に行ってみればわかるが、グレイハウンドの中には明らかに他のグレイハウンドより速いものがいる。満足に餌を食べさせていなかったり練習不足のイヌだと、全く同じ遺伝子配列を持った双子の一方が優勝したとしても、他方がレースに勝つことはない。遺伝子は変動する環境と相互作用することで、動物の形状とその後の行動に大きな影響を与えるのである。もちろん発達途上にあるグレイハウンドの形状は生涯を通じて様々に変化するだろうが、だからといって決してダックスフントのようになることはない。また、どんなにダックスフントの発達と適応度を強化または訓練しようとしても、ダックスフントはグレイハウンドのように速く走れるようにはならない。

結局、グレイハウンドがグレイハウンドらしく作動し、ダックスフントがダックスフントらしく作動するのは、その形態の全体像が遺伝によって前もって決定されているからだ。動物行動学者が理解しようとしているのは、その形態と、形態によってもたらされる生物機械の機構が進化の過程でどのように生まれたのか、その形態は一生の間にどう変化するのか、そしてその形態が行動を構成する適応的な運動パターンをどのように作動させるのかである。

◉それではイヌの行動はわからない――教訓的なおはなし

行動の本質に関する科学的仮説を定式化し検証したい動物行動学者にとって、イヌは卓越した研究対象である。イヌはどこにでもいて観察も容易で、一緒に仕事をしていても楽しい。研究対象について悩まないですむ極めつきの動物だとわたしたちは考えている。動物の行動について、つまり何が動物を作動させているのかについて記載し説明する方法を詳しく検討する前に、特にイヌに関して人気があってしかも誤解を生みやすい見解（それを神話という人もいる）について、少し距離を置いて検討しておくのも後の議論に役立つだろう。

イヌは最良の友なのか？

イヌは「人間の最良の友」という言い回しに、多くの人はイヌの特徴と行動が言い尽くされていると思うだろう。イヌと人間の間には独特の強い絆があって、だからこそイヌは人間にとって忠実で誠実な存在になっているというわけだ（もちろん、「人間の最良の友」といった語り方をするのは「イヌ好き」に限ったことではない。ウマ好きなら「馬こそ人間の最良の友」と考えている）。しかし昔からの言い回しであるこの表現は誤解を招きやすい。

こうしたイヌの見方は、大衆文化やマスメディアでひっきりなしに増幅されている。ペット動物と言えば大切な人間の友達のようなイヌのイメージを誰でも思い浮かべる。わたしたちの大部分は友達であるイヌを食べるなど恐ろしくて考えるだけでもいやになるだろう（もちろんイヌを食用にする文化もあり、馬肉が最高と考えている文化もある）。そしてイヌを飼ってドッグフードに毎年何千億円もかけている。多くのイヌは人と一緒に快適で幸せに生きているように見えるのだから、わたしたちがイヌを親友だと思うのも無理はない。

しかし、イヌの行動特性についてこのように感情的な見方をするのは大きな問題があり、イヌがイヌらしく行動する理由を知るには何の役にも立たないというのがわたしたちの主張だ。実際人間とイヌとの関係は決して気楽なものではない。人間にとって良い友達という見方とは正反対に、問題ばかり起こすイヌが数え切れないほどいる。ペットの厄介な行動や性格を矯正するために、イヌの訓練やペット精神療法が一大産業となっていて、行動を改善する様々な流行のテクニックや薬物療法を提供している。こうしたイヌの訓練の「新たな革命」については書籍も大量に出版されている。それでも訓練しきれなかったり危険とみなされて年間５００万頭のイヌが動物保護施設へ送られたり安楽死させられている。「新たな革命」ではそうした実態を救済できない。さらに行動に極めて深刻な問題があって何度か獣医に治療されたことのあるペットのうち17パーセントが殺処分されていることが示唆されることもない。実際、イヌ咬傷《こうしょう》は事実上蔓延している状況で、世界的なパンデミックと呼びたくなるほどだ。アメリカ合衆国だけでも1時間に５３６件、年間では約４７０万件のイヌ咬傷が発生している。その中で治療が必要な患者は約

80万人、入院を要する患者は6000人にのぼり、イヌ咬傷は合衆国で2番目に規模の大きい公衆衛生上の問題と言われている。

また世界にはおそらく10億頭近いイヌがいるが、世界保健機関（WHO）が「人に飼育されている」とするのはその4分の1以下だ。その他の7億5000万頭は路地やゴミ捨て場で人糞や生ゴミ、時には人間の死体を漁《あさ》って生きている。こうして路上や農村周辺で飼い主（あるいは〝最良の友〟）もなく生活し繁殖している野犬が主な原因となって、世界中で毎年約7万5000人が狂犬病で死亡している。本書を執筆している間にも、コンゴ共和国で狂犬病が新たに流行し始めたという。なんとも素晴らしい人間の最良の友ではないか！

擬人化

イヌに対する感情的な思い入れがこれほど強力に浸透しているのはなぜだろうか？　ひとつの答えは、人間には世界を意味づけるために（あるいはわたしたちが世界を意味づけていると信じるために）、ほとんどあらゆる存在に人間の特徴を投影する驚くほど強い傾向があるからだ。人間以外の動物やその行為、嵐などの自然現象、あるいはまた自動車のような無生物に対しても、人間と似たような性質を持つ存在として考える強い傾向が、わたしたち人間にはある。これを「擬人化」（anthropomorphism）といい（anthropomorphism のギリシャ語語源からもわかるように）人間以外のものに人間の形状を当てはめる傾向性を意味する。わたしたちの精神に深く根付いていると思われるしぶとく強力な世界観だ。小さい子どもにとっては、ぬいぐるみの人形やプラスティック製のアクションフィギュアはまさに本物の生き物のようで、人間の友達と変わらないように感じるものだ。こうした人形を動かしたり話をするのが子どもたちにはとても自然に思えるのである。おとなにもそうした傾向はある。冬の嵐の中を大変な思いをして長距離運転し、ようやく無事に家までたどり着いたときなどは、愛車のボンネットを軽く叩いてこう言うのである。「よくやったぞ」。またコンピュータや電化製品の調子が悪ければ、それらを罵り蹴りを入れ、いい子にしてねとなだめすかそうとする。おおよそこうした擬人化のせいでわたしたちは時計仕掛けの自動機械を生き物のように見ているのである。

もちろんよく考えれば、自動機械が実際にはわたしたちの働きかけに応答しないことはわかる。わたしたちが機械のことをどう思おうと、機械の方はわたしたちを理解してくれない（それに愛してもくれない）ことはわかっている。それに自動車やコンピュータには〝わたしたちに似ている〟ところなどほとんどないのに、それでも似ているところがあるように思えてしまう。こうした衝動は心による強い要請で生じていて、それによって重要なものに価値と親密感を与えていると考える者もある。しかし、どう説明したところで、擬人化は近代科学以前の神話的思考であって、古代人が火山を理解するために、火山噴火を人格化した神の怒りの表現と解釈したようなものだ。

人間とよく似たところがある動物なら、擬人化も容易だ。タランチュラやウミウシに自分自身を投影するのはちょっと難しいだろう。しかし人間と同じような身体部位（毛、四肢、乳首）と生活過程（出産、育児）を持つイヌなどの哺乳類に「人間の形状」を当てはめることはそれほど困難ではないだろう。特にわたしたちの生活の身近に存在する動物であれば、なおさら擬人化は容易になるだろう。それでイヌ（その他の人間の最良の友候補であるネコやインコやウマ）には人間のような名前をつけ、本当に会話ができているかのように話をし、セーターを編んでやる。わたしたちは動物にも人間と同じような思考と感情があると〝考えたい〟のである。ダーウィンもかつて記したように、人間やヒツジなど動物との〝固い友情〟をイヌは実際に感じているとわたしたちは〝考えたい〟のである。人間には友達がいるのだから、イヌにも友達がいるはずで、わたしたちがイヌに対して感じていることをイヌたちも感じているはずだと。しかし、このように考えることについては十分に注意しなければならないし、イヌやその他の動物についてこうした言葉遣いをすることにも慎重であったほうがいい。人間以外の動物を人間の視点で見ることによって興味深い仮説が発見できるかもしれないが（素晴らしい推測が得られたとしても注意深い科学的精査は欠かせない）、動物の行動についてまったく的外れな観察をしてしまう可能性が高い。

その有名な例がイギリスのグレーフライアーズ・ボビーという象徴的とも言えるイヌの物語だ。ボビーはスカイ・テリアで、19世紀中頃ヴィクトリア朝時代のスコットランドで夜警に飼われていたと言われている。

よく知られている話では、飼い主が死にエディンバラのグレーフライアーズ教会の墓地に埋葬されると、ボビーは14年間来る日も来る日も飼い主の墓に寄りそって座っていたという。そしてボビーも他界すると、主人に対するボビーの忠誠と愛情を讃え銅像が建てられた（図2）。

このボビーの物語は150年にわたってイギリス愛犬家の心を温め、映画が公開され、書籍が出版され、観光業も活気づいた（そして儲かった）。しかし、この限りなく忠実で、飼い主が他界した後も友達でいたという感傷的で象徴的なイヌ物語も、実際には神話に過ぎず、その証拠も数多く存在する。カーディフ大学の歴史学者ジャン・ボンズンは、もともとボビーは「約60頭いたヴィクトリア朝時代の墓場犬のうちの1頭で、イヌたちは墓場で餌がくるのを待っていれば、非常によいもてなしが受けられたため、墓地にとどまり自由で快適な生活を送っていた」のだろうと結論付けている（2011年にロンドンのテレグラフ紙でも報道された）。地元商店主らはボビーが他界してからもその御利益にあやかろうと、実際に様々な動物を使ってはボビーの代わりを務めさせ、長年にわたって観光業を支えた。実際には〝愛すべき〟飼い主もなく、自由に生きているイヌが、新しく遺体が埋葬されたそばにいる様子が世界中でしばしば観察されている（口絵1参照）。おそらく墓地を訪れる人や管理人が餌を与えているのだろうし、これらのイヌが人間の遺体を食うことも少なくない。

人慣れしたオオカミ？

イヌはたまたま人間の中で生活できるようになったオオカミであるという説を真に受ければ、やはり道を踏み誤ることになる。おそらくこうした発想は自然とより近い関係でいたいと望む現代人の欲望に入り込んだのだろうが、これもまたもうひとつの神話に過ぎない。イヌを見れば（少なくともイヌによっては）、確かに表面的にはオオカミとよく似ていることはわかる。誰か

図２　エディンバラのグレーフライアーズ・ボビーを讃える記念碑。
「人間の最良の友」は客寄せにもなった。エヴィー・ジョンストン撮影。

にイヌの由来を聞けば「もちろん、イヌはオオカミから進化したのだよ」と答えが返ってくるだろう。マスコミ記事を読めば、大部分の科学者がイヌはオオカミの子孫だと信じていると教えこまれる。オオカミとイヌは系統学的にはコヨーテやジャッカル、アビシニアジャッカルそしてディンゴとも近縁で、しかも互いに交配可能でその雑種子孫も生存可能で繁殖能力もある。しかし実際にはカナダ北部やロシアに生息する象徴的な大型のハイイロオオカミがイヌの直接的な祖先であるという証拠はほとんどなく、少なくともイヌは今日見られる野生オオカミとそっくりな行動を見せる動物群から進化したのではない。

さらに重要なのは、端的に言えば現代のイヌは現代のオオカミのような行動は見せないことだ。シーザー・ミランのような人気のあるイヌの〝専門家〟は、良いイヌの飼い主になるには、有力な群れのリーダーであるオオカミαの役割を演じる必要があると教えてくれるだろう。しかし現実にはイヌが階層的に組織化された群れで生きているわけではない。実はむしろほとんどのオオカミが階層化された群れで生きているという見方の方が疑わしい。イヌはオオカミともその他の野生種とも数え切れないほど多くの点で異なっている。おとなのイヌなら簡単な訓練で人間の命令に従って実に様々な作業をこなせるようになるが、オオカミでは無理だ。オオカミは生来の大いなる問題解決者であって、コヨーテと同じように、人間が檻に閉じ込めれば無類の脱走の達人となる。対照的にイヌの場合はおとなしく檻に収まったままだ。次に親の役割と子育てについて検討してみよう。オオカミのオスとメスは一雌一雄関係を形成し、採餌《さいじ》なわばりを守りながら生活をともにし、交尾して一生連れ添うこともよくある（多くの場合、同じオスとメスが連れ

図３　メキシコシティのゴミ捨て場のイヌ。イヌと他のイヌ科動物との大きな違いは、イヌの場合はそばに人間がいても落ち着いて食事ができること。

添うのは繁殖可能年齢になってからの3年間以下)。イヌはそんなことはしない。野生オオカミのオスは、メスが子を哺育している間、つがいのメスを保護し食物を与える。この場合もイヌはそんなことはしない。野生オオカミの母親はまだ小さいオオカミの子に定期的に飲み込んだ食物を吐き出しては与える。父オオカミもそうする(また父オオカミは、子オオカミに食べさせるため狩りで得た食物を持ち帰る)。イヌの場合は、子イヌがそれだけで生きていけるほど頻繁に食べたものを吐き戻して餌を与えることはない。それに父イヌが子育てに関わることは一切ない。

単純な事実として、イエイヌとオオカミは異なる環境に適応した異なる動物であって、互いに他方の生育環境では（うまく）生活していけない。オオカミは無類の捕食者だが、食物を得るためにヘラジカを追い詰めて殺せるイヌは滅多にいない。イヌは人間とともに狩りに出てたまにはシカやイノシシを追跡するが、イヌだけで狩りをして生きていける可能性は非常に疑わしい。一方オオカミにとってみれば、人間の家と暖炉のある飼いイヌの世界でなんとか生きていけるほど従順にはなれない。オオカミもたまには人間の居住地内やそのそばで生活することもあるだろうが、人間のいる前で食事をするようなことはまずない。一方、イヌの場合はゴミ捨て場や都市の外れで育った野犬でさえ、人間がいてもおかまいなしに食事ができる。

もちろん、飼いならされたオオカミやコヨーテ、ジャッカルもいる。しかし、わたしたちの経験では、オオカミが人間に従順な仲間になるまで飼いならすには超人的な努力が必要だ。一方でイヌを手なずけるのは難しくない。生まれて5週目から6週目そして7週目の間（母イヌがまだ哺育している間でもいいので）子イヌと週に数時間一緒に過ごすだけで、人間に慣れうまく付き合えるようになる。そしてその後イヌはずっと人の足元にいるようになる。

オオカミを飼いならすのは話が別だ。オオカミは生まれてすぐに人間の手で育てる必要がある。子オオカミをミルクで育て、まだ目も見えない生後10日目から人との付き合いを教え始めなければならない。3週目以降まで遅れてはだめだ。もしそこまで遅れてしまえば、オオカミはある程度までは人間との接触に耐えられるかもしれないが、社会的絆を形成することはできない。人間に対してそれほど興奮するようなことはないだろうが、快く受け入れることはないし、顔なじみの人間に世話をねだることもない。10日齢からはオオカミと毎日24時間ともに過ごさなければばならない。これを4週齢から6週齢まで続ける必要がある。6週齢までというのは「子オオカミは目を覚ますとかみつくようになるので、それ以降オオカミと一緒に寝られなくなるから」と嘆くのは、わたしたちの教え子だったキャスリン・ロードで、現在は熟練の動物行動学者で経験豊かなオオカミ調教師でもある。その後も何週間もの間、起きているあいだつまり1日18時間前後はずっと子オオカミと過ごすことになる。イヌなら短期間で容易に、いわばひとりでに人間になつくのだが、オオカミを同じように飼いならすには何千時間もの努力が必要になる。動物に対してロマンチックな思いを持つ人なら、家で飼っているおとなしいペットは野生状態から連れ出しただけと考えるかもしれない。しかしそうした考えは、イヌを人間の最良の友と考えるのと同じように、神話的思考である。イヌそして一般的に動物のありのままの姿を理解するには、感傷的でない体系的な方法論が必要になる。

第2章

学者はどのようにイヌをみているのか

動物行動学者の基本的な関心は、動物のありのままの行動にある。わたしたち動物行動学者は動物たちが世界で〝生活しながら〟行動する様子、つまり食物を探し、捕食者からの攻撃を回避し、食物資源や繁殖相手をめぐる競争で他の動物と渡り合い、出産して子育てをする様子を観察し、記載するのである。その科学的目的は、動物がどうしてこうした行動をとるのかについて説明できる理論を構築することにある。もちろん動物を実験室で研究することも可能だし、もっと制御された人工的な条件下で動物にできること（あるいはその動物にどんなことをさせられるか）の限界について調べることもできる。しかし動物行動学者は、動物が自らの生息地で思うがままに行動する様子を観察することに特別強い愛着がある。

何百万もの好奇心をくすぐる生物が人間の影響や制御が及ばない自然界で生きている。多くの動物行動学者はそうした野生状態における動物の行動調査に特に関心がある。動物の行動や動物行動学に関する学術誌を手にとってみれば、アフリカのサヴァンナで草を食むガゼルやアマゾン

図4　グレタ・ローレンツ、コンラート・ローレンツと動物行動学の話をするコッピンジャー親子。1978年ローレンツ夫妻の家にて、ローナ・コッピンジャー撮影。

の熱帯雨林の森で金切り声を上げるホエザルに関する大量の論文が見つかるだろう。しかし言うまでもないが、わたしたち人間は動物として自然界のとても大きな部分を占めているため、今日、原生的な〝野生〟状態の動物種は非常に少なくなっている。確かに野生種は人間の人口増加と経済活動の容赦ない圧力を受け、多くの野生種の個体数は徐々に減少し（絶滅した種もある）、野生種の調査はますます難しい状況になっている。そうしたこともあって、日常的にどこにでもいて繁殖もし、ゆうに8000年以上人間の間近で共存してきたイエイヌはわたしたちにとって恰好の研究対象動物となっている。世界には総計10億頭が存在し、とても身近でなじみのある動物だから、わたしたちはイヌを擬人化し感傷的なレンズを通して見がちだ。しかしこのイヌが、実際には動物の行動さらには動物行動学者の行動すら説明できる科学的な一般原理を解き明かす優れたモデルとなっている。

コンラート・ローレンツ（1903－89年）は科学的動物行動学という現代的研究分野の創始者のひとりだ（図4）。ノーベル賞受賞者で、多くの生物を徹底的に観察し、刺激的かつ知的な動物作家でもあったローレンツは、研究生活の大半をイヌの行動について科学的に観察し思考した。それでも人間の最良の友について多少感傷的に考えるところがあった。有名な著書『人イヌにあう』（小原秀雄訳、至誠堂、1966年）で、ローレンツは自らのジャーマン・シェパード系の愛犬を「愛と忠節の計り知れぬ総和」と表現している。こうした素敵な賛辞を批判する現代の愛犬家は多くはないだろうし、イヌをこよなく愛するローレンツは、自分の家や農場で飼っていた多くの動物との深い絆という観点から、動物の行動についてある程度まで科学的洞察が得られると考えていたのかもしれない。

しかしローレンツがハイイロガンの刷り込みに関する研究で1973年ノーベル生理学・医学賞を受賞したとき（セグロカモメの研究のニコ・ティンバーゲン、ミツバチのダンス言語を発見したカール・フォン・フリッシュと共に受賞）、ノーベル委員会は、動物への愛情や共感によって動物の行動の仕方とその理由に関する謎を解明できるとする考え方を認めたのではなかった。そうではなく受賞理由はまず第一に動物の行動に関する科学的研究、つまり研究の根底をなす動物行動学の考え方に対するもので、行動パターンも「解剖学的、生理学的特徴と同様に自然選択の結果と解釈することで説明可能となった」とノーベル委員会は指摘している。

この考え方こそは動物行動学の核心である。行動そのものが生物進化の結果であって、動物の四肢や肝臓がそうであるように、行動も動物の適応機構による特徴のひとつであることを意味する。特定の行動も身体的特徴と同じように、生物の分類を定義するその種に固有の分類学的特徴とみなすべきだということだ。「動物行動学」は英語でethologyというが、この言葉は「特徴に関する学問」を意味するギリシャ語に由来し、行動と身体の特徴を統合するという動物行動学の中核となる考え方をうまく捉えている。

　確かにこうした動物行動学的視点に立った場合、ひとつの結論として自然選択は行動と構造に同時に作用していると考えられる。動物行動学者にとっては、進化が実際に関わっているのは、泳ぐことや飛ぶこと、あるいは走ることにあると言ってもそれほど的外れではない。鰭や翼、四肢は目的に対する単なる手段に過ぎない。初めて海洋動物が乾いた陸上をぎこちなく動き回ったとき、その選択的有利性は（すでに進化していた）独特な方法で移動するための身体形状と構造の特性を利用できるという行動上の利点だった。

　こうした考え方から、動物行動学者は遺伝的な行動パターンの観察、評価そして説明に関する研究を重視する。遺伝的行動パターンはこれまで「先天的行動」とか「本能」とも呼ばれてきた。しかし現在ではどちらの言い回しもそれほど使われていない。特に「本能」という言葉にはヴィクトリア朝時代の気配がまとわりついている。初期の動物行動学者はこの言葉を躊躇することなく使っていたが（ティンバーゲンには『本能の研究』〔永野為武訳、三共出版、１９５７年〕というタイトルの素晴らしい著作がある）、今にして思えばこうした用語の使用はおそらく間違いだっただろう。何より「本能」という用語では、行動と身体の特徴がどちらも自然選択の結果であるとする動物行動学の基本的な視点が曖昧になりがちだ。行動と身体のどちらも持って生まれた遺伝的特徴なのだが、「本能的」(instinctive)と「先天的」(innate)といった少なくとも一般的に使われている言葉は、多くの場合「行動」に対してだけ使われるのであって、生物の「身体的特徴」には使われない。「人間には5本指という本能がある」と言えば非常におかしな表現と感じるはずだ。

「先天的」(innate)という言葉にも同様の問題がある。この言葉は一般的に、誕生時点で現れた形質の特徴が、特定の遺伝プログラムによって固定されるという意味で理解されている。身体的特徴について「先天的」と言っても「本能的」というのと比べればそれほど不適切ではないかもしれない。しかし攻撃性に対する単独の遺伝子が存在しないように、5本指の遺伝子が存在しないことも確かだ。指は身体の初期計画によって生じるが、動物が発達する過程で物理的、化学的な連鎖的反応が展開する。その連鎖反応がわずかに変化しただけで、それが暑さや寒さといった単純な物理的環境の変化であっても、服用した薬やアルコールなどの化学的環境における変化であっても、身体形状が変化し、指の数でさえ変化してしまうのである。圧倒的多数の人間が5本指である理由は、その連鎖反応が起きているときに、わたしたちはみなほとんど同じ子宮という環境にいるからで、母親が健康を保ち、摂氏37度という体温を維持してくれ、発達に影響する薬物などの化学物質を摂取しなかったおかげなのである。正しい条件のもとで遺伝子発現が展開すれば、5本指になる。この観点からすれば身体的特徴が「先天的」であるとか「遺伝子に」書かれているとは厳密には言えない。ひと組の遺伝子によって始動した発生過程の結果なのである。

さらに「本能」と「先天性」という用語を批判する者は、行動が完全に生まれつきのものとは結論できないだろうと主張してきた。確かに生物は一生の間（5本指の例でわかるように）生まれる前からでさえ、絶えず周囲の世界と重要な相互作用をしているのである。「本能的」や「先天的」という言葉はこのようにどちらも非常に厄介な言葉なので、わたしたちは普通「内在的」（intrinsic）という一般的な用語を用いることにする。「内在的」という言葉をこうした文脈で使うようになったのは、発生と成長を研究する発生学者に由来する。この言葉が遺伝的性質をうまく特徴付けている理由については本書の後の節で説明するとしよう。さらに普通の動物行動学では使わないふたつの語彙「順応」（accommodation）と「創発性」（emergence）を採用する。

「順応」（これも発生学的概念）というのは、遺伝子によって生み出される生物の構造と行動が、実際には生物が発達するときの環境によっても形成、再形成されるし、その構造と行動が互いに作用しあうことでも形成、再形成がなされるという意味で使う。「創発性」というのは、単純な過程と特徴が相互作用することでそれらの部分の総和よりも（しばしば）もっと複雑な構造と行動が生み出されることで、生物学や物理学、そして計算科学などの分野ではますます重要になってきた概念だ。7章と8章でこうした概念についてもっと詳しく検討する。

こうしたわたしたちが使用する語彙と動物行動学の見方は、「本能的なもの」を重視する従来の方針からは逸脱している。行動は3つの（相互に関係している）異なる力と過程から生じるものと捉え、イヌをはじめあらゆる動物を研究する場合に、内在的行動、順応的行動、創発的行動という3種類の行動すべてを考慮する必要があるとわたしたちは考えている。

◉生まれか育ちか?

こうした用語に関する議論やその精緻化をしていると、今でも蒸し返される長年の論争「生まれか育ちか」が頭に浮かんでくるだろう。どんな分野の科学者でも、また一般の人々もは、動物の遺伝と身体の形態(生まれ)と、非常に多様な環境(育ち)の相対的重要性についてよく激しい論争を交わす。一般的な見解は、特に人間のこととなれば、激しく揺れ動く。ある時には人々は「宗教の遺伝子」が存在するであるとか、暴力や闘争の先天的傾向があるといった考えにとりつかれ思いを巡らせる。その後、反動が起きて、生来性という発想は、文化や人間行動の変化の可能性を無造作に無視する「生物学的決定論」と位置付けられる説だとして酷評する。問題は「生まれか育ちか」の答えは、「生まれ」か「育ち」のいずれかでしかないと考え、そのどちらかが主に、ひいては完全に行動の原因となっているはずだと、二分法的に捉えてしまう点にある。

当然だが、おそらく生物学寄りの動物行動学者は「生まれ」側に立つと見られることが多い。生物学者ならみなそうであるように、著者であるわたしたちは、動物の種は進化過程によってその生息地に適応するとしたダーウィンの前提を徹底的に重視する。「生まれ」はこうした適応主義の立場の核心である。もちろんすべての生物学者が、生物学的適応によって生命と行動の全貌が解明できると確信しているわけではない。最近の進化論者の中には(例えばスティーヴン・

ジェイ・グールドとメアリー・ジェーン・ウェスト＝エバーハードを始めとする多くの研究者）は進化の動力源である自然選択を介した適応が最も重要であるとする議論に異議を唱え、発達過程さらには偶然生じる不測の事態でさえ、大きな役割を果たしていると見る。こうしてますます生物史は進化と発達の作用が相互作用した産物として捉えられるようになっている（このような進化発生生物学は親しみやすく「エボデボ」と呼ばれている）。7章と8章で解説するように、発達過程での順応と創発性に関するわたしたちの考え方のいくつかは、「強い適応主義」という標準理論の覇権にも一石を投じることになる。

異なる視点に立つ他の科学者、なかでも心理学者の多くは、一生の間に経験する偶然の事態に応答して行動がどのように変化するか（動物がいかに〝学習〟するか）だけに関心を寄せる。そうした科学者たちが「育ちの」側に立つ傾向があるのは当然だが、中にはあらゆる行動が遺伝子によってかなりの程度まであらかじめ決定されているという考えを全く受け入れない研究者もいる。

それでも結局のところ、「本能」と「先天性」と同じように、「生まれ」と「育ち」も用語として都合が悪いことは明らかだろう。動物の表現型は動物の身体的、行動的特徴の全体が総合されたものだが、それは必然的に遺伝子とその生物の成長と経験との間の極めて複雑な協働作用の結果だ。食物資源の利用可能性、他の動物の存在、そして天候のような不確かな出来事であっても、それらすべてが常に動物の外見と行動に大きな影響を与えている。

わたしたちは冗談で学生にこんな質問をすることがある。「あなたは自分の顔になるように遺伝的にプログラムされていると思いますか？」（この気の利いた質問は進化生物学者であり遺伝学者でもあるリチャード・ルウォンティンによる）。すると学生はたいてい「もちろんですよ、だから自分の父親［母親や大叔父］に似ているんです」と答える。両親や先祖と似ていることが多いのは確かで、この類似性が「生まれ」つまり遺伝によるものに違いないと考えるのも理にかなっているように思える。さて、ある重要な点で顔は遺伝的でなければならない。結局顔も皮膚、骨そして軟骨組織の集合で、それらは各個体独自の遺伝子によって構築されるからだ。しかし遺伝子がすべてではない。一生の間には顔も変化するし、劇的に変わることもある。どの顔が遺伝子にプログラムされていたのだろうか？　4歳のときの顔だろうか？　17歳のときはどうだったただろう？　75歳のときの顔は？　おそらく二日続けて全く同じ顔であることはないというのが正しいのだろう。多くの顔のどれもが多少なりともあなたらしいだろうが、鏡に映る自分の顔ひとつひとつに遺伝子があって、そういう一生分の顔の遺伝子の組が存在するのだろうか？　もちろんそんなことはない。

あらゆる生物は自分の命を生きる間に成長する。遺伝子同士、そして遺伝子とその動物の環境との精巧な相互作用によって、その形状は常に変化する。哺乳類や鳥類は受精卵という形状でスタートする。胚が大きくなり分化する。生まれたとき、新生子期の哺乳類や鳥類はその種の成熟個体と比べると、形状が大きく異なる。生涯の成長段階である卵、胚、新生子、青年期、おとなのどの段階でも同じ遺伝子の組が作用しているのだが、ともかくこれらの遺伝子が示し合わせて、動物の成長とともに全く異なる形状が現れるようになる。

新生子がおとなと違うのは身体形状だけではなく、生命の特定の段階に固有の特殊な行動が見られる。新生子期の哺乳類は母親の乳首を吸う(もちろん乳首を吸うことを教わる必要はない)。一方おとなは幼児が乳首を吸うのとは全く異なるやり方で固形物を食べる。発達を通して生物の内在的特性同士が相互作用し、また環境とも相互作用して新たな構造と能力が生まれるのである。そこでは順応と創発性が重要な役割を果たしている。重要なのは、動物のゲノムに、一生の間に見られる形状と行動のあらゆる変化について詳細にわたって正確に記した完全な設計図などは存在しないということだ。こうしてみると、「生まれ」と「育ち」を二分法的にすっぱり分離することなどできず、むしろ両者がともに作用していることがわかってくる。しかしこのように両者の違いをなだめすかすようなスローガンにしても、まだ少し単純すぎる。生物学者が知りたいのは、動物の表現型(P)がどのように生じるかだ。遺伝子型(G)は動物の遺伝的「生まれ」だ。そしてわたしたちは「育ち」を環境(E)の影響と解釈している。では表現型は遺伝子型と環境、生まれと育ちの単なる加法的関数なのだろうか? 数式で表現すれば、P=G+Eというだけのことなのだろうか?「生まれ」の影響を知りたい場合、両辺からEを引いて、P−E=Gとして方程式を解けばいいのだろうか? つまり、表現型を観察し「育ち」の影響を差し引けば、「生まれ」の影響がわかるのだろうか?

これは実験を制御する場合によく使われる方法で、例えば2頭の動物を使って全く同じ環境で育てたとする。違いが生じたとすればそれは遺伝的な影響と考えるわけだ。では、どの品種の乳牛が最も多くの牛乳を生産するかを知りたかったとしよう。そこでふたつの品種の乳牛、例えばホルスタイン種とジャージー種を、全く同じ家畜小屋で全く同じ餌を与えて育ててみる。それぞれの遺伝子型は異なるが、生活する環境条件は正確に同じだ。こうした環境下ではホルスタイン種の方が多くの牛乳を生産する。それでは単純に上の式の両辺から環境を差し引いて、ホルスタイン種が乳牛として優れているのは、遺伝的な品種の違いつまり「生まれ」によるものと結論できるだろうか？　残念ながら答えはノーだ。

ホルスタイン種が特定の環境下でジャージー種より多くの牛乳を生産するということは正しいかもしれないが、「育ち」である環境を変えたら、例えばこれらの乳牛を1日に数時間放牧場に出して牧草を食べさせたとしたら、ジャージー種の方がホルスタイン種より多くの牛乳を生産するかもしれない。ここでも環境要因を実験的に制御したわけだが、今度はジャージー種の方が多くの牛乳を生産した。ではどちらの品種が最も多く牛乳を生産するのか？　ひょっとすると質問を変えた方がいいのかもしれない。これらのウシはどんな環境に適応しているのか？

動物が生活する環境は非常に多様で、常に状態は変化する。照明が強くなったことで牛乳生産量が変化したのかもしれないし、温度が要因だった可能性もある。動物のゲノムを分析しても、その動物が一生の間に示す身体形状と行動の詳細についてすべてを完璧に説明することにはならない、というよりむしろ不可能だったように、ある特定の環境中にある動物を観察しただけでは、その能力の正しい描像が得られる保証はない。「生まれと育ちの和」であれば、どちらかの作用の影響を容易に引き算できることになる。しかし事はそれほど単純ではなかった。「生まれと育ちの積」つまりP＝G×Eと考える方が、まさに動物の特徴である複雑な表現型の結果をよりよく捉えることができるのではないだろうか。

◉なぜ作業犬を研究するのか？

世界に約10億頭のイヌがいることはお話しした。人間の家庭で飼われていたり、人間と緊密な関係を持ちながら暮らしているイヌはそのわずか4分の1に過ぎない。もちろんそうしたイヌの多くはただ人と一緒にいるだけだ。しかしそうしたイヌを除けば、人間は農業など主に実用上の目的でイヌを利用している。わたしたち独自の研究は特にこうした「作業犬」に焦点を当ててきた。

レイは15年間かけてそりを引くイヌを繁殖させ訓練し、かなりの力量のそり犬レーサーとなり、そり犬の解剖学、生理学、そして走るそり犬のメカニズムについて多くの論文を執筆した。累計すると約4000頭のイヌが「訓練場で生活していた」ことになる。その後わたしたちは家畜を飼う農家の手伝いをする牧畜犬の研究を始めた。観察したのは2種類の牧畜犬で、家畜を別の場所へ移すときに群れを誘導する牧羊犬（herding dog　スコットランド原産のボーダーコリーがわたしたちの研究対象動物だった）と、家畜を捕食者から保護する家畜護衛犬（livestock-guarding dog）だ。わたしたちが収集し研究したのは、イタリア原産のマレンマ・シープドッグ、ユーゴスラヴィア原産のシャルプラニナッツ、トルコ原産のアナトリアン・シェパード、それにレイの息子ティム・コッピンジャーが競技会用に育て訓練をした多くのチェサピーク・ベイ・レトリバーである。観察研究や実験で使用した家畜護衛犬は最終的におよそ1500頭を数えた。

こうした護衛犬の多くは最終的には全米そして海外で護衛犬として農家を助けることになった。

一般的にイヌがどう作動するかを知りたいのであれば、これらの作業犬はどれも研究に最適の動物だ。そり犬は単一の行動のために選抜された動物のモデルとして完璧だった。そり犬はドライバーを乗せたそりを引いて非常に長い距離を高速で走る。また働く牧畜犬である牧羊犬と護衛犬は動物行動学者にとっては夢の対象動物で、この2種類のイヌは同じ環境で、同じ動物を対象として作業するように選抜されたにもかかわらず、それぞれの行動パターンと家畜へ行動を指示する方法が全く異なるからだ。

ここで少しだけわたしたちがこれら3種類の作業犬に興味を持ったわけを聞いてもらおう。レイがまだ若くて心身共に柔軟だった頃、彼はそり犬レースという難儀（だがものすごく面白い）な仕事に挑戦することに決めた。レイは初めてハスキー犬を手に入れると、そのイヌを地元の獣医でドッグ・レースの世界チャンピオン、チャーリー・ベルフォードに見せた。ベルフォードは訝しげにこう聞いた。「そり犬だってどうしてわかったの？　彼女はそりを引いたことがあるのかい？」

ハスキー犬といえばそり犬のシンボル的存在なのだから、的外れな質問に思える。そり犬はびっくりするような動物だ。マラソン以上の距離を走らせれば世界最速の哺乳類だ。この距離になればそり犬に追いつけるものはない。ベルフォードが気になったのは「正しい品種」というだけではそり犬に向いているかどうかわからないからだった。他にも重要な点があったのだ。また、そり犬は動物行動学の大きな問題も提起していた。そり犬では遺伝子型と表現型はどう関係しているのかということだ。そり犬にはどんな適応的性質があって、アラスカのイディタロッド・トレイルで北極圏という条件のもと、8日間で1600キロ以上も走れるのか？　そり犬たちにはどんな動機があって走るのか？　こうした動物たちの注目すべき行動は、その特殊な生物学的機構や生理学、解剖学によって説明できるのだろうか？

わたしたちが家畜護衛犬を研究するようになったのは、そり犬への関心とは全く違う視点からだった。わたしたちが護衛犬に目を向けるようになったのは、ある研究契約がきっかけで、むしろ実用的な目的から護衛犬の行動を理解する必要があったからだ。アメリカ西部では開拓が始まって以来、農民と牧場主、そしてのちに政府の害虫防除局も加わり、オオカミやコヨーテ、ワシそしてピューマを情け容赦なく撃ち、罠にかけ、爆破し、毒殺してきた。家畜を襲う動物はすべて標的となった。しかし1970年代初めまでには全米の州有地で、捕食者調節として動物を殺害することは違法とされるようになった。野生生物学者と野生生物保護論者が、バランスの良い生態系には頂点捕食者が必要であることを確信するようになったのだ。当時はまだ生態系についてよく理解されていなかったが、1990年代中頃にイエローストーン国立公園にオオカミが再導入されると、確かにオオカミのような種が自然界の枠組みの中では驚くほど重要な役割を果たしていることが明らかになった。オオカミが戻ってくるまでは、イエローストーンのエルク（ワピチ）の個体数が爆発的に増加し、膨大な数の草食のエルクとバイソンが長年の間に公園内の植生の大部分を食べつくしてしまい、特に有蹄類が集まって餌を食べたり水を飲んだりする河川や渓流沿いの被害がひどかった。

ところがオオカミを再導入すると、そうした状況が再び一変する。草の葉食い動物（ブラウザー）はオオカミによる新たな捕食圧力を避けて草を食べるパターンを変えたため、河川と渓流ぞいの草地や森林は急速に劇的な回復を見せた。森林が再生すると鳥類の多様性が急増した。ビーバーが再び姿を見せ、復活した樹木でダムを造り、イエローストーンでは長らく姿を消していた多くの水生動物に新たな生息地を提供した。河川の土手でも植生の食害による圧力が減少すると、河川そのものの流路も変化した（作家で環境活動家のジョージ・モンビオがＴＥＤ《テド》トークでオオカミ再導入の影響に関する講演をし、説得力のある解説をしている）。こうして複雑な生物システムに生じる小さな変化が相互に影響しあい大きな結果が生まれるのだが、そこで行動が果たしている役割を理解しようとしたことが、生態学者や進化生物学者そして動物行動学者の考え方に大きな影響をもたらしてきた。

オオカミやコヨーテのような捕食者が保護される一方で、ヒツジやウシなどの家畜農家の暮らしは脅威にさらされていた。重要なのは頂点捕食者に致命的とならないように個体数調整をすることで、多くの方法が探られてきた。例えばカリフォルニアのある行動学研究者のグループは、コヨーテに無毒だが食べてもうまくないようにしたヒツジの肉を与え、ヒツジを襲わないように訓練をしてみた。つまり嫌な刺激を避ける条件付けをしたのである。この方法は非常にうまくいったが、牧場主の理解は得られなかった。

マサチューセッツ州アマーストのハンプシャー・カレッジでわたしたちが行った動物行動学と認知科学の研究では、異なるアプローチをとった。世界中の牧畜業者がイエイヌを使って家畜の被害を防止していることはわかっていた。アメリカを除けば、ほとんどあらゆる地域の牧場では昔から〝その地域独自の〟護衛犬を使っていて、その唯一の役目はライオンやヒョウ、ジャッカルやヒヒの群れに至るあらゆる捕食者から農場の家畜を守ることにあった。地中海諸国ではもっと身近な捕食者であるオオカミやクマさらにイヌなどから家畜を守るため、牧畜家はイヌを使っていたわけだが、イヌ自体もこの地域と西ヨーロッパ双方における略奪者として大きな問題となっていた。また人間の泥棒からヒツジを守るためにイヌを使っている地域さえあった。

こうした防御システムはどのように機能したのだろうか？　捕食者を抑止するイヌはどう働くのだろう？　ヒツジと平和的に共存するにはイヌはどんな行動をしなければならないのだろうか？　こうしたイヌがアメリカで働いたとしたら、捕食者が復活した地域で家畜を保護できるだろうか？　家畜護衛犬の研究をするためにわたしたちは世界中を旅した。ポルトガルやイタリア、トルコそしてチベットには作業犬の「地域個体群」（その地域の自然に適応したイヌの変種）が1群以上存在することがわかり、誇り高く犬種（意図的に〝設計〟され人為的に育種されたイヌ）と呼ばれることもある。こうした文化圏の人々は地域個体群の家畜護衛犬を数千年もの間利用してきたことが記録されている。

1930年代までには、こうした家畜護衛犬のうちいくつかの系統がアメリカとヨーロッパのイヌ愛好家の間で飼育されるようになっていたが、家畜護衛用の作業犬というよりむしろペットや家庭用の番犬として飼育されていた。

しかし、わたしたちが研究したかったのは、ブリーダーが手をかける前のもともとの〝自然な〟イヌが、実際にどのように作業をしていたのかだった。こうしたイヌたちには本当に捕食者を抑制する効果があったのか、あるいはイヌは人間の最良の友でいつでもわたしたちの命令を喜んで嬉しそうに実行するもの、という根強い神話に過ぎなかったのか？　本当に捕食をうまく抑止できるのであれば、その抑止力はどのように機能したのか？　わたしたちがこの点に特に興味を持ったのは、多くのイエイヌがヒツジなどの家畜を追い回しては殺していたからで、ときには単なる遊びでそうしているようにも見えた。

わたしたちの3番目の研究動物がボーダーコリーで、護衛犬とは全く異なる作業をこなす牧羊犬（群れを誘導する牧畜犬）だ。人間の羊飼いの合図に応じて大きなヒツジの群れを誘導することが求められる。この作業を人間以外の動物にさせることは気後れするほど困難で、家畜の動きを複雑に制御するのにボーダーコリーほど広範な地域で使われている犬種は他にない。（慎重な羊飼いと共同作業するうえで）ボーダーコリーの卓越した技能は伝説的とも言えるもので、非常にレベルの高い牧羊犬競技会を見たことがあれば、その要求される技能と人間の命令に対する反応の機敏さがわかるだろう。ボーダーコリーはなぜこのような作業や仕事のスタイルに適しているのだろうか？　徹底した訓練の成果なのだろうか？　生まれ持った知能によるのだろうか（一番頭のいいイヌとも言われる）？　それともボーダーコリーの能力はこの犬種固有の行動的特徴なのだろうか？

家畜護衛犬の研究を始めた頃、わたしたちは群れを誘導する訓練をすれば、護衛犬もボーダーコリーのように作業できるようになるのかと聞かれた。当時のわたしたちにはその質問に答えら

図５　この子イヌたちはみな同じ日に生まれた３週齢。この時期の子イヌは大きさに違いはない。多くの家畜護衛犬のように、マレンマ・シープドッグ（白毛）は成長すると体重 35 キロから 45 キロになるが、ボーダーコリー（黒毛）は最高で 16 キロどまりだ。ローナ・コッピンジャー撮影。

れなかったが、動物行動学者とその学生たちにとっては重要な質問だった。様々な作業行動はどのように生まれたのか？　特定の犬種にできる行動には限界があるのだろうか？　これは最高水準の科学だった。野外で作業行動を観察し、同時に注意深く制御した実験を行ってこれらの問題に取り組むことができた。例えば特定の作業の目的で特別に育種された犬種の子イヌを、別の作業目的で育種されたイヌによって「交叉哺育」（ここでは出生した子イヌを別犬種に哺育させること）させたりその逆の実験をすることもできた。また子イヌを群れの誘導と護衛もできるようにならないかと、互いに他方の環境で育て訓練することもできた。

それはまさにドリーム・プロジェク

トだった。わたしたち（ハンプシャー・カレッジの学生と教授のグループ）は地中海ヨーロッパとアジアの広大なヒツジの牧草地を訪ねた。目的は繁殖用の牧羊犬を持ち帰って大きな個体群に育成し、アメリカの農場と牧場、そしてわたしたちの研究所で体系的な研究をすることだ。トルコ、ユーゴスラヴィア、イタリアで家畜護衛犬の子イヌを収集し、それぞれの国で同じ日に生まれた子イヌを注意深く選択して購入した（図5）。こうすることで子イヌたちの発達環境だけでなく、飼育と訓練も制御して実験することができた。帰国する途中、スコットランドに立ち寄り、牧羊犬競技会を見て、ハンドラーと農民と話をして彼らがストックしている牧羊犬から最終的に6頭のイヌを購入した。そのうち4頭は旅で手に入れたばかりの家畜護衛犬の子イヌと同じ日に生まれた子イヌだ。

わたしたちの研究室で得られたデータと協力をお願いしている全米の農民が寄せてくれたデータから、「生まれ」と「育ち」が、これらのイヌの行動にいかに影響しているかについて、何年もかけて実に多くのことを学んできた。本書では後で、これらのイヌすべての犬種についてわたしたちが発見したことを、多くの異なる視点からさらに詳しく議論するつもりだ。ここではさしあたり現場で見られた家畜護衛犬の行動のちょっとした観察について少し詳しく検討し、動物行動学者がそれをどのように記載し説明するのかについて検討したい。

◉アブルッツィの家畜護衛犬

わたしたちの最初の任務は、作業をしている護衛犬を見つけること、そしてその自然状態での行動を記載することだった。それにはまず「護衛」を適切に定義して、護衛という行動を観察し評価できるようにする必要があった。わたしたちが知りたかったのは、実際にイヌはヒツジの群れにどのように働きかけるのか、そして家畜と穏やかに共存する能力は遺伝的にプログラムされた特定の犬種の内在的特性なのか、それとも訓練の結果なのかを知りたかった。また、そのとき抱えていた調査研究にとって重要だったのは、捕食者がヒツジを脅かしているとき、護衛犬はその捕食者を殺す可能性はあるかどうかを知る必要があった。しょせん、護衛犬といえば（捕虜収容所の堡塁上で牙をむき出して唸るジャーマン・シェパードのように）オオカミやクマでも殺せる凶暴な大型動物と思われがちだ。本当にそうなら、捕食者の個体数調整の致死的でない手法を探求している身としては、そんなイヌを使ってみる気にはなれない。わたしたちの調査で重要なのは、捕食者には危害を与えず捕食を躊躇させる方法を探すことなのである。

イタリア半島中部東側に位置するアブルッツィ山地はこの興味深い生物学的システム（捕食者と家畜、イヌそして人間の関係）をじかに調査できる重要な場所だった（研究地域として非常に望ましいもうひとつの理由は、イタリアの食事がめっぽう美味しいことだ。野外研究に従事する動物行動学者なら、研究対象地域を選ぶときに考慮しておくべき重要なポイントだ）。アブルッツィでは、世界中の伝統的な農村環境がたいていそうであるように、ヒツジの群れの中や周囲にイヌがいる。ヒツジは何世代も何世代もこのアブルッツィの丘や草の豊富な放牧地で草を食んできた。イヌと人間の羊飼いがついていることもあれば、イヌの羊飼いだけのときもある。しかしイヌのいないヒツジの群れはまず見ることはない。

イヌをはじめどんな動物もそうだが、ヒツジの行動は食物を探したり、捕食者などの危険を避けたり、子孫を儲けるといった必要に導かれている。もちろん捕食者自身も同様であって、アペニン山脈に今も生息するオオカミやキツネ、オオヤマネコ、イノシシなども食物を漁り、繁殖し、危険を避ける必要がある。こうした捕食動物が食物を得る方法のひとつは、ヒツジや子ヒツジを殺して食べることだ。もちろん、家畜護衛犬の場合はそうはいかず、山では護衛犬の食物になるようなものはほとんどないので、護衛犬も普通のイヌと同じように人間が与える餌を食べている。

わたしたちは動物行動学者として、人間とヒツジ、イヌそして捕食者の間の複雑な相互作用を作動させているのは何なのかを知りたかった。研究を始めた頃のある夏の朝、偶然チューリップハットをかぶった羊飼いと出会った。350頭ほどのヒツジと、大型の白いマレマーノ・アブルッツィーゼ（マレンマ・シープドッグ）数頭を連れていた。正午には標高の高い土地を太陽が容赦なく照りつける。この陽光だけで動物も人間も死に至る。真っ昼間に太陽のもとへ出て行くのは「狂ったイヌとイギリス人」だけで、皮膚ガンと熱射病がイヌと人間の命を脅かす。日陰が見つからず暑くてたまらないイヌはハアハアとあえぎ、ピンク色の舌が日焼けする。するとイヌによっては舌癌を発症することもある。太陽の照りつける中で捕獲された大型動物はすぐに死ぬ。人間の羊飼いはそのことをよく知っているので、図6のように適切な衣服を着て自分の身を守っている。

図6　世界中どこへ行っても羊飼いは日差しから身を守る衣服を身につけている。写真上でたっぷりとしたコートを纏う羊飼いがいるのはハンガリー、プスタの草地。写真下で大きなコートで身を包んでいるのはアフリカ南部、レソトの羊飼い。写真はローラ・コッピンジャーとティム・コッピンジャー。

ことさら異常に暑かったある日のこと、きっかり正午にはヒツジたちは動きを止め休息していた。イヌはオーバーハングした岩の下に小さな日陰を見つけてそこに入り、羊飼いはたっぷりしたフィールドコートに潜り込んだ。帽子とこのフィールドコートが羊飼いを日差しから守ってくれている。わたしたちが座って見ていると、すぐに羊飼いは眠り込んだ。しばらくすると、まだ羊飼いは寝ていたが、ヒツジは立ち上がって気ままに歩き始めた。すると容赦なく太陽が照りつけているにもかかわらず、イヌたちもヒツジと一緒に出発した。動物たちが完全に視界から姿を消してしばらくしてから、羊飼いが目を覚ますと、群れといイヌがいないことに気がついた。彼がまごついた感じでこちらを見たので、わたしたちは動物が去っていった方向を指さした。すると羊飼いは手を振ってお礼を返すと、動物たちの後を追った。

◉動物行動学者のようにマレンマ・シープドッグを見る

動物行動学者はこのような逸話をどのように解釈するのだろうか？　ところで科学とは問題を立て、それに答える体系的手段に他ならない。難しいのは、問うべき正しい質問を見つけることと、その問いに答える正しい解法を発見することだ。重要な勘所は検証可能な質問を立てること、つまり予測を提起できる仮説や詳細で質の良い情報に基づく推測を定式化する点にある。次に野外調査と実験を計画し、それらの予測の有効性を検討できるデータを収集しなければならない。前述したアブルッツィのマレンマ・シープドッグの行動のちょっとした観察について、動物行動学者が立てると思われる多くの問いを例に挙げておこう。

◎これらのイヌはなぜ人間の主人を置いてきぼりにして(彼らは人間の最良の友ではなかったのか?)ヒツジについて行ったのだろうか?

◎すべてのマレンマ・シープドッグが、わたしたちが観察したマレンマのように行動するのだろうか?

◎どんな犬種でもこのように行動するのだろうか? このような作業犬の行動は身近なペットの行動とどう関係しているだろうか?

◎彼らの行動は山岳生息地における太陽による強烈な熱(あるいはその他の環境特性)の結果だったのだろうか? イヌたちはただ涼むためにヒツジについていったのではないだろうか?

◎アブルッツィ・マレンマ・シープドッグはヒツジに特別な注意を払い、ヒツジが移動したときには後をついていくように意図的に訓練されたのだろうか?

◎マレンマ・シープドッグはヒツジの代わりにヤギやウマを守ることはできるだろうか?

◎端的にこれらのイヌにはやるべきことを理解する知能があったということなのだろうか?

◎家畜護衛犬は人間よりヒツジを好む遺伝的選好を生まれつき持っているのか?

◎イヌの年齢による違いはあるのだろうか?

◎こうした行動は発達、成長の過程で生じたのだろうか? そうであれば、一生の間にイヌがこの種の関係性を発達させるのに重要となる特定な時期はあったか？

こうした些細《ささい》なイヌの行動を観察し問いかけるだけで、これほど多くの異なる見方（そして時には互いに矛盾する見方）があることにうろたえてはいけない。科学者はどんな自然現象について研究する場合でも、必ずと言っていいほど複数の仮説を思いつく。そして実際にそれが望ましいのである。科学することの本質は、仮説を構成し、世界を注意深く測定した観察結果によってその仮説を検証することにある。そして競合する仮説を議論し検証すること、それこそ科学の非常に刺激的でかつ非常に面白いところなのだ。

物事はなぜそのように存在するのかについて、いろいろな科学者が異なる説明を提起することについて、もうひとつさらに根本的な理由がある。それは、例えば特別な行動が生じる理由を問うといっても、実はそれほど単純な質問ではないからだ。現代動物行動学の創始者のひとりニコ・ティンバーゲンは、行動の〝理由〟を考える場合、生物学者は少なくとも4つの異なる視点から考える必要があると主張した。この指摘は動物行動学の学生の間では「ティンバーゲンの4つの質問」としてよく知られている。

ティンバーゲンは1968年に学術誌サイエンスに掲載された論文で、次のような質問を提起した。

1　この現象（行動）は動物の生存、繁殖にどのように影響するのか？

2　行動はどのような〝機構〟によって生じるのか？　その〝機構〟はどのように機能するのか？

3　行動の機構は、個体の成長とともにどのように発達するのか？

4　生物種ごとの行動システムは、現在のようになるまでどのように進化してきたのか？

　第1の質問は行動の機能に関するものだ。つまり食物を探し、危険を回避し、繁殖する動物の基本的必要をどのように満たしているのかということ。アブルッツィ・マレンマ・シープドッグは羊飼いではなくヒツジの後をついて行ったが、その行動によって、群れについていかない護衛犬と比べて多くの食物が得られたり、多くの子孫を残すことができるようになったのだろうか？ヒツジについて行ったイヌについては羊飼いが餌をやり面倒を見るが、そうでないイヌは殺されたというのが、この謎に対する単純な答えなのだろうか？

　第2の質問で、ティンバーゲンは機構（因果関係）について問うことを要請している。動物が空間、時間の流れの中で実際に動作するときに、動きそのものの生物機械学の他に、どんな生理学的過程や神経学的過程、動機が作用しているのか？　わたしたちが見たマレンマ・シープドッグは高温という直接的な物理的作用が影響して移動したのだろうか？　マレンマ・シープドッグの脳内にはヒツジの動きに反応して作動する神経回路が〝配線〟されているのだろうか？　単純にヒツジの後を追うと気分がよくなるという精神的な報酬があるのだろうか？　マレンマ・シープドッグがヒツジを追うと、ランナーズ・ハイのように脳から少量のエンドルフィンが分泌されて気持ちがよくなるのだろうか？

第3に、行動の発達（個体発生）について調べる必要がある。特定の行動は動物の生活史のどの段階で現れるのか？　それは（その動物の内在的な）変えることのできない特徴的な行動なのか、それとも一生の間には変化するものなのか？　発達過程のある重要な時期にヒツジとともに育った家畜護衛犬は、ヒツジのことを一緒にいたいイヌの仲間と単純に〝勘違い〟するのだろうか？　同じ護衛犬をヤギと一緒に育てたら、ヒツジには全く無関心になるのだろうか？

最後の第4の質問は、動物行動学にとって決定的に重要なもので、わたしたちは生物種の進化史（つまり系統発生）を理解する必要があるということだ。生物学的進化経路によって、なぜ特定の行動が生まれることになったのか？　自然選択によって獲得した行動パターンは何に対する適応だったのか？　過去に進化過程を共有した近縁種の場合はどのような行動を見せるのか？イヌはオオカミではないと先に述べたが、イヌとオオカミには共通の祖先が存在するので、イヌとオオカミの行動上の違いを比較することが（本書ではこれからしばしばこの比較をすることになる）、こうした問題を解明する助けとなる。

このマレンマ・シープドッグに関する問い（そしてそり犬とボーダーコリーに関する同様の問い）については、後に改めてそのすべてについて検討する。そこで、しばらく別の身近な動物を調べ、子どもが質問するような〝単純な〟問いを立ててみることにする。ところがその問いに答えることはティンバーゲンが述べているように、実はそれほど簡単ではない。

「なぜ鳥は飛ぶの？」。メカニズムの点、直接的原因から答えるなら、骨格と筋肉が連動してあるパターンで動くことにより、翼構造に揚力が生まれて飛ぶことができる。では飛ぶという機能の目的は何か？　おそらく鳥類は飛ぶことによって生存と繁殖の機会が改善されるのだろう。この移動形態であれば、捕食者から比較的容易に逃げることができるし、食物や営巣場所を探しに長距離を移動することができるからだ。鳥類の進化史はもっと違った視点から答えてみせる。今の鳥類に羽の生えた翼があり飛ぶことができるのは、鳥類の祖先がそうした構造を進化させたからだ。もともと翼には別の機能があったのかもしれない。鳥類の祖先にあたる恐竜は、単に保温や交配相手の気を引くために羽を進化させた可能性もある。そしてついには、進化の作用により、鳥類は飛行が可能な空気力学的形状を構築する遺伝子を持つようになったのであろう。最後に、鳥が飛べるのは、特別な発達過程によるということもできる。巣の中の生まれたばかりのヒナは（卵はもちろん）飛べない。その身体形状、羽毛そして神経系は巣の中での生活に適応していて、おとなの鳥に姿を変えるには時間がかかる。うまく飛べるようになるまで練習が必要な鳥類もいる。それで「なぜ鳥は飛ぶの？」。答えはひとつではない。飛行は鳥類の生活において機能的な適応の目的（あるいは複数の目的）を果たしているからであるし、飛ぶことができる形状と物理的機構を持っているからであり、そして鳥類の進化史が飛ぶ手段を提供したからでもあり、鳥類は一生の間に変化し発達し、その身体（そして脳）が飛行できるように形状を変化させるからだ。イヌをはじめとする哺乳類の行動を完全に理解するには、究極的にはこうしたすべての解答を多次元的に集約し総合しなければならないのである。

第3章 カラダのかたちで決まるふるまい

◉そり犬の形状

人はよくイヌには生物の中で最も変化に富んだ形状があると言い、チワワやグレートデンそしてブルドッグのことを思い浮かべる。ハトとニワトリの色や体型は驚くほど多様だから、イヌが形状の多様性世界チャンピオンとはいかないだろうが、その大きさと形状のラインナップは並外れて豪華だ。そして人間が特殊な作業を行うために利用している（そして品種改良された）犬種の場合、その形状の多くは適応的だと考えられている。まずはじめに、身体の大きさと形状が基本的に重要であることを、そり犬を例にあげて検討してみよう。

人間は荷物を引くために多くの形状を持つ牽引用の作業犬を利用してきた。イヌたちは人間よりも効率的に摩擦に打ち勝って荷物を引っ張ることができたのである。ウマとウシは鋤《すき》を引き、ロバは荷車を引く。時には小さな荷車を引くブタを見ることもあるだろう。訓練されたハトが2

羽でおもちゃの車を引くことさえある。もちろん、牽引する物の大きさや構造が、牽引用の動物の形状とうまく合っていなければならない。ウシなら家畜品評会《カウンティ・フェア》のコンテストで数トンもあるコンクリートの塊を牽引してみせるだろうし、機械製のトラクターを負かすこともあるだろうが、飼いイヌにそんなことができるとは思えない（ハトならなおさらだ）。

しかし雪上でそりを引くとなれば、最適なのはイヌだ。北方地域では交通と運搬にイヌを何世紀も利用している。今日こうしたイヌの行動を見る機会といえば、おそらくスポーツとしての犬ぞりレースだろう。例えば世界で最も過酷なスポーツイベントが１９７３年から毎年アラスカで開催されている。アンカレッジからノームまで約１８００キロを走破するイディタロッド犬ぞりレースだ。このレースには数十人の犬ぞり操縦者《マッシャー》と数百頭のイヌが参加する。これまでのレコードタイムは8日と14時間。チームは1日にマラソン6回分の距離を走り、しかも1週間以上走り続ける。控えめに言ったとしても、どんな動物でも厳しいレースだ。どうして（ある種の）イヌにそんなことができるのか？　その答えは、まさにレースに適した形状であるからに他ならない（図7）。

犬ぞりチームを見ると単一の形状のイヌで構成されていることに驚く人も多い。優れたチームの場合ペアを組んだイヌ同士は鏡に映したようで、脚の長さと走り方がよくそろっている。しかしこうしたそり犬の形状は読者の想定を裏切るものだろう。犬ぞりチームは、忍耐強い北方犬種の代表格であるアラスカン・マラミュートやシベリアン・ハスキーなど大型で強靱な単一犬種を十数頭集めたものではないのだ。今日のそり犬はみな雑種である。つまり現代の交配種トウモロ

図7　優勝した犬ぞりチームの姿。犬ぞりレース愛好家なら、先導犬が肩の筋肉をかなり疲労させているため前脚を前後させるだけで走っていることに気付きたいところだ。後方左のイヌは自分の頭を引き尻尾を上げている。これは彼女が走ろうとしているより先導犬の速度が速いためだ。先導犬の後方「ホイールポジション」にいる右側のイヌは、ほぼ最高の走りをしている。ローナ・コッピンジャー撮影。

コシが機械による収穫を容易にするため、穂の大きさが正確に同じで作物の地上高も正確に等しくなるように農学者が苦労して作り上げた品種であるように、そり犬もレースという目的に合わせて遺伝的に改良した混血種なのである。そり犬をひっくるめてアラスカン・ハスキーとあたかも単一の犬種のように呼ばれることがあるが、実際のそり犬は多くの点でものすごく雑多なメンバーの集まりに見える。実際に重要なのはそり犬には適した身体の大きさがあることで、それこそがそり犬が共有する特徴なのだ。

レース用のそり犬の体重はどれもほぼ23キロ。言うまでもないと思うがチワワはそり犬には向かない。小さすぎて自分の体重くらいの荷物すら牽引できない。標準的なアラスカン・マラミュートも実際には、現代のレース用チームの形状としては適していない。大きすぎるのである。ブリーダーはもっともっと大型のマラミュートでも生産できると自慢し、中には45キロ以上もあるマラミュートもいる。しかしイヌの体重が27キロを超えると老練のプロ犬ぞりレーサーは眉をひそめ始める。犬ぞりレースのスタートラインで、主審はチームにざっと目を通し、完走できそうにないイヌがいればレースから外すこともよくある。イヌをレースから外す主な目安はその体重だ。体重が重すぎる動物は形状がよくない。その理由は間もなくわかる。犬ぞりレースに優勝したチームのイヌはみな体型が揃っていて、レースに適した大きさと形状になっている。1頭のそり犬の大きさや形状が変われば、そのイヌはチームで走るのに適した動きがとれず、とてももどかしいレースになるだろう（図8）。

◉形状の評価

どうして「形状」が重要なのかについて理解するには、わたしたちはまず「形状」の意味とそれをどう評価できるかについてもっと詳しく検討しておく必要がある。「形状」(shape)とは実際には生物機械が持つ無数の身体的特徴を指す幅広い用語で、身体の大きさから色、骨格、脳や神経系、その他の組織すべてと、さらに究極的にはその細胞とホルモンなど細胞の生産物まで含まれる。こうした動物の形状の全てとそれに関連するあらゆる事柄がその行動になんらかの役割を果たしている。ここで思い出して欲しいのだが、わたしたちは行動について「空間と時間の流れの中で移動し変化する動物の形状」と定義した。そしてそり犬がどう作動するのか、つまりどのような形状なら〝優れた〟犬ぞりレース犬のように行動できるのかを知ろうとするとき、そり犬の形状の特性すべてが関係してくる。そこで形状特性のうち単純で観察が容易な特性から見てみることにしよう。それはそり犬という機械の全体的な外形だ。

どんな物体でもそうだが生物も三次元的存在である。高さ、長さ、幅があり、その体積、重量そして表面積を測定できる。実際の動物(機械も)は、もちろん普通は単純な幾何学的形状ではなく、その形状はとても複雑だ。しかし、ここではしばらく、図9にあるボールのような完全な球形をした〝犬種〟と完全に立方体の形状をした第二の〝犬種〟を想像してみよう。

このふたつの犬種の体積は等しいと仮定しよう。つまりどちらも等しい大きさの空間を占め、細胞の数も等しいとする。もちろんその他の形状は異なる。したがって体積が等しいと言うこと

図８　優勝するイヌの形状。イヌたちは最高スピードで苦もなく走っているように見える。身体の大きさ、形状そして動きのパターンもほぼ完全に揃っている。最後列左側のイヌ（矢印）は疲労しているので、操縦者は優しくそのイヌに「いい子だ」とささやく。レースはスピードを上げさえすればいいのではなく、イヌが最後の１・６キロを完走することにかかっていた。写真はエミリー・グローヴズ・ヤズウィンスキー。

は、幅や直径あるいは差し渡しの長さが互いに異なっていなければならない。ここで高校生レベルの幾何学をおさらいしておこう。直方体の体積の公式がV＝lwh（つまり長さ×幅×高さ）であることは覚えているだろう。幅と高さ、長さがすべて2単位（ここではインチ、センチなど単位は任意でかまわない）の「サイコロ犬」なら、その体積は2×2×2＝8。では「ボール犬」が同じ体積8となるには、その半径はどうなるだろう？　球体の体積の公式はV＝4／3πr^3（4／3×円周率×半径の3乗）だから、4／3×3・14×r^3＝8となる。この式を解けばr^3＝1・91。ボールの半径rは1・24だ。さらにこのボールの直径は2rだから（直径は半径の2倍）、2×1・24＝2・48単位となる。計算の結果サイコロ犬は側面から側面までの幅が2単位で、直径2・48単位のボール犬と等しい体積になるので、サイコロ犬の幅と比べるとボール犬は20パーセント大きい（立方体の立体対角線を考えると3・46単位で、簡単にサイコロ犬のほうが大きいとは言えない）。

この幾何学的なイヌが幅2単位あまりのドアを通過する必要があるなら、サイコロ型のほうがいい。ある点ではふたつのイヌは同じ大きさであるにもかかわらず、ボール型のイヌの方はドアを通れないのである（もちろんサイコロ犬も斜めに傾いたら通れない）。言い方を変えれば、この単純な形状の違いによって、ボール犬はこの世界でサイコロ犬と全く違う活動をせざるをえない。サイコロ犬にはできてもボール犬にはできない動作がいくつかある。どんな訓練をしたところでボール犬がこのドアを通過できるようにはならない。

少し視点を変えて、このふたつの「形状」を同じ生息地で生活するふたつの異なる種と考えてみよう。彼らは生息環境を共有していることになる。動物の形状がボール型かサイコロ型かどう

図９「サイコロ犬」と「ボール犬」は大きさは同じだ（体積が等しく、細胞の数も等しい）。しかしその形状が異なるため、「行動」は全く異なる。ピーター・ピナルディー画。

かは、共通する環境でうまくやっていく能力という意味で、非常に大きな問題となる。形状が異なるとエネルギー収支の面で違いが生じ、各々の種の移動の仕方、行動の仕方に直接影響が及ぶことになる。ふたつの種が山腹の生息地を共有しているとしよう。ボールを丘の頂上に置いてエネルギーを与えれば（ボールを押す）、ボールは自然に谷底まで転がる。ボールをスタートさせるにはほんのわずかなエネルギーを与えるだけでよく、重力のおかげで、実質的に何もしなくても転がり落ちる。次に全く同じ場所にサイコロ型の生物を置いて押してみても、ほとんど動かないし、もちろん転がることもない。丘が急峻《きゅうしゅん》で滑らかで滑りやすければ、サイコロ型生物でも滑り降りるだろうが、転がるわけではない。サイコロ型が谷底まで滑り降りたとしても、ボール型生物より到達は遅れるだろう。なぜならサイコロ型の方が地面に接している面積が大きいため、摩擦が大きくなりその分だけ速度が落ちるからだ。サイコロ型の種がボール型の種と同じ速さで谷底まで到達することはまずありえない。サイコロ型生物は谷底に到達するまでにボール型より多くのエネルギーを投入しなければならず、体積も細胞の数も等しいにもかかわらず、サイコロ型はボール型と同じ作業をやり遂げるのに、少なくともボール型より食物を多く食べてより多く必要となるエネルギーを獲得しなければならない。

こうした形状の相違によって行動は劇的に変化する。ボール型が転がらずに滑り落ちることは滅多にないし、サイコロ型が縦に転がることもまずない。ボール型の方がいいかサイコロ型の方がいいか、それは周囲の世界に固有な条件と、それによって必要となる行動上の条件に依存する。これらふたつの生物が手に入れられる食物がすべて頂上にあるとすれば、ボール型動物には不利になるだろう。常に転がり落ちて食物から遠ざかってしまうおそれがあるので、転がり落ちないようにエネルギーを投入しなければならないからだ。サイコロ型生物なら、巨大なナマケモノのようにほとんどエネルギーを消費せずに頂上でじっと止まっていられる。けれども捕食者が丘の頂上に現れた場合は、ボール型生物はサイコロ型よりずっと機敏にうまく転がって逃げ出せるため、非常に有利だ。人生のように、形状も状況によっていいときもあれば悪いときもある。

さて、次にこの仮想的なボール犬とサイコロ犬を数学的視点から考えてみよう。それぞれの表面積はどうなるだろう？　立方体はどの面もその面積は高さ（h）×幅（w）。その面積を6倍する（立方体には6つの面があるから）。つまりサイコロ犬の場合、各面は高さも幅も2単位の正方形だから、表面積はh×w×6、つまり2×2×6＝24（面積の単位はインチなら平方インチ、センチなら平方センチ）。

ボール犬の場合、表面積は$4\pi r^2$。例に挙げたボール犬なら、表面積は4×3・14×（1・24×1・24）＝19・2となる。ボール犬と体積は同じ（8）でも、サイコロ犬の方はボール犬より表面積が25パーセント大きい。さて、2頭の動物の体積が等しいなら細胞の数も等しいから、細胞の活動に必要な食物（最終的には糖）の総量は表面積にかかわらず等しいだろう。しかし、ここで思い出して欲しいのは、代謝は、糖を燃焼してエネルギーを生産する細胞装置を作動させるわけだが、同時に熱も生産していることだ。表面積をラジエーターと考えればわかりやすいだろう。作業中のイヌは、作業分のエネルギーを供給するため多くの糖を燃焼している。そのとき余分な熱は捨てなければ体温が上昇してしまう。イヌの平熱は38・6度で、イヌの身体はこの平熱時に最も効率よく作動するようにできている。また体温が上昇しすぎれば、細胞は死んでしまう。だから生物は余分な熱を身体から除去する必要があり、イヌの場合余分な熱の大部分を身体表面から放出している。つまりイヌにとって排熱を上手くできるかどうかは、主にその表面積の大きさ（と外部環境の温度）にかかっている。

したがって、2種類の〝幾何学的〟イヌにそりを引かせる場合、激しい運動で身体は大量の熱を生産するのだが、（他の条件が同じだとすれば）ボール犬と比べ体積は同じでも表面積が大きいサイコロ犬の方が排熱しやすくなる。

しかし先にがっかりしたように、どんな生物でもその一生と形状には必ずいいときと悪いときがある。この2種類のイヌが過剰な熱を生産するそり犬の仕事をせず、寒冷な北極圏で生活するだけなら、別の問題が出てくる。平熱を維持するために今度は熱を保たなければならないので

表1 形状による体積と表面積の差異

	小型ボール犬	大型ボール犬	小型サイコロ犬	大型サイコロ犬
表面積	19.3	77.3	24.0	96.0
体積	8.0	63.7	8.0	64.0
表面積／体積比	2.4	1.2	3.0	1.5

ある。それにはどちらの形状が適しているだろう？　極寒の気候では、体積に対する表面積の比が小さいボール犬の方が適していることになるだろう。サイコロ犬には大きな放熱面があるためそり犬としては適しているのだが、走っていないときにはしっかり断熱した犬小屋と毛布が必要になる。そうでなければ身体から熱が逃げて凍死してしまうからだ。

愛犬家は単犬種団体（breed club）を作り、ドッグショーでどの飼い主のイヌが一番になるかを競うのが大好きだ。こうした競技会のベテランのひとりがかつてこう言っていた「他の条件が同じなら、審判は大きい方のイヌにリボンをつけるだろう」。だからショーに出るようなイヌは、作業はせず、長年の間にその身体は着実に大きくなっている（特に小さいことが良いとされるチワワを除けばすべての犬種がそうだ）。それは大型の方が常に優れているということなのだろうか？　そり犬も大型の方がいいのだろうか？　この点についてさらに詳しく検討してみる必要がある。

サイコロ犬とボール犬にそれぞれの単犬種団体があり、競技会が催されているとしよう。審判員はドッグショーの流行に従って大きなイヌを選択するものとする。例えばサイコロ犬の場合なら辺の長さが2倍ある大きいサイコロ犬が、ボール犬なら直径が2倍ある大きなボール犬が選ばれるというわけだ。このように大型のイヌはブルーリボンを獲得し、愛犬家はチャンピオン犬をさらに繁殖させて新たなチャンピオン犬を生産し続けるので、仮想的な幾何学犬の平均的な個体もいつかは大きさが2倍になるだろう。例えば典型的なボール犬のチャンピオンの直径が4・96で、最優秀サイコロ犬の辺は4になったとする。このときそれぞれの表面積と体積はどうなっているだろう？　また高校時代の幾何学の公式を思い出して電卓を弾いてみよう。

大きくなったボール犬〝チャンピオン〟の体積＝4／3×3・14×15・25＝63・7
ボール犬の表面積＝4×3・14×（2・48×2・48）＝77・3
大きくなったサイコロ犬〝チャンピオン〟の体積＝4×4×4＝64
サイコロ犬の表面積＝4×4×6＝96

表1に大小それぞれのサイコロ犬とボール犬の大きさと形状の違いをまとめてある。どちらの犬種も大きさ（辺の長さや直径）が2倍になると、体積に対する表面積の比は半分になる。ドッグショーの審判員は大きい動物を選び、ショー用のイヌを生産するブリーダーもより大きいイヌを繁殖させるだろうが、大きくなったイヌは同種の小さいイヌと同じようには放熱できなくなる。仮想ドッグショーの審判員とブリーダーは、イヌの大きさが変わればイヌの形状全体が変化し、現実世界で行動する場合には形状が大きな問題になることを考慮していなかった。確かに生きているイヌの場合、かつて偉大なイギリスの生物学者J・B・S・ホールデンが述べたように

「大きさが大きく変化すれば、必然的に形状の変化が伴う」のである。

例えば、寒冷な北極圏の大気中に熱が逃げてしまうのを防ぐことが重要であれば、４つの形状のうち有利になるのは大型のボール犬だ。体積に対する表面積の比が最も小さいため、（他の条件がすべて等しければ）単位体積あたりの放熱量が最も少なくなるからだ。大型のサイコロ犬がそれに次ぐ適した形状で、次に小型ボール犬、そして最後が小型サイコロ犬となる。一般的に、同じ重量で比較すれば、ボール型の方がサイコロ型より寒さへの適応としては優れている。だからマストドンやホッキョクグマ、クジラ、セイウチといった北極圏に生息する（あるいは生息していた）多くの動物が大型で体型が丸く、ずんぐりとしていて実質的に巨大なボール型をしているのは当然なのだ。寒い夜になると、イヌをはじめ多くの哺乳類が形状を変えて体を丸め、ボールのようになって放熱面積を減らしているのも当たり前のことなのである。

大型になると放熱を防ぐ以外にも、細胞当たりの食事量が小型ボール犬より少なくて済むようになる。大型ボール状の生物は、その大きさのおかげで多くのエネルギーを熱の形で捨てなくて済むのである。つまり大型生物は全体として小型動物より省エネなのだ。したがってこうした形状の違いが動物の経済に深刻な影響を与える。そこに作用するのが自然選択というものだ。形状のわずかな違いによって選択されたり、選択されなかったりする。形状がより省エネ型に変化したものが選択されるのは、その方が次世代へ子孫を残せる頻度が高くなるからだ。

そり犬レーサーがこうして意識的に理論的考察をすることはないかもしれない。しかし、レーサーは確かに勝てるイヌを選んでいて、それは結局レースにおけるエネルギー収支の要求に最適な形状をしたイヌ、つまりオーバーヒートを起こさずエネルギーを適度に蓄えておけるイヌを選択していることになる。では体重が23キロのイヌが45キロのマラミュートより優れたレース犬であるのはなぜなのか？　マラミュートと犬ぞりレース犬をボール犬やサイコロ犬に対応させて計算してみれば、45キロのマラミュートは優れたそり犬に比べて体積は2倍、表面積／体積比はそり犬の60パーセントにしかならないことになる。つまりマラミュートの場合、レース時の速度になれば膨大な熱を生産する細胞の数が約2倍もあるのに、その熱を放出するのに必要な表面積／体積比は40パーセントも小さい。さらにマラミュートはレース中に約22キロ余分に重量を運ばなければならず（自分の体重分）、それ自体が余分なエネルギー費用となり、その分さらに多くの糖を燃焼しなければならず、余計に熱を生み出すことになる。

ではどうして体重約1キロで一般的なそり犬の重量の25分の1しかなく、全犬種の中で最も表面積／体積比が大きいチワワを利用しないのだろうか？　形状と大きさが行動に与える影響はエネルギー収支だけではない。チワワのレースチームにはマラミュートのようなオーバーヒートの問題はない。しかしチワワの大きさでは重いそりを引くだけの筋肉量と筋活動が得られないのだ。チワワが引き具に体重をかけても、体重が軽すぎてそりはうんともすんとも動かない。さらにチワワが走るとき、足の長い大型のイヌと比べると1歩で進む距離が非常に短い。この点、重量の大きいマラミュートの方がそりを引くという点ではふさわしく、大型のマラミュートは一歩で大きな距離を稼げる。形状として筋肉量と脚の長さだけを考慮するなら、マラミュートは優れた犬ぞりレース犬ということになる。しかしアラスカのイディタロッド・トレイル・レースで優勝する野望を持つマラミュートには残念だが、マラミュートの形状は放熱には適していない。したがってマラミュートは熱をなるべく生産しないように、低速で走らざるをえないのだ。このように形状の違いはその行動を制限する決定的な因子となっているのである。

体重も重要な要素だ。1972年、体重52キロのフランク・ショーターがミュンヘン・オリンピックのマラソンで優勝したとき、前の晩徹夜でスニーカに紙やすりをかけて約100グラム軽くし、体重／靴底面積比を減らしたという。100グラムぐらいならたいしたことはなさそうだが、マラソンを完走するには100グラムを持ちあげるエネルギーの歩数倍が必要になるわけだから、そのエネルギーの総量は膨大になる。同じ理由で、そり犬の操縦者《マッシャー》は雪上を飛び跳ねて走るイヌではなく、雪上すれすれの高さを走り続けられるイヌを選ぶ。雪上を飛び跳ねるように走る「ポッパー」(popper)では、完走する間に何度も自分の体重を跳ね上げなければならない。レースを通して身体を一定の高さに保てるイヌ（スキマー　skimmer）と比べると、こうしたポッパーの動作には多量のエネルギーが必要で生産する熱の量も非常に多くなる。では飛び跳ねるイヌとそうでないイヌはどこが違うのだろう？　腰帯が背骨に結合する角度とその形状、さらに後肢の位置、頭部と首の背骨への結合の仕方、背骨の長さ、前肢・後肢と一緒に伸びる背骨の柔軟性、こうしたイヌの持つ機械的特性のすべてが特殊な運動を支える全体的な形状に影響する。長距離レースになれば「ポッパー」の形状とその結果としての運動パターンが非効率になるのである。

どのレースでも観客の中には操縦者《マッシャー》は自分のイヌをオオカミと交配させてしまったのかどうか

聞く者がいる。オオカミは家畜化されたイヌと比べれば何より強靭で、速く、全体的に優れているのではないのだろうか？　オオカミの遺伝子は運動能力を増進させないのだろうか？　確かに「野生」というロマンチックな神話に固執するのであれば、そう考えたいところだろう。現在のオオカミの体重は平均45キロで、北極圏から亜寒帯にかけて生息している。寒冷地域に生息する動物にとっては放熱面積を大きくすることは選択的に有利でないことはすでにわかっている。したがって（寒冷地域原産の）大型のマラミュートと同じように、体重45キロのオオカミも体温を保つには適した形状だが、マラソンの距離を新記録で疾走するには放熱がうまくできず〝体温が上昇しすぎ〟てしまうのだ。

視点を変えて考えてみよう。45キロのオオカミが毎日何度も40キロの距離を時速32キロで走らなければならないとしよう。イディタロッド・トレイルのドッグレースの場合、イヌたちは毎日1万5000キロカロリーのエネルギーを消費する。良質の鹿肉（野生オオカミの主食のひとつ）で1キロあたり約1600キロカロリーが得られる。イヌとオオカミの代謝必要量は等しくないとしても、近いものと仮定すれば、45キロのオオカミがレースを走るには1日約14キロの鹿肉を食べなければならないだろう。通常の環境なら大型のオオカミが食べる肉の量は1日当たり平均約2・3キロといったところだろう。想像上のオオカミが毎日14キロの肉を手に入れて食べることができたとしても、急性消化不良を起こしてしまうだろう！　それほど多くの食物を胃袋に詰め込めば、45キロのオオカミの体重は59キロになり、食物を消化してしまうまでの間、腹の中の食物まで運ぶことになり、通常より30パーセント以上余分にエネルギーが必要になる。このようにオオカミ（どんな動物でもそうだが）の採餌習慣や活動レベル、可能な行動は、身体の大きさといった形状の特徴によって制約されているのである。

もちろん同じことはイヌについても言えるのだが、イヌの場合は人間が世話をしてくれるという非常に有利な条件がある。実際イディタロッドのような長距離レースになると、エネルギーを効果的に摂取できる脂肪分や油脂分の多い食事を1日に何度も与える。しかも餌はすりつぶして消化面積を大きくし、食物や水を体内で38・6度まで温めるのに余分なエネルギーを消費しなくてもすむように、イヌの体温まで温めてから与えている。別の言い方をすれば、（行動生態学者が言うように）動物の運動能力はその形状に基づく「エネルギー経済学」の制約を受けているということだ。どんな行動でも、動くのに必要な費用より、動くことで得られる利益（便益）の方が大きくなければならない。マラソンの距離を走れるオオカミにどれほどの利益があったとしても、（毎日14キロの鹿肉を消費する）膨大なカロリー消費によって相殺されてしまう。こうした環境で14キロの鹿肉を食べることができなければ、自然選択の作用によってオオカミの体型は50パーセント小さくなっていただろう。

野生動物にとって譲ることのできない不可欠な行動として、自分の獲物を見つけ（探すだけでも多くのエネルギーを消費する活動だ）、しかもそれを捕らえて殺さなければならず、ここでもエネルギーを消費するうえ危険を冒すことにもなる。食物を得る過程で負傷し、それを癒す「回復費用」が高くつく場合もある。1頭のヘラジカの肉から得られるエネルギーを加え、その便益でヘラジカを発見し仕留めることに費やしたエネルギー（ヘラジカに蹴られた傷を癒すのに費やすエネルギーも含め）を埋め合わせるなら、オオカミがヘラジカの狩りをして回収しなければならないカロリーは消費したカロリーより多くなければならない。さらにオオカミは子オオカミを産み育てるにも相当のエネルギーが必要で、そのカロリー消費はかなり大きいことはよく知られている。また食物を探し子育てをする間にも注意深くあたりを警戒し、彼らの食物を横取りしたり子オオカミを食べようとするクマから逃げるのに必要なエネルギーも確保しておかなければならない。これら3つの基本行動（採餌、繁殖、危険回避）の必要をすべて満たすのは、レースで優勝するくらい大変だ。そのご褒美は自分の遺伝子を次世代へ受け渡せること。確かに一般的な動物の一生は、大半のチームが敗者となる犬ぞりレースのようなものだ。オオカミにとって採餌、繁殖、危険回避という重要な行動すべてを同時にこなして得られるエネルギー報酬より、行動したことによるエネルギー支出の方が多くなることもしばしばで、その結果オオカミは餓死することになる。実際オオカミの大半は餓死している。ありのままの事実としては、誕生した動物の圧倒的多数がエネルギー的に身体を維持できる十分な食物が得られず、他の動物に食べられるか、別の不運な最期を迎え繁殖できずに一生を終えている。

適応の観点からすると、作業犬の生活は（牧歌的とは言わないまでも）非常にシンプルだ。作業犬がしなければならないのは実際のレースや牧羊犬競技会で勝つこと、そうでなければ屋外でヒツジを護衛すること、そしてこれらの作業をこなすのに十分な餌を人間が与えてくれるのを待つことだ。非常に優秀な作業犬は繁殖のために選抜され、子イヌの世話は人間がする（すでに指摘したように、子育てはどんな動物にとっても非常にエネルギーを消耗する仕事だ）。そうした環境のおかげで、良種の作業犬はかなりエネルギー消費が大きい作業でも手際良くこなすだけの余裕がある。

しかし作業犬の繁殖は人間が管理するため、優勝チームに入れなかったり、うまく作業がこなせないイヌは繁殖できないことが多い。ダーウィンはこれを「人為選択」と呼んだ。人間の関心と判断によって繁殖率に差異が生まれるのである。実際ダーウィンの自然選択による進化という革新的アイデアも、イヌなどの家畜動物を人間がいかに繁殖させ形成するかを検討する中で展開されたのだった。ダーウィンは人為選択と自然選択というふたつの選択の方法が、実質的には全く同じ生物学的過程であると看破した。エイサ・グレイ宛の書簡でダーウィンは次のように書いている。

人間による選択の原理、つまり望ましい性質を持つ個体を選抜し、それを繁殖させてはさらに選択を繰り返した結果には素晴らしいものがある。その結果はブリーダー自身が驚くほどだ。ブリーダーは訓練されていない者の目にはわからないようなかすかな違いに働きかけることができる…こうした選択は外部条件によって生物に生じる大小の変異が蓄積することによってか、発生において子どもがその親と完全にはそっくりでないということによって生じる。人間はこうした変異が蓄積する作用を利用して生物を自分の望むように改変している。人間はヒツジの毛がカーペットや衣服などに適するようにヒツジを改良していると言ってもいい…さてある人物がいて、単に外観から判断するだけでなく、動物の内部組織全体を調べ、忍耐強く、しかもひとつの目的のために何百万世代もの間選抜を続けるとすれば、その目的は必ずや果たせるだろう。

したがって犬ぞりレース犬はただ体重が23キロであればいいのではない。そり犬はダーウィンが書いているようにその「外観…と内部組織全体」がレースの速度でそりを引く作業に素晴らしく適応した「完全な機械」なのである。最速の個体同士を交配させるだけだが、犬ぞりレースという特殊な環境で最高のパフォーマンスを見せる独特な形状を進化させたイヌは、他のイヌの個体群や、広大な自然界においても見ることはできない。それはレースという環境で成功した形状なのである。20世紀初めに犬ぞりレースが始まったとき、優勝チームは1マイルを5分、時速約20キロで走った。それが1960年代までには1マイルを4分、時速約24キロでなければ優勝できなくなった。現在ではマラソンの距離を1マイル3分以下、時速32キロ以上で走り抜ける。そこに作用しているのは自然選択か人為選択によって駆動される進化だ。

◉形状の変異

種について述べるとき、種には理想的な形状か典型的な形状があるものと考えている。例えば絵本の絵を指して「これがライオンだよ」と子どもたちに教えている。しかし、ひとつの種のすべての個体が正確に同じと考えるのは、それが世界を語るうえで便利な方法ではあっても、都合のいい作り話に過ぎない。実際にはどんな個体群であってもひとつひとつの個体は形状が少しずつ異なる（そして自然選択による進化ではこの変異が決定的に重要な意味を持つ）。ふたりの人間同士、2頭のプードル同士は外見的には似ているだろう。しかし実際には、人間同士あるいはプードル同士が全く同じ形状であることはなく、その結果、ふたつの個体が全く同じように行動することもない。後で動物が一生の間にどのように発達するかを議論するときに、この点についてもっと詳しく検討することにしよう。

もうひとつ重要なのは、動物の形状とはその外形、つまり目に見える身体だけではないことだ。動物には極めて複雑な内部形状つまり機械の内部動作があり、個体と同様に同じ品種（そして種）であってもその部分的な構造の細かい点が大きく異なる場合がある。例えば以前わたしたちの学生で現在は同僚であるシンシア・アロンズが（神経生理学者のW・J・シューメイカーと共に）そり犬、護衛犬、牧羊犬の脳を比較した（図10）。アロンズは、これら3種類の作業犬では脳の4つの領域の神経組織に見られるドーパミン量が大きく異なることを見出した。ドーパミンは一般的に覚醒と運動活性を仲介する神経伝達物質だ。ヒツジの大きな群れを追跡し、移動方向を誘導する熱気と活力ほとばしるボーダーコリーが、のんびりした性格で動作も緩慢で群れのそばにいるだけでいいマレンマ・シープドッグと比べてドーパミン・レベルが4倍も高いことも頷ける。

こうした脳組織という身体の局所的な差異が（これもひとつの形状の差異だが）行動を大きく左右し、行動の柔軟性つまり「学習」も制約する。サイコロ犬はその幾何学的形状によって動

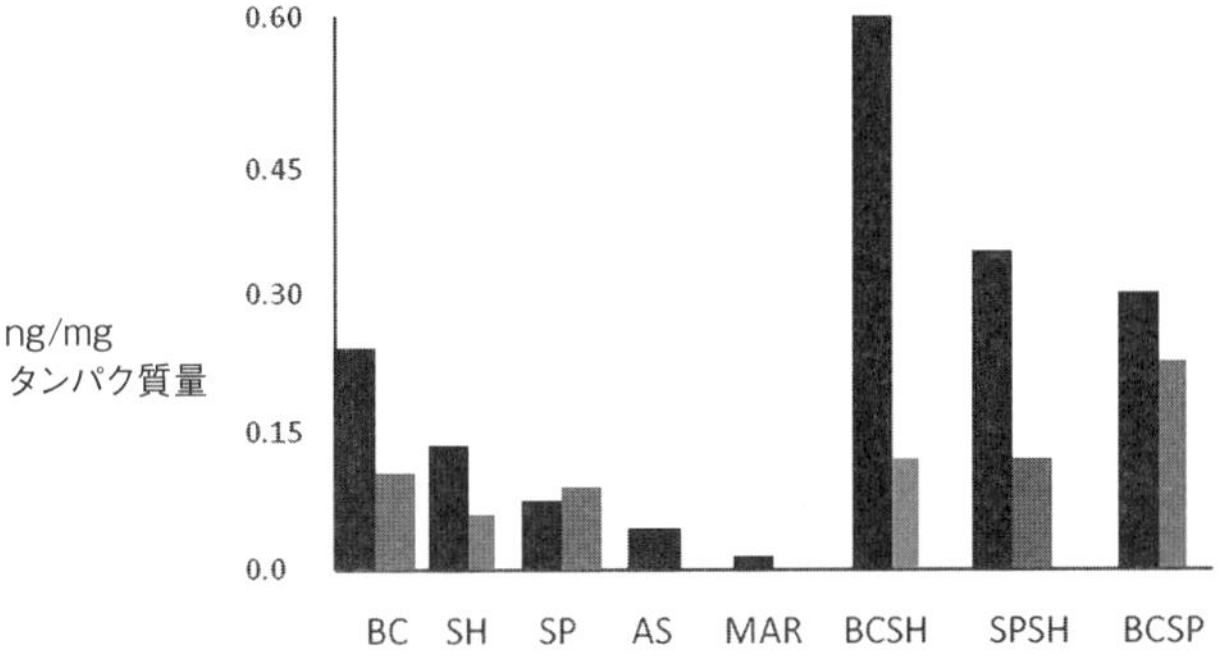

8犬種における脳の2領域（黒＝中隔核、灰＝扁桃体）のニューロンによるドーパミン発現量の相違

図10　作業犬と猟犬で脳の形状は大きく異なり、それが行動に差異が生じる基礎となっている。かつてわたしたちの学生でもあったシンシア・アロンズ博士はドーパミンなど神経伝達物質の発現量の差異をボーダーコリー（BC）やシャルプラニナッツ（SP）、シベリアンハスキー（SH）、マレンマ・シープドッグ（Mar）、アナトリアン・シェパード・ドッグ（AS）そしてそれらの異種交配犬で測定した。注目して欲しいのは、異種交配の場合、親犬種の平均値になっていないことだ。図は Arons and Shoemaker(1992) から改変。

きに制約があるため、〝教育しても〟転がれるようにはならないし、ダックスフントを訓練してもグレイハウンドのように走らせることはできないのと同じように、護衛犬にヒツジの群れを誘導させることもできない。それは何より護衛犬の脳の形状が、群れの誘導に適した運動活性を支えるものではないからだ。

さらに、ふたつの個体が全く同じ環境で生活し行動することはあり得ないし、どんなに小さな形状の差異でも、物理的世界の変動と相互作用することで異なる結果が生じる可能性がある。一般的にボールが丘から簡単に転がり落ちるのは、その形状のためだ。しかし特定のボールがどのくらい速く転がって正確に終点に到達するかということになれば「状況によって変化する」。同じ直径でもテニスボールと野球のボールでは重量と内部構造が異なり、異なる材質でできている。ボールという一般的な形状はしていてもこの差異があることでふたつのボールは、転がる斜面の土壌の種類や地面を覆っている草の量や草丈、風速と雨量、あるいは石ころのちらばり方など数多くの環境要因によって、その転がり方は異なるだろう。そして、全く同じ動物が存在しないように、(幾何学的な比喩は別として)完全な球体のボールも存在しないし、特定のふたつのボールの完全球体からのずれが全く同じということもない。ボールがどう動きどう行動するかと言う場合、ボールの形状の差異はわずかでも、小さな環境の差異によって、微妙ではあっても重要な増幅を受けるのである。

そうはいっても、ふたつの個体の身体が似ている方が、同じような行動をする傾向は大きくなる。だからこそ共通する一般的な形状を持つ特定の犬種について、その行動の特徴を語ることができるのだ。だからこそ、とりあえずは「種固有の行動」とか「犬種固有の行動」と言うこともできるのである。イヌがイヌのようにふるまうのはイヌのような形状だからであって、ボーダーコリーやマレンマ・シープドッグの行動が他の犬種と異なるのは、他の犬種のような形状ではないからだ、ということでこの章のまとめとしよう。

第4章

ふるまいにはパターンがある

◉運動パターン

動物が行動するという場合、わたしたちは動物が空間と時間を占める特定の身体形状を示すことと解釈する。ショードッグは、審査が行われるリング内では4箇所あるコーナーで脚を対称性よく揃えて立ち、尾と頭は規定の角度で完全に静止させるよう教えられる。これはイヌの形状のひとつである。理論上、動物には種特有の形状がある。また体重といった属性を通して測定可能な現実の個体としての形状もある。しかし、動物の〝行動の形状〟となるとたいていはダイナミックだ。時計の時針、分針、秒針の位置が刻々と変わるように、動物の空間における身体形状も時々刻々変化する。その複雑な形状はいつでも極めて多様な〝動き〟を見せる。そうした動く形状のいくつかは自然選択の産物で、採餌、繁殖、危険回避に最適な適応的形状と考えられている。動物行動学者はそれらを「運動パターン」と呼ぶ。

自分の手について考えてみよう。手は一生の間1秒刻みで異なる空間を占める。同じ空間で手が正確に全く同じ動きをすることは決してないだろう。しかし、どんな人間社会でも最も頻繁に見られる手の動きは、食物を口に運ぶ動作であることがわかる。この運動パターンはどんな食事をとるにしても人によって若干異なるだろうが、その動作の一般的な形態は人間の行動の特徴を示すものだ。世界のどこへ行っても、どんな文化を訪れても、指や箸、あるいはナイフとフォークを使って誰もが手で食事をとる。手を口へ運ぶ動作は採餌行動を支援するための進化による適応の産物で、種に共通する運動パターンだ。

どの運動パターンでもそうだが、この手を使った行動もおおよそは生物機構の身体的形状による機能だ。指節骨、関節、筋肉、神経そして皮膚からなる手の特殊な構造的構成が食事をとるという作業にとって本質的だ。さらに手と腕の機械的連携とその動作を駆動する脳の運動皮質における配線も重要になる。かたわらで静止していた肘を折り曲げれば、手は口元にぴったり（適応的に）寄せられる。実際には人間の機構の内在的形状によって、採食行動を統御するルールが規定されているのだろう。同じように、イヌの形状も、イヌが餌を探し食物を食べるルールを規定するうえで重要な役割を果たしている。このルールによって統御された行動［傍点訳者］という概念について、また〝ルール〟とは何なのかについて、しばらく考えてみることにしよう。

発達と学習は手の形状と行動に影響するのだろうか？　もちろんそのとおりだが、影響は限定的だ。人間の手の形状は確かに自分で食事をとる運動パターンにとって重要ではあるが、他にも道具の使用やサックスの演奏など、並外れて多彩な人間活動でも役立っている。超絶技巧的にピアノを弾ける訓練された両手もあれば、他人より拳を何度も握れる手もあり、また重労働でタコのできた手もある。それほど多様な動作ができるとはいっても、人間の手ではその指を広げた差し渡しよりずっと大きな物体を握ることはできない。手の形状と大きさ、そして空間と時間の流れの中で動ける範囲が、器用な人間であれば発揮したくなる動作、あるいは適応できる動作の全体に、非常に厳しい制約を与えているのである。動物行動学者が「行動は種の分類学的特徴」と主張してノーベル賞を受賞したことを思い出してもらいたい。手に5本指があることが人間という種を特徴付ける進化の産物であるのと同じように、5本指を使った行動もやはり進化の産物であって、食物を口へ運ぶ時の指の動きのパターンもまた進化の結果なのである。

行動をこうしてとらえることによって、動物学者は行動を記載する直接的な方法が得られる。イヌの四肢あるいは身体全体が空間と時間の流れの中でいつ、どのように動くかを観察するのである。しかしどの動きを観察すればいいのだろうか？　重要なのはどの動きなのだろうか？　小指のひきつりについても考慮すべきなのだろうか？　瞬きもすべて数えるのだろうか？　頭部のわずかな傾きはどうだろう？　進化による適応の産物と思われる動作に注目すること、それが動物行動学からの解答だ。つまり動物の適応度や食物を獲得する能力の増進、また危険を回避し繁殖する能力の改善が見られるからこそ維持されている行動パターンに注目するのである。そうした行動は特定の種のあらゆるメンバーに共通する分類学的特徴で、進化史を共有する近縁種に広く見られる場合も多い。それは遺伝的なもので、生物機械の組み立てを指示するために受け継がれたゲノムの作用によって生じる。その結果、種の全体的特徴は類型的なものとなる。つまり種内のすべての個体が同じ特徴を持つのである。ローレンツとティンバーゲンはこうした類型的行動を「運動パターン」あるいは「固定動作パターン」と呼んだ。

「先天性」や「本能」のように「運動パターン」という言葉も今日ではそれほど流行っていない。現代の行動科学者によっては「運動パターン」という表現が、学習や発達そして環境の影響の重要性を見逃す単純化したイメージだと指摘する場合もあるだろう。動物行動学の黎明期には「運動パターン」は「固定動作パターン」と呼ばれ、大部分の動物が実際に見せる行動より極めて類型的で画一的な動作と行動のことを意味していた。その後、動物行動学者はこうした完全に〝固定〟した動作パターンというものが、かなりまれなことに気づくようになった。ジョージ・バーローはシクリットという淡水魚の行動を研究していて、運動パターンは平均的行動を反映したものと考え、そのアイデアをうまく表現するために「様式動作パターン」(modal action pattern) という造語を編み出した。さらに動物行動学の初期に注目されていた行動は、時間で言えば瞬間的に起きるような単純な単一動作だった。それが現在では、運動パターンによっては実際にかなりの時間継続する複雑な動作の連鎖であることもわかっていて、その典型例についてはすぐ後で見ることにする。それでもかつての動物行動学者による多くの考え方とともに、運動パターンという基本概念も、イヌをはじめ動物の行動についていくつかの非常に重要な次元を理解するうえでなくてはならない概念だと、わたしたちは考えている。

どうしてわたしたちがそう考えるのかについてわかってもらうために、もう一度作業犬について考えてみよう。家畜の護衛や誘導、スポーツ（わたしたちのそり犬もそうだ)、狩猟、軍用犬、盲導犬として使われるイヌたちだ。トイレのしつけができていたり、かみついたりせず、呼べば飛んでくるようであれば「行儀がいい」と言われるペット用のイヌとは対照的に、作業犬は飼い主を満足させるために非常に特殊な作業を手際よくこなせなければならない。作業犬を繁殖させ、訓練し操る人々は、イヌを大量に飼育している場合が多く、すべてのイヌがそうした高度な期待に応えられるわけではないことをよく理解している。彼らは定期的にイヌをチェックし、うまく作業をこなせないイヌは、才能のありそうな別のイヌと入れ替えているのだ。

例えば、障害者向けの動物を育成している介助犬団体によっては年間５００頭から１０００頭の血統の良い子イヌの訓練を始めるが、適切な作業能力まで到達するのは50パーセントにも満たない。落ちこぼれたイヌは様々な理由から必ずしもペットとして適しているわけではない。そうしたイヌたちは多数のイヌたちと一緒にイヌ小屋で育てられ、家庭環境に適するような社会化がなされていない場合があるからだ。軍用犬や警察犬の中には、専門家による管理がなければ危険なイヌもいる。また作業犬は平均的な飼い主が期待するよりずっと活発である場合が多い。レトリバーは年がら年中よだれだらけのボールを投げてくれとせがむだろう。ボーダーコリーなら自動車の追跡を思いとどまらせるのは難しいし、居間でボールのような物体が動くのではないかと期待して待ち続けている間に、緊張性の恍惚状態に陥ってしまうこともある。逆に家畜護衛犬の場合は、家庭のペットならそうあってほしいと思うような元気いっぱいの動きも茶目っ気もない。優れた護衛犬になればボールを追いかけることとすらしない。

こうした変異性はあるにしても、作業犬種の行動に見られる多くの特徴は、特殊な運動パターンを発現させるために意図的に繁殖を行った結果であることは明らかだ（ダーウィンの人為選択）。例えばスポーツハンティングで使うバードドッグ（鳥猟犬）の様々なタイプがまさにこの種の誘導型進化だった。優秀なバードドッグは鳥が木の枝などに止まっているのを見つけたら《フリーズ（FREEZE）》という運動パターン（特別な運動パターンを示すときには《　》でくくる）を実行することが求められる。動作を止めてじっとしていることだ。次にバードドッグはハンターの獲物に向けて《ポイント（POINT）》の運動パターン（獲物の場所をハンターに指示する）に移る。頭とマズル（鼻口部）そして背を獲物に向けて一直線に揃え、そのまま（命令されるまで）動いてはいけない。しかしレトリバーやスパニエルなど別のタイプの猟犬の場合、ブリーダーはこの運動パターンを見せないイヌを厳密に選択した。すでに仕留めた鳥を回収するという任務を遂行する間に、新たにみつけた鳥に対して《フリーズ》や《ポイント》に入ってしまうようなイヌは欲しくなかったからだ。

一般的な運動パターンの発現においていくつかの興味深い変異性を見るには、牧羊犬がうってつけの犬種だ。キャトルドッグはウシのかかとをかむのだが、《急追（CHASE）》（獲物やその他の関心のある対象に向かい爆発的に飛び出し追跡する）と《かみつき捕獲（GRAB-BITE）》（顎を使いその場で対象を確保する）を発現するように改良された。おなじみのブルドッグは歴史的には肉屋のイヌとして知られるが、それは迷い牛を捕まえおとなしくさせるのに利用されたためで、やはり意図的に繁殖されたイヌの好例で、特別効果的な顎の形状と大きさそしてかむ力、さらに迷い牛を放っておくのは気が済まないという気性が長所として付加された。ある意味で彼らは《かみつき捕獲》のままじっと動かないで《フリーズ》するのである。攻撃訓練を受けた多くの軍用犬や警察犬は強化された《かみつき捕獲》が発現するように繁殖が行われている。レトリバーにも撃ち落とした鳥を探し《かみつき捕獲》のパターンをみせる行動がほしいところだ。しかし本質的なのは「激しくかまないこと」と《かみ殺し（KILL-BITE)》や《切り裂き（DISSECT)》、《飲み込み（CONSUME)》の運動パターンに移らないことだ。ハンターは獲物を手に入れる前に、イヌが鳥を押しつぶしてバラバラにしたり食べてしまって欲しくはない。したがって《切り裂き》などの運動パターンは欠点と考えられ、そうした行動をするようなレトリバーでは失格だ（もう少し後で、捕食動物ではこうした運動パターンの要素全体を複雑に連鎖させているのを見る）。

対照的にボーダーコリーのようなヒツジを誘導する牧羊犬は、いくつかの運動パターンが発現しないように意図的に繁殖された。《かみつき捕獲》を競技会でやれば即失格となるし、実際の羊飼いの作業で大きな問題となるのは、1頭のヒツジにかみつき捕獲の行動をとれば、そのヒツジを傷つける可能性があるのと同時に、ヒツジを緊張状態にさせ、その反応が群れをパニックに陥れる可能性があるからだ。もちろん《かみ殺し》、《切り裂き》、《飲み込み》の運動パターンを発現すれば、ボーダーコリーとしての仕事の目的を完全に逸脱してしまう。ボーダーコリーに期待されているのは《注視（EYE)》＞《忍び寄り（STALK)》という運動パターンを順に発現することで、視線を1頭のヒツジに集中し、続いて（＞という記号が示すように）ゆっくりとそのヒツジに向かって移動する。それから（臨界的な間合いの内側まで踏み込むと）《急追》運動パターンに移る。こうしたパターンの組み合わせでヒツジの群れを思いどおりの方向へ移動させるのである。

どうして《急追》が運動パターンのひとつであることがわかるのだろうか？　それは《急追》に向いたイヌ、そうでないイヌを選択することができ、さらに急追に関して特殊な形状を持つイヌを選択できるからだ。ボーダーコリーはハンドラーから離れて円を描いて走り１８０度向きを変えてヒツジを誘導するが、牛追いイヌはハンドラーから離れてウシをまっすぐに道路に沿って移動させる（図11）。ハンドラーはみな特定の運動パターンを発現する特殊な形状を持つイヌを選ぶ。ボーダーコリーのブリーダーは《注視》や《急追》などの各運動パターンが発現するように長い時間をかけ選択的に繁殖させてきたのである。別の言い方をするなら、適切な運動パターンを発現するイヌ同士を交配させ、適切でない運動パターンを発現するイヌは交配させないということだ。

◉運動パターンの記載

野外での動物行動学の第一段階は、観察対象が作業犬であれオオカミであれ、運動パターン行動の目録、つまり特定の種や品種の生涯における適応的な行動形状の一式について、得られた情報に基づいて最善の推測をまとめることだ。こうした目録のことを「エソグラム」と言う。種に共通する行動のうち、適応的に重要な要素と考えられる身体的形状と動作の詳細な記載を観察者がまとめたものだ。

図11　ボーダーコリーの《急追》パターンは円を描く「ヘディング」（heading）だ。牛追い犬のような犬種は「ヒーラーズ」（heelers）といい、まっすぐ獲物に向かって走る傾向がある。オオカミも群れで狩りをするときには獲物のまわりを回る傾向がある。詳しくは第９章を参照。中央の写真はモンティ・スローン（ウルフ・パーク）撮影。

読者はすでに運動パターンがどのようなものかすでに頭の中に描けているかもしれない。例えば、ガゼルを狙っているチーターについて考えてみよう。獲物を見つけると、チーターはまず忍び寄る姿勢をとり、頭を下げ地面を這うようにゆっくりと獲物に近づく。臨界距離にあたるところまで進むと、形状を変化させ、獲物に向かって物凄いスピードで走り出す。ガゼルが逃げきれなければ、チーターは《前足叩き（FOREFOOT-SLAP）》運動パターンを発揮し、前足で獲物を地面に叩きつける（図12）。

チーターの場合、運動パターンの発現は《定位（ORIENT）》＞《注視》＞《忍び寄り》＞《急追》＞《前足叩き》＞《かみつき捕獲》＞《かみ殺し》と進行し、遠くからでも比較的容易に観察でき（多くの野生動物ドキュメンタリー番組の定番でもあるので、リビングルームでその様子を快適に観察できる）、事象を時系列で記載するのも簡単だ。パウル・ライハウゼンは有名な著書『ネコの行動学』（今泉吉晴／今泉みね子訳、どうぶつ社、1998年）で、野生種のネコを《前足叩き》をするかしないかで分類している。ネコ科の種の中には《前足叩き》を変形させた《前足はたき（FOREFOOT CLAP）》という運動パターンをとるものもあり、この場合は空中に飛び上がり両前足をはたきあわせて昆虫などを捕らえる。エソグラムの中に特定の運動パターンの形状が存在するかしないかは、その動物の歯の数と同じく確かに種の分類学的特徴なのだ。

もちろん直接視覚化するのが難しい運動パターンもある。例えば動物は口腔、咽頭、喉頭からなる「声道」の内部を細かく複雑に動かして種固有の特別な鳴き声（コール）を発生する。こうした体内の動きを同定し測定することは難しい場合が多い。それでも動物行動学者の使命は、動

図12　チーターをはじめネコ科の多くの動物は、捕食の際に《前足叩き》運動パターンを発現する。イヌなら口と歯で獲物を捕らえようとしただろう。写真ダニエル・スチュアート。

物が生きていくうえで役立っていると思える動く「行動形状」をひとつひとつ特徴付け、観察によって（たいてい骨の折れる作業）これらの適応的パターンがどのように構造化され、利用されているかを明確にすることにある。

動物の行動レパートリーであるエソグラムを構築するには、ひとつひとつの運動パターンすべての特徴を捉えるわけだが、それにはその運動パターンの「質」（quality）、「頻度」（frequency）そして「順序」（sequence）という3つの要素を正確に記載しなければならない。「質」というのは、時間の流れの中で特定の瞬間に空間を占める動物の形状を明確に規定する身体的特徴のことだ。「頻度」はその質の状態が時間的にどのくらいの頻度で発現するかを記載する。そして「順序」は一連の状態が生じる時間的順序だ。ふたつの種が全く同じ運動パターンを示すとしても、そのパターンを見せる頻度は種によって異なるだろうし、その運動パターンが一連の動作の中で現れる順番も異なるだろう。

◉質――動作の形状

運動パターンの「質」とは、特定の行動形状を構成すると考えられる複数の動作の全体像である。運動パターンの質を記載すれば、動物が動作しているのを見て例えば《歩行（WALK）》といった単一の名称で呼ぶ便利な体系的基盤ができる。しかし、動物がなぜそうした動作をするのか、その動作がどのくらい上手いのか、あるいは動物はその動作についてどう思っているのかといったこととは関係ない。行動の質はその形状であって、機能のことではないからだ。

ぽかんと口を開ける《ゲイプ（GAPE）》とよくいわれるイヌ科動物の運動パターンについて考えてみよう（図13）。この運動パターンの質は次のように記載できる。顎を下げて口腔をわずかにのぞかせ、口腔まわりの皮膚は安静時と比べるとわずかに後方に引っ張られマズル頂部の皮膚にはシワが寄り、唇は縮んで上の歯並びが部分的にあらわになる。解剖学者や生理学者、そして神経生理学者なら、正確にどの筋肉が動き、筋肉が動作する正確な順序、どの神経制御機構が関わっているかなど、より微視的な解剖学的事象を研究し記載することで、運動パターンの質をもっともっときめ細かく特徴付けることもできるだろう。しかし普通、野外調査をする動物行

図13 《ゲイプ》運動パターンはオオカミ（写真上）とコヨーテには見られるがイヌでは滅多に見られない。しかも見られたとしても幼犬の場合に限られる。写真モンティ・スローン（ウルフ・パーク）。

動学者にはそれはできない相談なので、基本的な身体機構が作動する結果として現れる動物の動作の全体的形状を記載し標識をつけるに留めている。

《ゲイプ》のようなイヌ科動物の運動パターンは、しばしばイヌの防衛的攻撃行動や自己防衛（危険回避）機構と同一視されることが多い。イヌをよく知っている人なら、こうした運動パターンを見せた動物には用心するだろう。しかし、エソグラムを構築する場合には、運動パターンの目的には（感情的意味合いや認知的経験はもちろんのこと）とらわれないことが必要だ。第9章で見るようにその動物は《ゲイプ》で遊んでいた可能性もある。この動作の機能の問題については、行動の結果とそれが生じる状況について分析できるようになるまで、おあずけとしておかなければならない。

次に人間にもチンパンジーにも見られる「笑い」について考えてみよう。それはなんとなく他の哺乳類が見せる《ゲイプ》と形状が似ているので、それと関係があるかもしれない（そうでないかもしれない）。人間やチンパンジーはどの個体でも笑う姿を見ることができる。人間もチンパンジーも非常に若い頃から笑い、笑いは人類文化全体に普遍的に認められる。それぞれの種は本質的に全く同じ口腔顔面の筋肉を動かす内在的運動パターンを発現するので、どちらの動物も大雑把に同じ笑いの質を持っていると言えるだろう。

結局、各々の種のエソグラムにはこの運動パターンについて非常によく似た記載が含まれることになるだろう。その運動パターンにはお好みの名をつければいい。《笑い（SMILE）》としてもいいだろう。そうすれば人間のエソグラムでもチンパンジーのエソグラムでも《笑い》という同じパターン名を使えるようになる。しかし忘れてならないのは、これは運動パターンの「質」に対する簡略な標識づけに過ぎないことだ。ふたつの動物がほとんど同一の運動パターンを共有しているようであっても、必ずしも動機づけの状況や感情状態は共通しているわけではないし、その運動パターンが両種で同じ適応的機能を持っているということにもならない。霊長類の《笑い》はその好例だ。人間以外の霊長類の多くが《笑い》を示している状況をもっと詳しく観察してみると、この運動パターンは（イヌ科動物の口開き《ゲイプ》と同じように）恐怖、そしておそらく次に起きる攻撃と関連した行動らしいことがわかる。これは少なくとも表面的には、人間の笑いが持つ働きではない（しかし、恐怖につながる弱いレベルの脅威と関係している可能性はある。わたしたちの大学の同僚植物学者のなかに、怒って苛立っているのに笑っているとしか思えない人がいる）。人間とチンパンジーは似たような動作を見せるかもしれないが、そのことと動作が行動学的に意味していることとは全く別の問題だ。

行動の質の共有に関するもうひとつの例として、捕食者にみられる《前足突き（FOREFOOT-STAB）》運動パターンがある。このパターンでは動物は空中に飛び上がり前肢を伸ばし、獲物のネズミなど小さな動く物体めがけて伸ばした前肢の方から先に着地する（口絵3）。こうした運動パターンはオオカミやコヨーテ、キツネ、ボーダーコリー、その他の犬種（すべての犬種ではない）で見られ、ネコでもいくつかの品種で同じような動作が見られる。意図や目的は様々でも、動作としては全く同じだ。

〝覚えておいてもらいたい要点は〟、種に共通する運動パターンは、ローレンツとティンバーゲンが述べたように分類学的特徴であって遺伝子の産物であるということだ。いくつかの種でほとんど同じ運動パターンが同じ順序で見られるとすれば、それらの種に共通する先祖からその行動が受け継がれた可能性が高い。別の種だが近縁の種に見られる類似した特徴を「相同性」（homologies）と言う（そうは言っても、なんらかのひとつの種における種の典型的行動と捉えるべきだが）。

図14ではオオカミが、口絵3ではディンゴが捕食行動の要素となる運動パターン《前足突き》を見せている。（捕食行動については次章でもっと詳しく議論する）。これらは同一の運動パター

図14 《前足突き》。コヨーテ（この写真）やオオカミ、キツネ、そしてすべてのネコ科動物などの他の肉食動物がみなこの運動パターンを見せることから、進化的な観点からこの運動パターンの起源は非常に古く、400万年前あるいは500万年前から存在する運動形態であることが示唆される。写真モンティ・スローン（ウルフ・パーク）。

ンであって、相同的運動パターンを見ていることは間違いない。相同的行動は身体的特徴と同じように、種間の関係を整理し、その進化史を解き明かすうえで役に立つ。哺乳類の前肢と鳥類の翼は構造的相同性の例としてよく知られている。身体的相同性は一般に分類学の取り組みで使われるが、動物行動学は共通する行動パターンを探求することにより、生物学における二大問題である種形成と進化を理解する補助的な道具を提供している。

例えば、現代のイヌ科動物とネコ科動物、そしてイヌやネコと似た動物で《前足突き》運動パターンを見せる動物はみな4000万年以上前のミアキス *Miacis* を共通の祖先グループとしてもつと考えられている。この太古のミアキスという哺乳類については化石の骨から得られたことだけしかわからず、もちろん行動が化石記録として残ることも滅多にない。しかし《前足突き》は相同的で、多様とはいえ明らかに関係のある現世種の間でその動作の質が同じであることから、この特定の運動パターンが最も新しい共通祖先がもつ行動的特徴だったとする仮説は妥当だろう（祖先に当たる種と現世種は時間的に相当離れているだろうが）。だから少なくとも絶滅して久しい捕食者ミアキスも、現在では博物館で展示されている骨格標本しか見ることはできないが、かつては始新世の空中に飛び上がっては、その前足を小さな獲物に突きつけていたと考えられるのだ。

◉頻度——どれほど頻繁に見られる動作なのか

質は空間における動物の状態を記載することだったが、「頻度」は時間の流れの中でその状態が生起する様子を記載するパラメーターだ。種によってはある行動を規則的にしかも非常に頻繁に見せるかもしれないし、散発的であったり滅多に見せない種もあるだろう。例えばオオカミは吠え声をたまにしか出さないが（しばらくの間「吠え」が実際に明瞭な単独の運動パターンであると仮定する。第8章の議論を参照）、イヌならどこででも吠えている姿が見られ、あまりに頻繁なため異常行動と記載されることもしばしばだ。イヌの中でもアルゼンチンの村落にいるグレイハウンドは見知らぬ人でも滅多に吠えることはないが、イタリアの村落のマレンマ・シープドッグはなかなか吠えるのをやめない。ゾウアザラシが頻繁に歩くことはないが、春の求愛行動のシーズンだけは浜へと移動する。冬季か夏季にしかゾウアザラシを見たことがなければ、彼らが歩いている姿を見ることはないだろう。

行動の頻度も動物の一生の間には変化する。実際オオカミは小さい頃は頻繁に吠えるのだが、おとなになると巣穴で危機に瀕したときに吠える頻度が増えるだけで、滅多なことでは吠えないと言われている。子イヌは7日齢になって初吠えをすると、その後は一生を通して非常によく吠える。オオカミとコヨーテ、イヌそして様々な犬種の間に現れる大きな違いのひとつが、この《吠え（BARK）》という運動パターンを見せる頻度だ。

確かに環境も影響する。例えば獲物の大きさによって、捕食者の《前足突き》と《ヘッドシェイク（HEAD-SHAKE）》の頻度が変化する。同じように犬小屋に入れられたボーダーコリーは耳触りな高音で吠える傾向があるが、野外でヒツジの誘導の仕事をしているときはこの運動パターンの頻度は格段に減少する。わたしたちは生まれつきほとんど耳が聞こえないボーダーコリーを飼っていたことがあった。そのコリーは他のイヌが吠えているのは聞こえないのだが、鳴き声の特徴もその頻度も他のコリーとそっくりに吠えることができた。もちろんその行動は学習したものではない。このことから運動パターンが現れる「頻度」も「質」と同じように、種あるいは品種の分類学的特徴と言っていいだろう。

◉順序——動作の順序

捕食者の狩りを観察していると、オオカミやライオン、そしてヒョウの行動の過程は流れるように美しい。しかし観察眼の鋭い動物行動学者にはもっと複雑な事象のつながりが見えている。実際これらの捕食者は、複数の独立した運動パターンを順序付けて連続的に作動させ、時間の経過とともにその形状を変化させているのである。

例えばオオカミは獲物をみつけると動物の方向へ体を向け、まず《注視（EYE）》運動パターンを発現する。立った姿勢か腹ばいになってじっと静止し、その獲物に視線を固定する（口絵2）。それから《忍び寄り（STALK）》運動パターンに移行し、姿勢を低くして頭を下げ視線は獲物から外さずにゆっくりと前進する。一連の動作の次の段階が《急追（CHASE）》で、フルスピードで前進する走行動作に移る。獲物に追いつくと（獲物に逃げられなければ）オオカミは口を使って相手を動けないようにする《かみつき捕獲》の動作を発現し、顎と歯で獲物の脚や臀部に襲いかかる。《かみつき捕獲》によって獲物の組織が引き裂け出血死する場合もあり、大型のネコ科捕食動物の場合は、獲物の首に《かみつき捕獲》を仕掛けて窒息させることもできる。続いてたいていはもっと攻撃的な《かみ殺し（KILL-BITE）》が生じ、そのときはたいてい首筋に襲いかかり獲物の頸動脈あるいは頸静脈を切る。獲物が倒れると、オオカミは歯を使って組織を《切り裂き》内臓を引き出す（《切り裂き》運動パターンには種特有の特徴があるので、優れた野外生物学者なら死体を見るだけで仕留めた捕食者がわかる）。それからオオカミは獲物を飲み込む《飲み込み》運動パターンを見せる。これらの行動形状はそれぞれが独立した運動パターンで、その種の行動の「ルールブック」であるエソグラムにも個別に記載されている。このようにひとつひとつの運動パターンは単独で生じることもあれば、適切に順序付けられて他の行動要素と組み合わせて生じることもある。

◉運動パターンのデータを収集する

ひとたびエソグラムが完成すると、動物行動学者には大変な作業が待っている。動物の実際の行動を〝現場で〟データとして収集しなければならないのだ。大雑把に把握するには「アドリブサンプリング」(ad libitum sampling)という比較的簡単な方法がある。動物は常に何らかの動作をしているもので(静かに休息していたり、寝ているだけでもなんらかの動作が見られる)、活発に活動しているときには、非常に多くの動作が起き、ときにはそれらが同時に生じることもある。アドリブサンプリングでは、動物行動学者は特定の行動や特別な仮説にこだわらず、自然の状態で起きている様子を幅広い角度から捉え、動作が連続的に流れていく中で行動として重要だと思われる動きを把握する。1頭の動物に注目してもいいし群れを見てもいい。関心が一方から他方へ移ってもかまわない。こうしたアドリブサンプリングでは観察し記録したデータはかなり雑駁になりがちで、必ずしも信頼できる科学的データが得られるわけではない。それでも特定の動物のふるまい方について、非常に良い直感的理解が得られ、将来の研究へ向けた指針となる。

アドリブサンプリングより体系的な手法が「フォーカルサンプリング」(focal sampling)だ。この方法ではひとつの個体に焦点を合わせ、細かいところまで注意して観察し、あらかじめ決めておいた時間枠の中でその個体が示す運動パターンの事例をすべて記録する。その他に「オール・オカレンス・サンプリング」(all-occurrence sampling)がある。研究者はひとつの個体に焦点を当てるのではなく、例えば《急追》の行動が(特定の個体に関わらず全体で)何度観察できるかなど、特定の運動パターンに注意を向ける。群れの社会的相互作用に関心があるなら、この方法が特に役立つ。

どの観察手法にせよ、基本的にはなんらかの特定の行動が生じたことを記載する。しかし忘れてならないのは、運動パターンがどのくらいの時間続いたか、どのくらい頻繁に生じたか、また繰り返す周期はどの程度かなど、時間的要素が重要なことだ。行動を観察する場合には「時は金なり」を心に留めておこう。活動するにはエネルギーがいるわけで、行動が長く持続したり頻繁に発現したりするようになれば、その動作を維持するために動物は余分に多くのエネルギーを獲得しなければならない。

しかし実際に動作が生じる頻度と継続時間を測定するとなると一筋縄ではいかない。例えば捕食者の《急追》行動の継続時間と、1日に何度くり返されるかを知りたいとする。理想的には、動物行動学者は長時間にわたって1頭の動物か群れを連続的に観察し、特定のパターンが起きたらその都度そのパターンが生じたこととその継続時間を記録しなければならないだろう。しかしこの方法は全く実践的ではない。いくら動物行動学者とはいえ少しは食事をとり睡眠もとって休息させてもらいたい。その点ビデオレコーダーなら休息の問題はないし、長時間にわたり連続的かつ自動的にデータを収集するように設定できる。さらにビデオレコーダーの長所のひとつに、動物が示した行動を複数の観察者で検討できることがある。観察者同士の信頼性が保て、データについて一致した解釈が得られる。第二の大きな利点はビデオデータは保存しておけるので、もう一度（何度でも）見直して行動をさらに詳細に記載でき、また新たな仮説を検証することもできる。こうして無人で記録する場合の問題はカメラの視野が限定されることだ。人間が観察していれば、例えば背後で起きた事象もすぐに確かめられるし、視界の端へ注意を向けることもできる。そんなわけで動物行動学の研究では人間が直接観察する手法も保存されたビデオデータを注意深く分析する手法もどちらもよく利用されている。

第二の一般的問題は、順々に観察している運動の事象が、実際に同じ（機能的）パターンの一部であることを確かめる必要があることだ。動物がある動作Aを見せると、ふつうならこの動作に続いてただちに第二の動作Bが続くとしよう。これらの動作A、Bはあるひとつの運動パターンの流れの部分要素であると推定するのが合理的だ。しかしBがAの2分後に現れる場合はどうだろう？　この場合は別々の事象なのか、それともやはり全体としてひとつの過程があって、その一部が遅れて発現した例となるのだろうか？　そのどちらかが常にはっきりわかるわけではない。それでもデータを体系的に取得し記載するなんらかの方法をとらなければならない。そこで方法論的一貫性を担保するために開発されたのが「時間サンプリング法」（time-sampling techniques）だ。

この手法には多くの種類が存在し、通常はフォーカルサンプリングに照らして利用される。ひとつはいわゆる1／0法で、観察者は一定の時間内にある行動が見られたときに「1」見られない場合は「0」と得点をつける。第二のアプローチは「瞬間サンプリング法」とも呼ばれ、観察を特定の時刻、例えば毎正時とか毎正分に規則的に行う。どの時間サンプリング法が優れているか、どの方法が運動パターンの時間的な順序や実際の頻度を最も適切に捉えられるかについては、多くの議論がある。どの方法にも特殊な状況で特定のタイプの行動を測定する用途があり価値もある。どの方法を取るにしても、複数の観察者が同じデータを分析できることが重要で、それは（意図的ではないにせよ）一次資料を収集した研究者がその分析に織り込んでしまうかもしれない先入観を、行動の記載に反映しないようにするためだ。

こうした観察方法の要請を満たすのは面倒だし煩雑で、それを気にしていたのでは研究の面白味がなくなるように思えるかもしれない。しかし動物の行動についてなんらかの結論を出す場合、「うちのワンちゃん」の通り一遍の観察でわかったことや一般のメディアがこぞって取り上げる興味本意のエピソードに基づくことはできない。正しい科学には体系的に収集されたデータが必要で、それは信頼性の高い一貫した方法によって収集しなければならない。

◉運動パターンはルールの発現

「パターン」（pattern）という言葉で想定しているのは、乱雑でない行動である。乱雑とは本質的に予測不可なことを意味する。科学者として、わたしたちは出来事を予測したいし、それによって仮説の妥当性が検証できるわけだが、行動が乱雑であれば動物がどのように行動し生活しているのか（少しはわかったとしても）多くを理解することはできないだろう。もちろん運動によっては本質的に乱雑な事象や環境の状態に依存することは否定できない。動物が走っていて突然凍り付いた地面に出くわせば、すべって姿勢が崩れ予測不能の事態になるだろう。しかし、動物行動学者に関心がある一連の運動パターンは、偶発的な状況に対する乱雑な反応や癖のある個体に特有の動作のことではない。わたしたちに関心があるのは、特定の内的動機や外的な刺激、信号に対するシステム的な反応である。ローレンツとティンバーゲンはこうした運動パターンの発現を誘引する事象を「解発因」（releasers）と呼んだ。獲物が目に入ると肉食動物には捕食者採餌行動が解発される。その獲物となる動物の方は、捕食者を確認すれば群れのメンバーに警告音を発声する行動が誘引されるだろう。その警告信号は逃避行動か防衛行動を解発する。単一個体の複雑な運動パターンの連鎖のなかでは、ある運動パターンがそれ以前に発現した別の運動パターンによって動機付けられる場合もある。ジョン・フェントレスとP・J・マクラウドは、こうした依存性を非常にうまく捉え「動物は統合的な運動の連鎖によってルールを発現する」と述べている。

通常は運動パターンを動物の動きの形状として記載し評価する。フェントレスとマクラウドが提起したのは、この運動パターンをそうした形状を決定する（アルゴリズムやコンピュータのプログラムのように）ルールの組と見ることもできるということだ。ルールは一般に「条件Xのもとで、あるいはもしYが生じた場合は、Zを実行せよ」（「Zを実行せよ」に当たる部分が例えば〝この〟運動パターンを発現せよという命令）という形式になる。この「ルール」という概念には多少困惑するかもしれない。普通ルールといえば、なんらかの権力によって課される明確な命令あるいは制約のことを思い浮かべるからだ。しかし別の見方をすれば、ルールとは単に乱雑でない行為あるいは構造の仕様書のようなものであって、ルールによって状態や活動が乱雑にならないように制約されていると言うこともできる。例えばチェッカーというゲームで言えば、駒をどのようにどの方向へ動かせるかはルールによって決まり、ゲーム進行中の特定の盤面で可能となる駒の動きもルールによって規定され、駒を動かす順序と動かせる回数も決まる。

例えば、人間の行動でごく普通に見られる歩行について考えてみよう。動物の運動パターンとしては絶好の例だ。このごく普通の行動にも乱雑でない単純なルールに基づく〝レシピ〟がある。

◎起立した姿勢から、一方の脚を膝を曲げつつ一定の角度まで上げ、身体を前方へ倒し始める。
◎上げた脚を前方に動かしその足を地面につけ、身体の倒れ込みを止める。
◎膝をまっすぐにして、身体を起立姿勢へ戻す。
◎続いて反対の脚と足で同じことを実行する。
◎以上の動作を繰り返す。

これらの動作は、歩行という行動のための秩序立てられた一連のルールを具体的に表現したものとなっている。

もちろん普通わたしたちがこうしたルールを意識することはない。意識できたとしても日常的には極めてまれなことだ。実際そうしたルールのことを考え、意識的にルールに従って歩こうとすれば、逆に動きはぎこちなくぎくしゃくしてしまう。ところが無意識にルールに従うと、たいていその動きはスムーズになる。この「歩行ゲーム」のルールを嫌って意図的にルールに背いて膝を曲げなかったり、一連の行動要素をでたらめな順序で実行したりすれば、その結果は突拍子もないものになるだろう。閲兵式の兵隊が足を上げて行進する様子や『空飛ぶモンティ・パイソン』の有名なスケッチでジョン・クリースが見せる「バカ歩き」を想像してみればいい（図15）。

このような動作が常軌を逸して（可笑しく）見えるのは、種固有の適応パターンを規定したルールに違反しているからだ。確かに（冗談のつもりで）通常の歩行ルールに背いてみると、かなりエネルギーがいるし身体にも負担がかかりそうだ。だから〝正しい〟歩き方を学ぶ必要がないことは何よりである。よく小さな子どもが歩き方を覚えると言うが、あらゆる証拠から言える

図15　イギリスのコメディグループ、モンティ・パイソンの有名な「バカ歩き」。このような歩き方は学習することはできるが、種固有の運動パターンではない。代謝の面から極めて「浪費的」で、余計なエネルギー資源とコメディの才能を投入しなければならない。キャロル・ゴメス・ファインスタイン画。

ことは、歩行は発達の過程で自動的に現れるのであって、歩行のお手本としてのおとなも、具体的な訓練も必要ない。実際わたしたちは赤ん坊に歩き方を教えることはないし、それはできない相談だ。赤ん坊はひとりでに歩き始めるようになる。赤ん坊がいつになっても歩き始めないのを心配したことのある親ならわかるだろうが、いくら急かせたところで早く歩き始めるようにはならない。子どもを訓練することはできないし、おとなのわたしたちにも（閲兵式の兵隊や名人の域に達したコメディアンでない限り）、歩行の適応ルールに反してしょっちゅう奇妙な歩き方をしたり、でたらめな歩き方をすることはできないのである。全く同じことが動物が見せる運動パターンにも言える。イヌは《吠え》の動作を学習するのではないし、ボーダーコリーは訓練によって《注視》＞《忍び寄り》＞《急追》を発現するのではない。またオオカミも《かみ殺し》を学習する必要はない。

したがってわたしたち人間が《歩行》運動パターンを行うとき、つまり「ルールに従う」ときに発現する行動形状は、人間機械に本来備わっている種固有の属性なのである。しかしだからと言って種特有のルールを実行する場合、個体が必ずしもその様式を変化させずルールどおり正確に実行するわけではない（たまには大きく変化することもある）。歩くときにガニ股になったり、内股になる人もいるし、歩く速度がわずかに早かったり遅かったりもする。よくあることだが、こうした種としての標準からのわずかなズレによって、遠くからでも知人の存在がわかる。どんな種や個体群の運動パターンを観察しても、こうした変異性が見られる。そしてこうした変異があるからこそ、そこに自然選択が作用し種の適応度が改善されるのである。

もちろんルールの発現には個体の発達も重要になってくる。歩行動作は他の運動パターンと同じように、その発現は発達時期と成長の状態に依存する。新生児は歩行できない。通常の歩行をするには、青年やおとなの骨格バランスと神経筋制御能力に達する必要があるからだ。また環境の影響や日常生活で生じる偶発的な状況も考慮しなければならない。うっかりして靴の中に石が入ってしまうと、通常の《歩行》運動パターンは中断し、歩調や体重のかけ方をかえて運動パターンの形状を変化させ、なんとか不快感を減らそうとするだろう。誰かが通常の行動形状やルールに基づく行動からズレた動きをしているのを観察すれば、それだけでその人が不快な状況にあることがわかる場合も多い。同じように足を切断してしまったイヌなら走ることはできるとしても、走るイヌを見たときに普通想定するような行動形状の質は発現しないだろう。

最後に、運動パターンの記載は、動物の種固有の脳の形状を間接的あるいは抽象的に反映したものと考えることもできる。どんな複雑な生物でも、実際に動作を決定し実行しているのは中枢神経系だからだ。内在的行動ルールは行動を起こさせる暗黙の命令で、神経組織の配線の特殊なパターンによって始動しなければならない。読者の神経組織がアヒルのような配線であれば（他の条件がすべて同じだとして）、読者はアヒルのように歩きアヒルのようにガーガーと鳴くことになる。

こうした脳の形状と運動パターンの関係については、フランス国立科学センターの神経科学者グループの研究により、注目すべき事例が示された。彼らは日本のウズラの胚の脳から種特有の鳴き声を制御すると考えられる組織を摘出し、ニワトリの胚に移植した。孵化後10日目、ニワトトリのヒナが発した鳴き声はウズラのそれに間違いなかった。ひとつの種に属する個体はみなその神経が同じように配線されるのであれば、つまり遺伝子によって類似した脳が構築されるのであれば、個体はその種特有の様式で行動するように仕向けられ、その種独特の運動パターンを発現することになる。逆にその機械の神経の配線形状を変化させれば、その行動も変化するのである。

第5章

イヌのテーブルマナー――採餌ルール

採餌とは食物を探し、獲得し、摂取することだが、運動パターンとその順序づけという理論をもっと詳しく知るためには絶好の観察対象である。動物は生活に必要なエネルギーを獲得するため、必ず食物を摂取しなければならないので、採餌を支える運動パターンを観察するのは非常に容易だ。ペットのイヌや家畜動物がいれば、餌を与えることで何が起きるか必ずその場で観察できる。これとは対照的に、危険回避行動はそれほど頻繁に見ることはできず、その運動パターンはなかなか観察できないため、動物は回避行動をしないで済むようにと〝願掛け〟でもしているのではないかと勘ぐりたくもなってしまう。また繁殖活動は季節ごとに生じる場合が多く、イヌ科動物の場合繁殖行動が観察できるのは1年に1回と頻度が少ない。

まずオオカミやコヨーテなど野生のイヌ科肉食動物、そしてピューマなど大型ネコ科動物の採餌運動パターンに注目してみよう。これらの肉食動物にとって、仕留めたばかりの獲物の新鮮な肉は典型的な主食物資源だ。哺乳綱の動物の中でネコ目に分類されるのはその歯の形状による。

肉食動物には必ず裂肉歯という特殊な歯があって、この歯を使って獲物の組織を切り裂く。イヌも肉食動物である。しかし動物が肉食動物であるといっても、いつも肉だけを食べているわけではないし、必ずしも自分で狩りをして肉を得ているわけでもない。もちろんネコ目の中には確かに肉しか食べないものもいる。例えば新鮮な肉でしか得られない消化酵素を必要とするネコ科動物もいる。それとは対照的にジャイアント・パンダの場合は分類学上は肉食動物だが、実際にはほぼ完全に草食で特にタケの葉を好んで食べる。イヌ属の他のメンバーには大型の腐肉食動物（scavenger）と日和見採餌動物（opportunistic feeder）がいる。オオカミも狩りをしてヘラジカのような大型の獲物を仕留めるわけだが、その一方で他の動物が少し前に殺した死肉を漁ったり、足りない分は肉以外の様々な食物で補うこともできる。

わたしたちは自分の学生とともにかつてオジロジカがかなり多く生息する大きな森に囲まれた水源地域でコヨーテの採餌行動を調査したが、そのときこの〝肉食動物〟の食事内容の大半が1年のどの月もベリー類などの果物であることがわかった。またオオカミの採餌行動も何度も観察したが、その時わたしたちが彼らが現れるのを待ったのはなんとゴミ捨て場だったのである！イヌはオオカミと近縁だが、肉を得るために狩りをすることは滅多にない。そのかわり何百万頭ものイヌが食べているのは人間が与える市販のドッグフードで、それはヘラジカに見えることもなければ、ヘラジカのような動きを見せるわけでもない。おまけに肉がほとんど入っていない場合すらある。イヌを飼っていればわかると思うが、（栄養的な観点からはともかく）イヌは人間の食卓の残飯を何でも喜んでペロリと平らげるものだ。

しかし、肉食動物の採餌行動を大局的な視点から捉えると、おおむね捕食行動と関連する共通の運動パターンの組が見えてくる。つまり狩りをし、捕獲して殺し、その獲物を食うというパターンだ。ここには典型的な捕食運動パターンの順序付けられた流れがある。

《定位》＞《注視》＞《忍び寄り》＞《急追》＞《かみつき捕獲》＞《かみ殺し》＞《切り裂き》＞《飲み込み》

この図式は一連の個別の運動要素からなり、通常はそれらが決まった順序で生じている（「＞」という記号は前項が後項より「先行」することを意味する）。これは理想的な事象の連鎖を記載した採餌行動様式に関するルールブックで、肉食捕食者はこのルールに従って空間と時間の流れの中でその形状を決まった順序で変化させる。

オオカミは獲物となる動物に気づくと獲物の方に身体を向け（定位）、まず《注視》運動パターンに入る。獲物に視線を固定したまま立つか腹ばいになってじっと静止している（図16）。少なくとも視覚中心の人間の動物行動学者は、ここでは視覚が重要な入力となって、それが運動パターンを生じさせる解発因となっていると理解するのが当然と思いがちである。しかしオオカミやコヨーテあるいはボーダーコリーを注意深く観察すると、いわゆる《注視》運動パターンの間彼らはぽかんと口を開けている。これは多くの哺乳類がそうであるように、特化した鋤鼻器《じょびき》を使って獲物を感知しているのかもしれない。鋤鼻器というのは鼻腔底部から口蓋頂部にあって高

図16 《注視》運動パターン。頭部を静止させ低い位置に保っていることが多い。このあと《忍び寄り》運動パターンに移り……最後に《かみ殺し》運動パターンとなる。ほとんどの肉食動物がほぼこれと同じ順序の運動パターンを見せる。モンティ・スローン（ウルフ・パーク）撮影。

度に血管網が発達（血管新生化）した構造の器官だ。口を開けていると入ってくる特定の化学物質（化学的刺激）に対してこの器官が非常に敏感に反応する。だから肉食動物は《注視》運動パターンで獲物を見ていると言っているけれども、このとき動物は嗅覚器官でも獲物を〝見ている〟のかもしれない。

それから捕食者は《忍び寄り》に移行し、身体を伏せ頭を下げて、獲物の方向を向く（口絵2）。そして獲物を〝視界〟に収めた状態で徐々に前進する。運動パターンの連鎖の次の段階が《急追》で、全速力で前進する動作に移行する。すぐに2種類の《かみつき（BITE）》行動が起き、まずかみついて獲物を効果的に押さえ込んでからかみ殺す。その後肉食動物は裂肉歯などの歯を使って仕留めた獲物を《切り裂き》に入る。ここまでスムーズにことが進めば、あとは捕食者が獲物を《飲み込み》、運動パターンの流れは終了する。

こうした肉食捕食者の特殊な行動形状の進化に影響を及ぼしてきたのが自然選択だ。パターンの流れ全体が実行され、個々の運動パターンが正しい順序で生じれば（そして獲物の動物に逃げられなければ）、その行動が適応に都合のいい結果を生む。つまりその捕食者は自らの身体機構を稼働する燃料である食物エネルギーを獲得できることになる。しかし選択によって必ずしもすべての問題に唯一の最適解が得られるわけではなく、全ての動物にとってあらゆる必要を満たせる最善の形状や単一のルールが得られるわけでもない。だから運動パターンの流れの中でいつもとは異なる運動パターンに置き換わることもある。前章で説明した《前足突き》運動パターンを思い出してみよう。この運動パターンは〝随意的な〟ルールが発現したものだが、ヘラジカやワピチといった大型被捕食動物ではなくネズミのような小さな獲物（もっと正確に言えば、環境中で見つけた小さな動く物体）によって解発される。このルールが始動すると、オオカミとコヨーテは（そして犬種によってはイヌも）《急追》の代わりに《前足突き》（口絵3）、《かみ殺し》の代わりに《ヘッドシェイク》で代用する。つまり以下のような運動パターンの流れになる。

《定位》＞《注視》＞《忍び寄り》＞《前足突き》＞《かみつき捕獲》＞《ヘッドシェイク》＞《切り裂き》＞《飲み込み》

獲物の種類が異なれば、こうした代替パターンの方が適応上有利になるのは明らかだ。ピューマ（マウンテン・ライオン）のような大型ネコ科動物もこうした代替パターンを見せ、状況によって異なる戦略をとる。例えばシカを狩るとき、これら強靱な捕食者は《かみつき捕獲》をそのかぎ爪のある大きな前足を使って《前足叩き》に置き換え、それから《かみ殺し》を実行する。またピューマは身を隠して待ち伏せしていた場所からシカを《急襲（POUNCE）》することもある。つまりピューマの一連の運動パターンは

《定位》＞《注視》＞《忍び寄り》＞《急追》＞《前足叩き》＞《かみ殺し》＞《切り裂き》＞《飲み込み》

あるいは

《定位》＞《注視》＞《急襲》＞《かみ殺し》＞《切り裂き》＞《飲み込み》

ということになる。

興味深いのは、イエイヌの場合近縁の野生イヌ科動物とは行動が全く異なることだ。イエイヌが捕食運動パターンの連鎖を完全に（機能的に）行うことは滅多にない。さらに犬種が異なると部分的に全く異なる運動パターンの流れを見せる。すぐ後でこうした犬種の違いについてもっと

詳しく検討し、イヌが完全な運動パターン配列を示さない謎の解明を試みる。しかし、一般論としては、進化の過程で、異なる種類の獲物と異なる採餌条件によって一般的な捕食動物のパターンが変化したということになる。行動が様々な生息環境で独特の自然選択圧がかかって生じた進化による適応的産物だとすれば、当然の帰結である。しかしすでに見てきたように、すべての肉食動物の捕食者運動パターンの流れには共通する点が残っていて、それは共通の祖先の存在を反映している（系統発生）。イヌ科動物はみなルールの内在的な〝組み込み〟プログラムを何世代にもわたって受け継いできていて、それが捕食者の行動を少なくとも部分的に決定しているのである。

様々な肉食動物の身体形状もやはり採餌の運動パターンに大きな影響を及ぼしている。例えばオオカミとピューマはどちらも採餌行動として《かみ殺し》の形態があるが、この一般的な運動パターン要素も実際には、種によって微妙な差異がある。ピューマは《かみ殺し》で獲物の喉元に激しくかみついて気管を押しつぶしたり、マズル（鼻口部）に喰らいついて呼吸できないようにして獲物を窒息死させる。一方オオカミは後ろ足を使って獲物を《かみつき捕獲》し切り裂いて、ゆっくりと獲物を失血死させる方法をとることが多い。これはピューマとオオカミでは顎と歯そして筋肉組織の構造が異なるため、かみつきによる機械的な力の加え方も違ってくるからだ。このようにピューマとオオカミはその形状が異なることで、行動にも違いが現れるのである。

こうした異なる行動形状はそれぞれが運動パターンの個別要素になっていて、該当する種の行動ルールブックであるエソグラムに個別の項目として記載される。個々の要素は独立して発現する場合もあれば、他の行動要素と結びついて発現することもある。獲物をうまく捕獲し切り裂いて飲み込むために、ピューマは動作の流れのすべてを実行する必要がある。つまり《注視》＞《忍び寄り》＞《急追》＞《かみつき捕獲》＞《かみ殺し》と形状を変化させ、各要素によっては代替パターンに置き換わる場合もある。ところがイヌやオオカミ、コヨーテそしてジャッカルの場合はこの動作の流れをどこからでも始められる。イヌ科動物は最初の運動パターンを無視して、《切り裂き》や《飲み込み》から一連の行動を開始できる。つまりイヌ科動物はすでに屍《しかばね》となった動物の腐肉を漁ることができるのである。思い出して欲しいのだが、20世紀に遡ってみると、合衆国政府が家畜の捕食者を駆除するために毒餌の散布を決定したとき、この方法はオオカミとコヨーテにはうまく効いて、地域によっては完全に絶滅したところもあった。ところがピューマにはそれほど効果がなかった。毒餌に〝騙されなかった〟わけだが、それには理由があった。ピューマの場合、最終的に獲物を《切り裂き》《飲み込み》に至るには、採餌運動パターンの流れを《注視》から始めて順にすべて実行しなければならないのである。別の言い方をするなら、先に述べたように、《切り裂き》の動機、つまりその解発因は《かみ殺し》そのものので、さらにこの《かみ殺し》の動機が《かみつき捕獲》という具合にすべての要素が連鎖している。したがってピューマはすでに死んだ動物は食べない、いや、ある意味で実際に食べることができないのである。わたしたちがナミビアで行った別の調査で、新生子のウシがチーターの攻撃にあっても年長の子ウシより生存率が高かったのだが、それは単に新生子が走れないからだった。獲物の動物が走るという解発因が生じなければ、チーターは《急追》の動作に入れず、さらに仕留めるまでに必要な順序だった運動パターンを発現することもできないのである（ここでもまた、こうした捕食者には目的を把握する知能があるのかどうか、そして自らの行動を意識しているのかどうか、疑問がわいてくる）。

すでに指摘したように、オオカミは運動パターン連鎖のどこからでも動作を始めることができる。例えば採餌行動パターンを《切り裂き》から開始することもできる。オオカミの場合この運動要素は順序としてその直前に当たる《かみ殺し》の動作によって解発される必要がない。そのかわり、オオカミがすでに《注視》＞《忍び寄り》＞《急追》の一連の動作を行っているときに、（やたらとうるさい家畜護衛犬のおかげだろうが）パターンの流れを中断させられると、オオカミたちはしばしばそれ以上動作を進められなくなる。どうやら《急追》が《かみつき捕獲》の解発因となっていて、《急追》が止められ（中断させられ）ぐずぐずしているうちに次の動作の引き金を引く効力が低下するらしい。

したがって《かみつき捕獲》はほぼ必ず《急追》の後そして《かみ殺し》の前に生じる。また《かみつき捕獲》は動作の流れの中で《急追》と、《かみつき捕獲》の代用である《ヘッドシェイク》の間でも生じる。結局オオカミとコヨーテの場合も同じように《かみつき捕獲》が《ヘッドシェイク》と《かみ殺し》の（潜在的な）解発因となっている。しかし、《ヘッドシェイク》そのものはオオカミよりコヨーテの場合に非常に頻繁に見られるため、コヨーテの方が《かみつき捕獲》を誘発する全体的頻度が高いことが観察できるはずだ。

こうした頻度の差異は遺伝的に決定されている内在的特性なのだろうか？　オオカミとコヨー

テはこれらの運動パターンを異なる頻度で発現するように〝神経系が配線されている〟のだろうか？　簡単に答えを出すことはできない。というのもわたしたちには彼らの環境や彼らが追跡する獲物の大きさを制御することができないからだ。観察によれば《ヘッドシェイク》の動作は小型の獲物によって誘引され、コヨーテは平均すると小型の獲物を狩猟することが多い。ふたつの種が同じ地理的領域を共有し、どんな獲物も同じように狙えるとしたら、コヨーテは小型の獲物に特化しオオカミは大型の獲物を専門に狙うようになるのだろうか？　その答えはおそらくイエスだ。コヨーテは自然に小型の獲物を選択するだろう。コヨーテの身体の大きさや走るスピード、視力といった内在的形状特性により、おそらく獲物の選択にバイアスがかかるからだ。これらの要因によって、2種類の動物の運動パターンが全く同じ組み合わせだったとしても、観察される行動の頻度は異なるだろう。コヨーテには他にも大型の獲物を狙いにくい要因がある。コヨーテがオオカミと同じ獲物を追跡するとなったら、大型で強力なオオカミという競争相手の攻撃にはかなわないからだ。イエローストーン国立公園にオオカミが再導入されるまで、コヨーテの群れが大型の獲物を狩猟し仕留めていた様子が観察できたが、オオカミ再導入以降はそうした行動は全く見られなくなった。

◉パターンの発達

運動パターンの議論にはもうひとつの展開がある。それは発達の役割だ。オオカミの捕食行動について議論していると、大部分の人はおとなのオオカミの行動を考えがちだ。動物には生涯の発達段階ごとに独自の形状があり、その当然の結果として発達段階特有の採餌ルールが存在することに気づかない場合が多い。確かにわたしたちは通常動物を考える場合、おとなの形態が成長のゴールであるかのように、おとなの姿を想定する。しかしわたしたちは母親にこう言われるものだ。「いつまでも子どもだね、どうしておとなになれないの」と。わたしたちが「オオカミ」と言われて想像するイメージはおとなの形状なのだ。新生子や若い子オオカミ（ほとんど子イヌと区別がつかない）ではない。

オオカミでもイヌでも、子どもとおとなは同じ生物とは思えない。その形状は全く異なるし、子どもは時間とともに急速に変化する。子どもは単におとなを単純に小さくしただけの存在ではないのだ。子どもには極めて複雑な独自の行動がある（そして必要なエネルギー量も異なる）。確かに身体の形状によってはおとなより驚くほど複雑な場合もある。例えば子オオカミや子イヌの場合、おとなより口と舌をとても精巧に動かすことができる。これはおそらく哺乳類の新生子が母親の乳首からミルクを吸うことに適応しているためだろう。こうした口腔運動の制御能力は動物が成長するにつれて衰退し消失する。また次章でも検討するが、新生子は面倒を見てくれるようせがむ鳴き声（音声合図）を発するが、そうした鳴き声もおとなになると消失する。したがって重要なのは子どもを（あるいは若い個体を）未完成な個体と見たり、「成長する必要がある」生物と捉えないことだ。そうではなく、子どもの形状とその行動そのものも、おとなの形状と同様に適応的特徴なのである。

わかりやすい例として、オオカミが生涯に3通りの採餌運動パターンを段階的に発現することを確認し、それをイヌの発達過程と比較してみよう。オオカミとイヌの子どもは生まれるとすぐに特徴的な新生子運動パターンの流れを見せる。

《定位》＞《移動（LOCOMOTION）》＞《乳首くわえ（ATTACHMENT）》＞《前足踏み（FOREFOOT-TREAD）》＞《乳飲み（SUCK）》

この流れを説明すると、新生子は母親の方向を確認し、そちらの方向へ移動し、乳首をくわえ、前足をリズムよく動かし（物理的刺激によって母親の乳房のミルクの流れをよくする）、口筋を動かして乳を飲む。この「採餌行動の流れ」は誕生の瞬間から始まる。これは原型的な内在的行動パターンであって、経験するまでもなく哺乳類の若い個体に普遍的に見られるパターンだ。確かに全く同じパターンを様々な哺乳類で見ることができる。実に巧みなシステムだ。母親が作る特別食であるミルクは消化しやすく、新生子行動ルールによって〝無意識的に〟摂取できる。新生子が運動パターンの複雑な連鎖によって乳首を吸い始めると、それが刺激となって母親の側にはミルクを出す運動パターンのルールが誘発される。

しかし4週齢以降になって、新生子の消化器官が成熟し始め生理学的形状も変化してくると、ミルクから固形物の食事に移行できるようになる。飲み込み機構も変化するが、固形食物を与える時期が早すぎると非常に小さい新生子は窒息することもある。そして採餌ルールを発現する運動パターンには新たな統合的組み合わせが見られるようになる。

《母親の頭部を定位（ORIENT TOWARO MOTHER'S HEAD）》＞《接近（APPROACH）》＞《鼻の押しつけ（NUZZLE）》

この時点では若い子オオカミはまだおとなの食物をかんで食べるのに十分慣れていない。まだ歯は完全な大きさになっていないし食物をかみ切る筋肉もようやく適した形状になろうとしているところだ。新生子の胃の消化酵素もようやくミルクの消化から固形物の消化へと転換したばかりで、まだ固形食物を完全に消化することはできない。さらに母親はこうした哺乳過程に嫌気がさし始めている。非常に多量のエネルギーを必要とする割にはそれほど多くのミルクを出すことはできず、乳首も数週間でちぎれてしまう。子オオカミが食べ物をねだる新たな運動パターンの流れを見せるのは、こうした問題に対する適応による解決策なのだ。この運動パターンが刺激となって母オオカミ（群れにいる母親とは別のおとなの「お手伝い役」オオカミの場合もある）は自分が食べた食物を吐き戻して子オオカミに与えるようになるのである。固形物でも吐き戻したものなら子オオカミでも容易に食べられる（図17）。

狩りを終えたオスオオカミは仕留めた獲物の一部を母オオカミと子オオカミが待つ場所へ持ち帰る。消化器系が発達した子オオカミは、この運動パターンを使って狩りから戻ったおとなのオスからも固形食物をねだる。若いオオカミは補食行動を完全にこなせるようになる前に、こうし

図 17　子オオカミが母親に食物の吐き戻しをせがんでいる。写真モンティ・スローン（ウルフ・パーク）。

た採餌過程が先行するのである。しかし、イヌの場合このシステムはオオカミと同じようには進まない。子イヌがおねだり運動パターンを見せるのはオオカミと同じだが、母イヌは滅多に吐き戻して応じることはなく、他のおとなは（父イヌも含め）子イヌに給餌をすることはない。しかしイヌにとって幸いなことに、この食物をねだる運動パターンを生涯続けるようにしたことで、人間の飼い主がすぐに反応し餌を与えてくれるのである。

こうした変化は適応的運動パターンが内在的特徴であることをよく示している。変化は動物の発達段階の様々な時点で起きるわけだが、それでもやはり本質的には〝遺伝的〟に決定されている。新生子の子イヌがおねだりの仕方や乳首の探し方、そのくわえ方、飲み方を学習しなければならないとしよう。ミルクを飲む様々な方法を試してみたり別のものにしゃぶりついてみたりするのはきわめてエネルギー効率が悪いだろうし、子イヌの身体が小さいことからすれば体力が限られているため、こうした非常に複雑な行動の連鎖を学習するには時間も限られている。こうした行動を学習していたのでは生命がないだろう。しかし子イヌにとっては運がいいことに、新生子採餌運動パターンは新生子という〝機械〟の形状の一部だ。これもまた自然選択による適応の産物なのである。新生子の子イヌに乳首を吸うという内在的運動パターンをしないように教えることはできないし、子イヌを訓練して固形食物を食べるようにさせたり、実験室で子イヌの行動を操作するだけで固形食物を食べるように誘導したりすることはできない。

新生子が乳首を吸う運動パターンからおとなの採餌行動への変化は、動物の経験や成長の一般的パターンに沿って徐々に変化するのではない。実際に起きているのは、ひとつのシステムから別のシステムへの転換なのである。W・G・ホールとC・L・ウィリアムズはネズミの新生子の採餌行動を研究し（彼らの結論はおそらくすべての哺乳類に一般化できる）、新生子の採餌行動を統御する脳の機構、つまり新生子がミルクを飲む運動パターンのルールと本質的に〝接続〟している脳の領域は、おとなの採餌運動パターンを統御する脳の部分とは異なることを明らかにした。これらの行動パターンは生物機械の全く異なる形状、異なる神経系から生じるもので、互いに独立に進化した運動パターンであるに違いないとわたしたちは考えている。確かに、哺乳類の新生子採餌パターンはどの脊椎動物と比べても斬新だ。これとは対照的におとなの肉食動物が見せる《注視》＞《忍び寄り》……というパターンは進化的にみてきわめて古くさい運動パターンであって、爬虫類や古代の魚類にさえ見ることのできる捕食採餌パターンと相同なのである。

◉イヌの採餌ルール

イエイヌには他の肉食動物と共通する長い進化の歴史がある。しかし意外なことに、現在の犬種（つまり人工的に育種された単一種）が見せる運動パターンは、野生イヌ科動物の近縁種が見せる捕食運動パターンの流れのほんの一部でしかない。イエイヌがこうした妙な状態になった進化圧は何だったのだろうか？　それに答えるにはもう一冊本を書かなければならないだろう。本書の議論との関連で特に興味深いのは、現在の犬種は祖先が持っていた採餌行動の流れとは明らかに異なり、祖先の採餌行動の部分的な組み合わせを発現していて、犬種が異なると捕食パターンの部分的な流れも異なっている点だ。

このことはわたしたちがハンプシャー・カレッジの研究所で家畜護衛犬（この場合はアナトリアン・シェパード）と牧羊犬のボーダーコリーを飼っている大きな囲いを管理していたときにわかった。わたしたちはこの両方のイヌのグループに地元の酪農家が提供してくれる死産の子ウシを餌として与えていた。家畜護衛犬の方は普通ならイヌ科動物の捕食パターンの流れの最後の方で発現する《切り裂き》運動パターンは決して見せることがなかった。大きい塊の肉は丸呑みできないので、食べるには飲み込む前に切り裂かなければならない。アナトリアン・シープドッグに与えるときには、わたしたちが切り刻んで食べられるようにしてやらなければならなかったのである。そうでなければ子ウシの肉は腐りイヌは飢えていただろう。アナトリアン・シープドッグには本当に肉を切り裂くことができないのだ。ところがボーダーコリーの方は夢中になって死んだ子ウシを切り裂いて食べる。

　この《切り裂き》運動パターンの欠如がさらに興味深い形で見られたのは、家畜護衛犬の作業行動を評価するために協力している農家に護衛犬を預けたときのことだった。ある牧羊家が電話してきて、そのイヌがどんなに立派な仕事ぶりだったかを誇らしげに語ったのである。メスのヒツジが病気で死ぬと、そのイヌはヒツジの死後もそのヒツジを警護し、3日間寄り添っていたというのだ。グレーフライアーズ・ボビーの亡霊だ！　牧羊家にとってそのイヌは忠実な護衛犬の鑑のようなものだった。しかしわたしたちは「確かに、ヒツジを《切り裂き》しなかったのですから、立派なイヌですね」と答えた。一方別の農家は、ひどいイヌを預かったといって不満の電話をかけてきた。子ヒツジの一頭が、有刺鉄線にからまって身体が大きく切り裂けてしまった。するとなんということか、大変なことになった。イヌが（すでに切り裂かれていた）子ヒツジを生きたまま食べてしまったのだ。その農家には、イヌが子ヒツジを食うなどということは、優れた護衛犬とは正反対の行動に思えたのだろう。しかし実際にはどちらのイヌも捕食運動パターンは発現していなかった。《注視》＞《忍び寄り》＞《追跡》＞《かみつき捕獲》＞《かみ殺し》あるいは《切り裂き》という採餌運動パターンの流れがないからだ。見られるのは唯一《飲み込み》だけだ。適応的な作業という観点からすれば、これは完璧な家畜護衛犬であって、護衛犬としては何の落ち度もなかった。

犬種によっては、採餌運動パターンの一部が欠落しているだけで、行動の全体的質が野生種と異なることもある。また運動パターンが発現する頻度も異なってくる。わたしたちが飼っている家畜護衛犬の多くはイヌの目の前でボールを投げるなどして、どんなに誘いをかけても《急追》することはまずないだろう。対照的にボーダーコリーは、動くものなら何であろうとも追いかける。さらに運動パターンの要素が発現する流れも犬種によって違う。この差異についても牧羊犬と護衛犬が優れた事例を提供してくれる。わたしたちのハンプシャー・カレッジの研究室での研究で、ボーダーコリーの場合《注視》>《忍び寄り》の流れが《定位》(獲物の方向へ向く)運動パターンの後に続くのは、時間の割合で考えて85パーセントだった。興味を引く物体を見つけ身体をその方向へ向ければ確実にその物体に執着し《忍び寄り》パターンに入る。ところが家畜護衛犬の場合は逆で、《定位》に続いて《注視》>《忍び寄り》の流れを見せることはめったにない。そのかわり、この先行する運動パターンによって、情報を確認する社会的行動が解発される。

最終的に、行動の対象となる〝獲物〟も異なってくる。ボーダーコリーは《注視》>《忍び寄り》>《急追》を同種の生物(他のイヌ)に対しも、またヒツジなど他の生物に対しても見せる。しかしヨーロッパのヒツジ用護衛犬のほとんどは(例えばグレート・ピレニーズ、マレンマ・シープドッグ、アナトリアン・シェパード)、同じ種に対してこうした捕食動作の流れは見せず、見せたとしても非常にまれだ。ドッグショーや競技会では、こうした犬種による行動の相違が、愛犬家たちの評価基準に反映されていることがわかる。ヒツジの群れを集める能力を競う屋外競技会でボーダーコリーを評価する場合、ボーダーコリーが内在的な正しい運動パターンを持っているかどうかを見る。ボーダーコリーがヒツジに対して《かみつき捕獲》や《かみ殺し》を仕掛ければ欠点と見なされ、ヒツジを集める競技会や試験では失格となる。一方別の犬種、例えばコーギーやクイーンズランド・ブルーヒーラーといったヒーラー犬（牛追いイヌ。ヒーラーheelerというのはウシを誘導するためにウシのかかとheelを軽くかむことから）は《かみつき捕獲》をしなければ失格となる。同じようにポインターが飛び立った鳥を《急追》すればそれは欠陥であって、レトリバーが手負いの鳥を追いかけなければ狩猟競技会では失格だ。これらの犬種に対する評価基準は、オオカミやコヨーテなど、野生近縁種の特徴である完全な動作の流れと比較してひとつあるいは複数の運動パターンが消失していることなのである。

　長年わたしたちは学生とともに、様々な犬種の内在的なルール体系を特徴付ける網羅的なエソグラムの構築と、採餌運動パターンの質、頻度そして動作の流れに関するデータを注意深い観察によって収集してきた。特に注目したのが作業動物で、マレンマ・シープドッグなどの家畜護衛犬や、家畜の先頭に回り込んで群れをまとめる「ヘダー」（header）役のボーダーコリーやコーギーのようなヒーラー犬などの牧羊犬、そしてハウンド類（狩猟犬）、ポインター、レトリバーなど現代の娯楽としての狩猟とつながりのある猟犬だ。ビーグルなどのハウンド類は人間と共に狩猟に出かけ、獲物追跡に直接参加する。ポインターはハンターの補助的な立場で働き、獲物を発見するとじっと監視する。レトリバーはハンターが獲物を仕留めるまで待機し、撃った獲物を回収してくるのが役割だ。わたしたちがこれらの行動データを記録、分析してみてはっきりしたことは、採餌行動パターンには確かに犬種によって大きな差異があることだった（そしてこの差異は犬種各々の特殊な役割に適したものとなっている）。表2にこれらの結果を簡略にまとめてある。

すでに述べたように、家畜護衛犬が採餌運動パターンを見せる場合もあるが（すべての個体ではなく、いくつかの個体で）その頻度は非常に低く、しかも他のパターンを必ず誘発するということはない。護衛犬は獲物らしき対象に《定位》の動作を示すことは非常にまれで、もし《定位》をしたとしても、その後一連の捕食運動パターンが生じることはない。対照的に牧羊犬は獲物に反応しやすい性質があり、《定位》の動作が生じれば、必ず《注視》＞《忍び寄り》＞《急追》という一連の運動パターンへ移行する。

これらのイヌを訓練する場合、作業犬の専門家なら特定のイヌが訓練できるかどうか、さらにどのレベルまで作業を教えこめるかがすぐにわかるだろう。専門家が注目するのは、どの運動パターンを見せるかということと、ひとつの運動パターンから次の運動パターンへ移行するぎりぎりのポイント（臨界点）だ。イヌが作業の鍵となる重要な運動パターンを見せなければ、専門家は、訓練を続ける意味がないとわかる。また作業犬によっては期待される作業で見せてはいけない運動パターンを見せるイヌもいる。家畜護衛犬が捕食者運動パターンを見せるようなことがあれば、護衛犬としては失格だ。確かにたまには《急追》を見せる個体もあった。かつてヒツジが草を食んでいる間にその後ろ足に《かみつき捕獲》でくらいついたアナトリアン・シェパードと遭遇したことがある。護衛犬がしてはいけない行為だ。

表2　犬種固有の運動パターン（採餌行動）

犬種のタイプ	運動パターンの流れ					
野生	《定位》>>	《注視》>>	《忍び寄り》>>	《急追》>>	《かみつき捕獲》>>	《かみ殺し》
家畜護衛犬	（定位）	（注視）	（忍び寄り）	（急追）	（かみつき捕獲）	（かみ殺し）
牧羊犬（ヘダー）	**《定位》>>**	**《注視》>>**	**《忍び寄り》>>**	**《急追》**	（かみつき捕獲）	（かみ殺し）
牧羊犬（ヒーラー）	**《定位》>>**	注視	忍び寄り	**《急追》>>**	**《かみつき捕獲》**	（かみ殺し）
ハウンド	**《定位》>>**			**《急追》>>**	**《かみつき捕獲》>>**	かみ殺し
ポインター	**《定位》>>**	**《注視》**	（忍び寄り）	（急追）	**《かみつき捕獲》**	かみ殺し
レトリバー	**《定位》>>**	注視	忍び寄り	急追	**《かみつき捕獲》**	（かみ殺し）

注　《　》でくくった運動パターンはわたしたちのデータで非常に頻度が高かったもの。下線のあるものはその行動が比較的頻度が低くまったく見られなかった可能性もあるもの。（　）でくくった行動が見られればショーや競技会動物では欠陥と見なされるものか、犬種特有の作業に適性がないことを示している。運動パターンが常に決まった順序でそろって現れる場合、その関係は>>で示し、関連するパターンは太字で表してある。

失格になるような運動パターンが始まった直後にハンドラーが気がついてその行為をすぐにやめさせれば、行動レパートリーから攻撃的運動パターンをなくせる場合もある。例えば新生子の採餌行動は生まれてまもなく始まるが、子イヌに乳を吸うことを許さなければすぐにその行動は消失する。同じことがおとなの採餌運動パターンについても当てはまる。家畜護衛犬に《急追》や《かみつき捕獲》を発現させないようにするには、数日で十分訓練できるだろう（ブリーダーにとっては、こうしたイヌを繁殖すべきかという問題が残る。そのイヌがうまくふるまえるようになったとしても、依然として失格となる運動パターンが遺伝子に受け継がれているだろうからだ）。

　失格となる運動パターンを示すこと、早い時期にその運動パターンを消失させるこ

図18　ボーダーコリーは《かみ殺し》運動パターンを見せてはいけないことになっている。スコットランド人ならこのイヌは「ちょっとしくじる」たちだと言うところだが、この運動パターンを見せたところで競技会では失格だ。このヒツジにケガはなかった。写真ローナ・コッピンジャー。

と、また運動パターンの欠如といった問題について、競技会用のボーダーコリーは特に興味深い。競技会専門のハンドラーはよくイヌには若干の殺しの動作がある方がいいと言う。その方が将来動作がずっと情熱的になるからだ。つまり競技会ハンドラーはある程度の《かみつき捕獲》と《かみ殺し》を見せるイヌが好みだということだ。審判にその行為が見えなければ、これらのイヌが競技会で失格することはない。トップ・ハンドラーは、たとえイヌの行動レパートリーに《急追》と《かみつき捕獲》の運動パターンがあったとしても、競技場では絶対に《急追》と《かみつき捕獲》の間にある臨界点を越させない。しかしそれがいつもうまくいくとは限らない。図18で、優勝を逸したハンドラーはイヌを制御できなくなり、イヌは《かみ殺し》の動作に移行してしまった。

注目したいのは図18のイヌの動作がきわめて完璧であることで、オオカミがシカを仕留める「野生自然」のイメージとそっくりな点だ。ところがこの写真のイヌはそれまで一度もヒツジを殺そうとしたことはない。このイヌはこれほど正確に野生らしく行動することを学習したのだろうか？　いや、わたしたちが目にしているのは生まれ持った行動であって、野生の近縁種と共通する運動パターンであると結論せざるを得ない。

こうした観察には説得力があり参考にもなるが、わたしたちは、犬種による差異と行動における差異が実際に意味していることをもっと正確に定量化したい。ハンプシャー・カレッジでわたしたちの学生であるエレン・トロップが行った別の研究では、異なる犬種の12頭各々の7つの運動パターンの質と頻度を記録した。このときの1頭がカストロ・ラボレイロというポルトガル原産の犬種で、家畜護衛犬と記載されている。わたしたちはこのイヌのグループに統計学のクラスター分析を実施した。個々のイヌが7次元のデータ空間に小さな雲のように表現され、そこからそのイヌの運動パターンの質と頻度が他のイヌとどれくらい似ているかがわかる。この分析手法を使って、犬種の類似性に関する事前の信念に左右されることなく、統計的にはっきり区別されたタイプにグループ分けする（クラスターに分ける）のである。この結果を図19にまとめた。

このクラスター分析図はわたしたちの他の研究ともおおよそよく整合し、護衛犬と牧羊犬の間には首尾一貫した運動パターンの差異が存在することを示している。犬種の間に体系的な行動の差異が存在するということ、そのこと自体が重要だ。しかしさらに、こうした注意深い定量化と

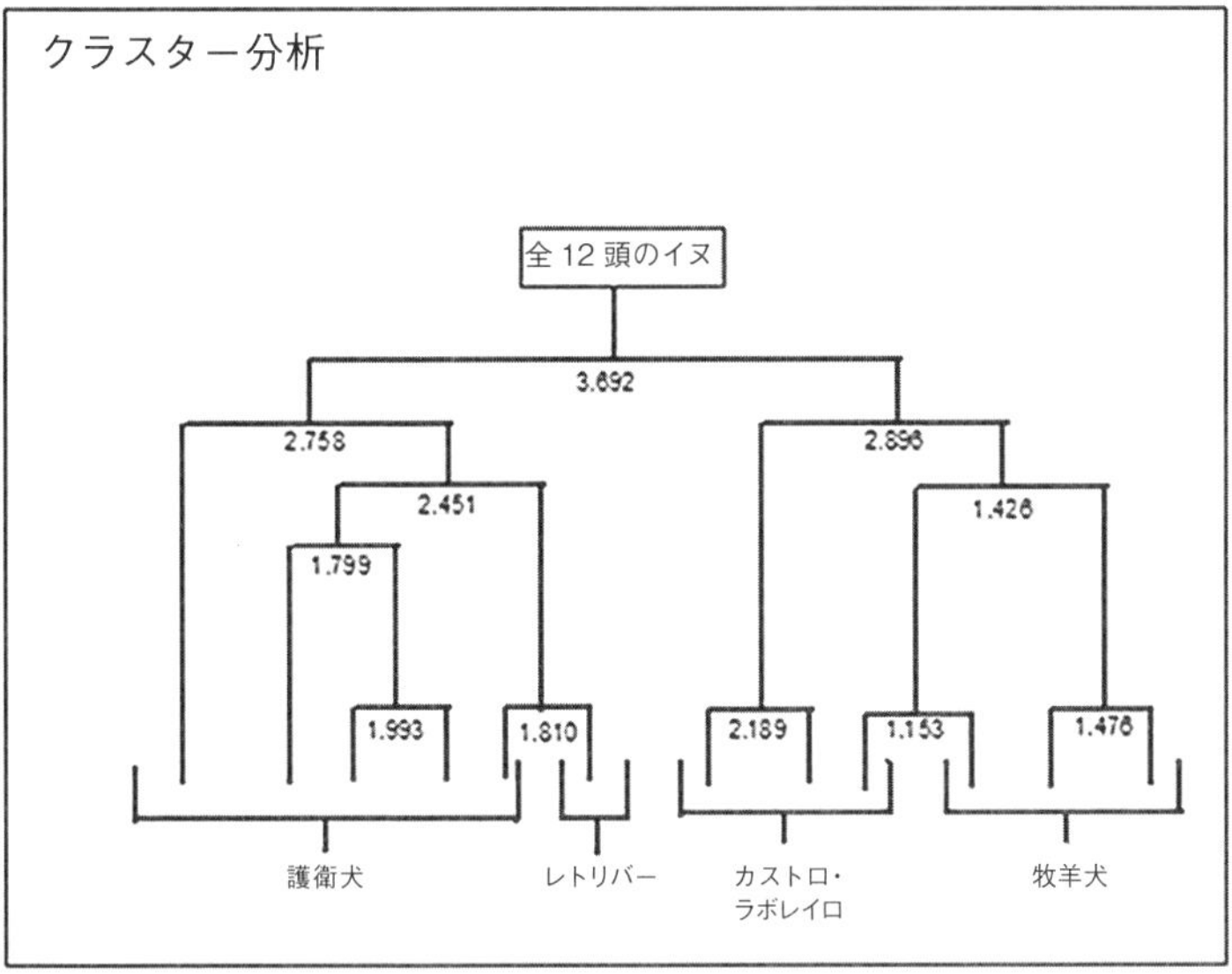

図19　運動パターンに基づいた様々な犬種12頭のイヌの類似性。

統計的分析によって想定外の結果が出る場合がある。コッピンジャー家はこのカストロ・ラボレイロをポルトガルで手に入れたのだが、地元の農家はカストロがその地域の在来犬種で、地元では家畜護衛犬として利用していると言って旅行客に売っていたのだ（図20）。しかし図19でわかるように、カストロ・ラボレイロは統計学的には牧羊犬と同じクラスターに分類される。その運動パターンは、マレンマ・シープドッグやアナトリアン・シェパードよりボーダーコリーとよく似ているのだ。結局カストロ・ラボレイロがわたしたちの研究室にやってくると、家畜護衛犬として信頼できる首尾一貫した作業をさせることはできないことがわかった。研究協力制度（ヒツジ牧場経営者にイヌで捕食者を効果的に食い止められるかどうかを確かめてもらっている）で貸し出した１００頭のカストロ・ラボレイロのうち、護衛犬の役割を果たせたのはわずか20パーセントに過ぎず、残りはヒツジを追いかけ回したのである。他の護衛犬の成功率が70パーセントであることと比較すると圧倒的な違いだ。ポルトガルの地元民は護衛犬だと言っていたとしても（あるいは彼らがそうあってほしいと思っていたとしても）、運動パターンに注目した動物行動学的分析をしていれば、カストロ・ラボレイロは護衛犬種というより牧羊犬の系統のようにふるまうことは予測できただろう。

こうした犬種に見られる差異は、（イヌの場合）人為選択により形成された内在的遺伝特性によるものなのかどうかという疑問がまだ残っている。それとも訓練や環境の相違によって生じた後天的なものなのだろうか？　あるいはまたこれらの作用すべてによる相乗効果の結果なのだろうか？　プロのブリーダーなら、こうした行動パターンが先天的なものとわかっても驚かないはずだ。というのも結局ブリーダーという仕事は、繁殖を操作して意図的に特定の形質を選択することにあるからだ。それとは対照的なのが動物トレーナーで、彼らは特定の作業や目的に合った行動を誘導するのが仕事だ。ではこうした行動に見られる差異は訓練によるものだろうか？　わたしたちはそうではないと思う。実際、ドッグトレーナーが訓練でボーダーコリーにヒツジへの《注視》を教えることはできないし、セッターに鳥を《ポイント》（ハンターに獲物の方向を指示）するように訓練することもできないし、レトリバーに《回収》を訓練によって教えることもできない。わたしたちはボーダーコリーとマレンマ・シープドッグを使って、生まれて間もないころに同じ環境で互いに他方の母イヌに育てさせる「交叉哺育」の実験を数多く実施した。こう

図20　ポルトガルでカストロ・ラボレイロの子イヌを買う若きティム・コッピンジャー。飼い方のコツを教えてもらっている。ローナ・コッピンジャー撮影。

した育て方をしても、犬種固有の採餌運動パターンの全体像はどちらも変化することはなかった。マレンマ・シープドッグに牧羊犬の作業を教えることはできないのである。マレンマ・シープドッグの場合、牧羊犬の仕事をこなす機械に必要な部分的機構が活性化していないか欠損しているためだ。発達の段階も重要な役割を果たしている。若いボーダーコリーが《注視》＞《忍び寄り》の動作を始めるまでは、どうやってもヒツジの動きを操作する人間の命令に従うよう訓練することはできない。《注視》＞《忍び寄り》といった行動は個体発生の間に（つまり個体が成長する間に）自発的に現れるのであって、特定犬種のイヌを訓練できるかどうかは、そのイヌがどの成長段階にあるかによることになる。個体間の差異や環境要因そして発達過程が行動に影響を与えるだろうか？　もちろん影響を与えることは間違いない。ボーダーコリーを訓練しようとしても、《注視》＞《忍び寄り》の動作を示す頻度が低い場合、そのイヌは優秀な牧羊犬にはならないだろう。訓練（動作の改善と強化）はこの行動が現れない限り始められないので、個体の行動レパートリーの中に適切な〝遺伝的〟運動パターンがしっかりと確実に現れないようであれば、訓練はうまくいかない。

しかし、作業に適した遺伝子の組を持ったイヌでも適切な環境のもとで育てなければ、優れた作業犬にはならない。わたしたちの実験研究から、家畜犬を育てるには特殊な環境が必要であることが明らかになった。そうした環境条件で育てなければ、家畜護衛犬としての将来は台無しになる。それは家畜護衛犬としての働きが一時的にできなくなるというだけでなく、元に戻すこともできなければその欠陥を修正することもできなくなるのだ。ドッグ・ブリーダーに関してわたしたちが抱えている最大の問題は、彼らがイヌの行動は完全に生まれつきのものであって変えることはできないと信じていることだ。だからヒツジを捕食者から守りたいなら、家畜護衛犬を購入しさえすればいいということになる。わたしたち動物行動学者は、遺伝に決定されていることは行動の重要な側面であることは同意するが、何度も繰り返すようでもどかしいのだが、牧畜家にもイヌの成長の過程に注意を払ってほしいのである。適切な環境で育てなければ、そのイヌがおとなになってから発揮できるはずの作業能力を台無しにしてしまうことになる。またしても生まれか育ちかの難問だ。

しかし採餌行動を見ても他の行動を見ても、進化的に重要なのはイヌをはじめあらゆる動物は、なんらかの特殊な環境で行動することに適応しているということだ。その遺伝子つまり遺伝子が構築する形状と運動パターンは、現実世界におけるイヌの行動を大きく制約している。しかしイヌたちが行動し成長する世界からの影響も非常に重要だ。これらの影響が実際にどのように相互作用しているのかは依然として大きな謎で、興味のつきない議論の源泉にもなっている。次章からはこうした行動の本質に関する長年の議論を3つの視点からもっときめ細かく詳細に考察してみよう。

第6章

遺伝で決まるふるまい――内在的運動パターン

生まれたばかりの新生子が母親の胸で乳を飲んでいる姿ほど自然で美しいものはないだろう。神秘的な生命力の叙情的表現と言ってもいい。動物行動学者にとっては、それは乳首を探せ、そこに取り付け、乳首を吸って圧力差を作り、リズミカルに足を押しつける動作で乳の流れを促せ、という一組のルールを表現する運動パターンである。この基本的行動形状は多くの哺乳類の新生子に見ることができる。新生子の成長と活動は、母親の乳から得るエネルギーに決定的に依存していて、新生子が生き残るにはすぐにでも乳が必要になる。だからこの行動はまさに誕生とともに作動しなければならない。

こうした哺乳運動パターンは内在的パターンである。捕食行動やその他の無数にある行動特性と同じように、動物の身体と脳の形成過程に内在する運動パターンだ。つまり遺伝子の産物なのである。新生子の口と舌の形状は乳首にしっかり吸い付くためのもので、乳を吸うのに必要な圧力差を生みだしている。子イヌの口に指を当ててやれば、子イヌにとっては小さな感覚的喜び

図21　この子ヒツジにとってはどこであれ、どんな方法であれ乳を吸うこと、たとえそれがアナトリアン・シェパードドッグからであったとしても選択的には有利なのである。しかし、母イヌにとって選択的に有利なのは自らの子孫に乳を与える場合だけである。多くの野生種やわたしたちのそり犬そしてボーダーコリーのような犬種の場合、自分が産んだ子イヌでなければ殺してしまう傾向がある。家畜護衛犬などその他の犬種の場合は乳を与える相手を特に気にしないようだ。写真ジェイ・ローレンツ。

となり、筋肉を使って小さな舌を動かし指をしっかりと包んでとらえ、口の中を真空気味にしてリズミカルに引っ張る（図21）。（後に子イヌがおとなに変わっていくとき、この口腔の形状は変化し大きくなって、舌は平らになってだらんとしてくる。乳を吸うには役に立たない形状となり、おとなのイヌの口に指を当てても全く興味を示さなくなる）。新生子の脳の形状もきわめて重要だ。この「乳を吸うルール」はうまく配線された神経経路に組み込まれ、電気的、化学的信号メカニズムによって身体の動作を制御している。このことについては何の疑いもない。また《乳を吸う》運動パターンは学習して得られるのではない。このパターンは誕生直後から見られることから、新生子に観察や練習によってこの行動を獲得する機会があるとは考えられないからだ。

しかも子イヌも含め多くの哺乳類はほとんど誕生直後から乳を吸わなければならない。動物が乳首にとりついて乳を吸い出すまでに許される時間はほんのわずかだ。例えば子ヒツジの場合、誕生から15分以内に自力で立ち上がり乳を吸わなければならない。そうでなければ母親は立ち去ってしまい、戻ってくるよう促すのはまず不可能だ。その子ヒツジが生きていくには、人間が哺乳瓶で育ててやらなければならず、そうした子ヒツジはなんともかわいらしいものだが、実際には運動パターンの発現が失敗した結果なのである。

状況が若干異なるのは、何頭も子イヌがいる場合だ。最初の子イヌが乳首に到達するのが遅れても、別の子イヌがやってきて乳首をくわえるので、母親が立ち去ることはない。それでもやはり発達時期は子イヌにとって非常に重要だ。十分早く乳首をくわえ始めなければ、乳飲み運動パターンそのものが行動レパートリーから抜け落ちてしまうのである。そうなるとその後その幼犬に乳の飲み方を教えようとしてもできない。わたしたちの鳥猟犬の母イヌの1頭は自分の背中と巣箱の間に子イヌを押し込め、その状態でその夜をどのくらいか過ごしていた。わたしたちは朝になってそのことに気づき、子イヌが乳首をくわえられるように状況を整えた。しかしその甲斐なく、わたしたちはその母イヌから搾乳し子イヌに点眼器でその乳を与えなければならなかった。もう子イヌには乳を吸うことができなくなっていたのだ。

イヌやその他のイヌ科動物にとって、その内在的な出産過程でもうひとつ非常に重要なのが巣穴作りだ。母イヌはなんらかの方法で環境を仕切り、手を加え、他のイヌが近づかない静かで暗い空間を作る。わたしたちの家畜護衛犬の中の1頭でシルナ（セルボ＝クロアチア語で「黒い個体」の意味）と名付けたシャルプラニナッツは、自ら砂丘に3部屋ある〝アパート〟を建設した。シルナの巣穴は広い洞穴だったが、いつ崩れるかわからないような作りで、崩れてしまえば母イヌも子イヌもみんな生き埋めになっていただろう（口絵4の典型的な巣穴を参照）。ブリーダーはしばしば、母イヌにシルナと同じような巣穴を作らせるのは危険だと考え、巣穴作り運動パターンの発現を抑制しようとすることがある。しかしイヌの場合、巣穴作りは内在的な出産行動の通常の流れの一部なので、それが発現されなければ母親の行動に問題が起きる可能性がある。

ある介助犬組織の獣医師は、母イヌは子イヌの環境を非常に清潔な無菌状態にしておくべきだと主張している。善意から出た意見だろうが、彼らは母イヌに古いぼろぼろの絨毯で巣穴を作ってもらいたくないのである。しかしその結果として、母イヌは（非常に清潔だとしても）明るい照明の下の堅い床のうえで、騒がしい他のイヌたちに囲まれ、しかも何かあったらすぐに手を貸せるように「出産見守り」スタッフに付き添われて、子イヌを出産することになるのだろう。そんなことがよくあるのだ。ところが無菌状態の環境で子イヌを産むと、臍帯ではなく子イヌを食べてしまうことがある。何が悪かったのだろうか？　捕食の議論で見たように、ひとつの運動パターンが動作の流れの次の段階の動機となっていた。イヌがこうした巣穴作りも含め内在的出産運動パターンを適切な流れで発現できなかった場合、出産過程全体が崩壊してしまうのである。だから出産間際のイヌの飼い主に最善のアドバイスをするとすれば、イヌ自身に巣穴を作るか見つけさせるようにしてやりなさいということだ（汚くてごちゃごちゃであろうとかまわない）。

イヌが自分で巣穴を確保できたら飼い主は落ち着いて就寝し、翌朝起きてから子イヌの数を数えればいい。

内在的行動は、人間のトレーナーや飼い主が教えたり作りかえたりすることはできない。練習も必要ない。動物が危機的状況にある場合を除けば内在的行動を回避することもできない。内在的行動は経験から学ぶことでもなければ、その動物の外的環境要因の結果でもない。内在的行動は種の進化という歴史的産物であって、動物のゲノムの作用の結果を受け継いだもので、遺伝子によって統御された成長と発達の軌跡である。要するに内在的運動パターンとは、生まれもって組み込まれたイヌの「作動メカニズム」と簡潔にまとめることができるだろう。

◉ロスト・コール

２００１年の著書『イヌの驚くべき起源、行動、進化（*Dogs: a Startling New Understanding of Canine Origin, Behavior and Evolution*）』でコッピンジャー夫妻はリナという名の家畜護衛犬、マレンマ・シープドッグのことを述べている。子イヌのときにイタリアで購入し、ハンプシャー・カレッジの農場センターで育てられた。本書でこの話題を繰り返し述べておく価値があるのは、わたしたちが「内在的行動」という概念で意味していることの絶好の例を提供してくれるからだ。

大型の白いイヌで穏やかな気質のリナの飼育は、わたしたちの20年間にわたるイヌの行動と発達に関する研究プロジェクトの一環でもあった（先にも述べたように、捕食者の非致死的駆除にイヌの利用を進めるためでもあった)。リナは牧草地で毎日ヒツジの群れとともに過ごす作業犬で、ヒツジは時折コヨーテの餌食になったり隣家のイヌに付きまとわれたりしていた。夜はヒツジ小屋の中にある藁で覆われたベッドの上で寝た。リナは最初の妊娠期間中、ずっといつもの作業パターンどおりに生活していた。日中は屋外に座ってヒツジを護衛し、ヒツジが小屋に入れられると、リナも小屋へ戻った。リナはイヌの妊娠期間63日を何の問題もなく過ごし、ある夏の日産気づいたのは、まだ作業中で屋外にいたときのことだった。分娩が本格的に始まると、リナは胎盤と胎児を包んでいた羊腹膜を排出しつつ第一子を産んだ。普通なら分娩も学習する必要のない母イヌに内在的な運動パターンで、リナは羊腹膜を開き子イヌをきれいにしてやり、同時に舌で皮膚をこすりつけるように刺激して子イヌの血液循環と呼吸を促し、臍帯を歯で切るはずだった。ところがこのとき、理由はわからないが、リナはまだ後産の最中にこの第一子を背の高い草むらに置き去りにし、その第一子を振り返ることなく納屋にもどって自ら作った巣穴へ引きこもっていたのである。胎盤が破れて子イヌの頭部が出ていたのは幸運だった。

分娩が始まってから何時間もかけて、最終的にリナはさらに7頭の子イヌを産んだ。リナが第一子を捨て去ったとき生まれたばかりの子イヌが執拗に大きな音声合図を発し始めなければ、わたしたちはその小さな第一子に気づかなかっただろう。この生まれてすぐに発現する運動パターンを《ロスト・コール(LOST CALL)》と呼んでいる。母親や友達とはぐれて「迷子」(lost)になっているという表現は、後ですぐわかるように、この状況を理解するのに最善ではないだろう。この音声合図はきわめて独特な響きで、サイレンが短く唸るように数秒間音調を上下させる。子イヌはみな小さい頃ひとりぼっちになるとこのコールを響かせる。オオカミやコヨーテ、ジャッカルなど他のイヌ科動物の新生子もみな同じだ。そして子イヌが《ロスト・コール》をあげれば、母親はほとんど瞬時に反応し、その信号を検出し、コールの出所を特定し、はぐれた子イヌを連れ戻しに大急ぎで向かい、子イヌを安全な場所へ運ぶ。

これはコミュニケーション・システムの機能としてわたしたちが想定している仕組みだ。合図の送り手はなんらかの物理的方法で受け手に情報を送信する。進化的観点からいえば、送り手がこの種の行動をするのは、採餌や危険回避また繁殖の点で適応上の便益が得られるからだ。同じことは合図の受け手の側にも言える。受け手の側はその合図を検出しその情報に対して適切な行動をすることで便益が得られる立場にある。動物が発する多くの合図と同じように、《ロスト・コール》も新生子が深刻な危険の中を生き残っていくために決定的に重要な機能で（母親にとっては繁殖成功度を最大化できる）、明らかに適応的な行動だ。つまりその生物種に属するどの個体であっても（生涯の適切な時期に）同じ行動ができ、その行動は同じ生物学史つまり系統発生を共有する多くの動物にも見られる。

《ロスト・コール》には運動パターンのすべての特徴が備わっている。ただし運動活動としては明瞭でなく視覚では捉えにくいので、野外で活動する動物行動学者にとっては詳細に記載するのは容易ではない。しかしあらゆる運動パターンがそうであるように、この音声合図を発生させているのも主に内在的な一組の動作で、質、頻度、そして順序によって特徴付けられる。

まず最初に《ロスト・コール》という運動パターンの質は何だろうか？　子イヌが《ロスト・

コール》を発するときには、頭を上げて呼吸器系の筋肉を使って肺から空気をはき出し、喉頭部にある一組の膜（声帯）を別の微細な筋肉の動きによって振動させる。これは実際には哺乳類が音響的信号を発する一般的なメカニズムである。この筋肉の運動によって与えられたエネルギーが空気振動に変換され、さらにその振動が動物の頭部を通過するときにその形状の影響を受ける。その結果、特殊な音響的特徴を備えた音波となり、それがわたしたち（や他のイヌ）の耳に到達して検出される。

すでに述べたように、動物行動学者は検出可能な動物の身体の動きを見つけ、観察し、評価するのだが、こうした発声行動の場合、その動作の多くは直接観察することはできない。幸運にして現代の音響分析技術である音響記録分析法《サウンド・スペクトログラフィ》のおかげで、声道の運動活動によって生じる音波の特徴を正確に視覚化し測定でき、この運動パターンの質も把握することができる。図22がそのサウンド・スペクトログラフィ（普通ソノグラムと呼ばれている）の例で、リナの第一子を屋外で発見したときにとった元データだ。ソノグラムからわかるのは、動物の内在的な動きによって生じた音響エネルギーのパターンだ。

横軸は経過時間を示していて、このコールが数秒間続いたことがわかる（実際にはこうした発声が何度も繰り返される）。縦軸は音響周波数で、声道の構造が振動する速度を示していて、この速度によって明瞭な音の高低が生じる。もしコールの音響が音叉のような単純な「純音」だったとすると、そのスペクトログラムはひとつの周波数だけとなり、一本の明るいエネルギー・バンドだけが現れる。しかしリナの子イヌのコールは、多くの生物の信号（人間の発話など）と同

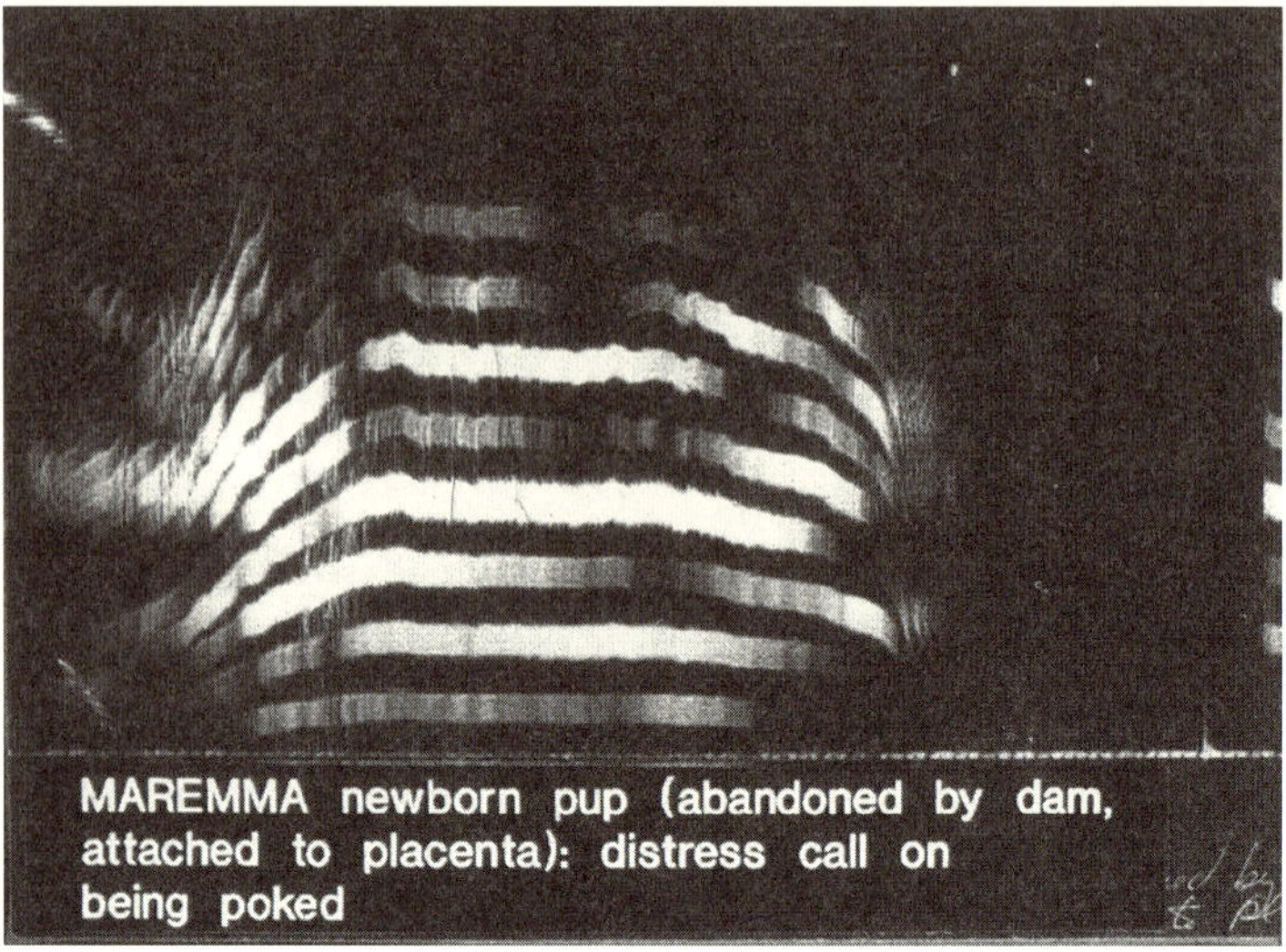

図 22《ロスト・コール》のソノグラム。《ロスト・コール》は複雑で大きな音量なので発声するには大きなエネルギーを必要とする。子イヌは誕生の瞬間からこのコールを出せるが、2 か月齢までには音声合図のレパートリーから消える。

じように複雑な波形で同時に多重の周波数が現れている。図22ではそうした様々な「スペクトル」のうち8成分が確認できる。この《ロスト・コール》の波形には等間隔に重なる〝調和〟振動が含まれ、この調和振動のパターンによって〝音色の〟特徴が形成され、音楽的な質が生まれる（その理由については第8章参照）。この信号の全体的な音調も時間とともに変化する。縦軸を見れば推測できるように、コールの音調は発声と同時に急上昇すると、高い音調がしばらくの間しっかり維持され、それから発声の終了頃に音調が急降下する。こうして音調がかなり急速に上下すると、実際にその音源を特定するのが容易になる傾向があるので、明らかに〝迷子〟の連絡として適応的に有利だ。

最後に、スペクトログラムからコールの音量がわかる。音量は音波の振幅の関数であって、声道の動きによって投入されたエネルギー量を示しているのだが、スペクトログラムの周波数成分の相対輝度［明るさ］を見ることでわかる。リナに見捨てられた子イヌは確かに大きなエネルギーを費やしてコールしていたのである。その甲斐あってわたしたちはかわいそうな新生子を難なく発見することができた。それは非常に大きな鳴き声なので容易に子イヌの存在に気づけるし、子イヌが背の高い草むらに隠れて見えなくても、その信号の音響学的形状のおかげで鳴き声を上げている子イヌの方へ進むことができた。

リナもその信号に気づけたはずだ。イヌの聴覚システムは人間のそれと非常によく似ている。実際ある側面ではイヌの聴力は人間より優れていて、例えばイヌは人間よりずっと高い音調まで聞き取ることができる。ところが驚くべきことに、リナはこのコールを全く無視しているようだったのである。リナはずっと他の子イヌの世話ばかりしているので、わたしたちが屋外へ出て置き去りにされた子イヌを救出しなければならなかったのだ。まず最初に、子イヌのコールを録音した。それから臍帯を切り、置き去りにされた子イヌをリナの巣穴へ戻した。リナはおとなしくその子イヌを受け入れ、身体をきれいになめてやり、最初は無視したその子イヌを他の7頭とともに面倒を見続けた。どうしてわたしたちはその子イヌを放ったままにしておかず、最後にはリナがやってきて連れ戻すのを確認しようとしなかったのか？　それはその後の事態が予想できたからだ。このエネルギー浪費的なコールで子イヌは疲れ果てるだろうし、捕食者をおびき寄せることにもなる。さらに子イヌの乳のみ運動パターンも失われることになるからだ。

この事件によって母親と子イヌに関して多くの疑問がわいてきた。まず子宮から出てきたばかりの新生子は助けてもらうための信号の出し方をどのように知るのだろうか？　第二に、子イヌは何より迷子になったことがどうやってわかるのだろうか？　生まれたてのイヌ科の新生子の感覚能力は非常に低い。生まれたときには目も耳もあいていない。視覚や聴覚のシステムが完全に形成され、完全に機能するようになるまでには出生後数か月かかる。リナの第一子はまだ羊膜の中にいて、実質的に外部世界を経験したことはなかった。それまでに《ロスト・コール》を聞いたことすらない。それでもその子イヌは産み落とされるとほとんど瞬時に世界に語りかける運動パターンを見せた。そうすることで実質的には母親がいなくて困っていることを世界に向かって発したのである。

さらに、子イヌはこの行動を非常に頻繁に発し始めた。コールを発してもすぐには外部から報酬はない。それでも何度も何度も繰り返し繰り返し《ロスト・コール》を発した。かろうじて250グラムあるかないかの小さな動物が、これほど大きな音量で執拗に繰り返し鳴くのは容易なことではない。発声するには大きなエネルギーがいる。何時間も続けて話したことがあれば、疲れ果てて腹ぺこになって、声帯を振動させるのための運動やそれに付随する筋肉の活動と呼吸運動によっていかに多くのエネルギーを消費するかわかるだろう。《ロスト・コール》という運動パターンに小さい動物が莫大なエネルギーを投入するのだから、それは本当に重要なことでなければならない。もちろん当然のことだ。生まれたばかりの子イヌが迷子になったり切羽詰まった状況になったとき、ここぞと言うときにこれしかないという合図を発せるかどうかが生死を分けることになる。

生まれたばかりの子イヌにとっては幸運を言うべきか他に選択肢はなかった。子イヌは暖かくて居心地のよい巣穴から離れてしまったり、母イヌや他の子イヌのもとから離れたことがわかれば、この《ロスト・コール》を発する。その子イヌを優しく取り上げて巣穴のすぐとなりにある冷たい金属製実験テーブルにのせてやると、とたんに同じ運動パターンを実行する。しかし子イヌの脇で電球をつけてやると鳴き声はやむ。子イヌは電球が光っていると落ち着けるのだろうか？　残念ながら実際には子イヌの視覚システムはまだ未成熟なため、明るさの感覚がない。しかし生まれたばかりの子イヌも温度差は敏感に感じ取れるので、電球の光とともに発する熱は感知できる。綿密な実験から、子イヌは身体の一方側が他方の側より暖かければ、その熱が母親の身体から発せられたものであれ、一緒に生まれた子イヌのものであれ、電球のものであれ《ロスト・コール》は発しない。しかし電球が子イヌの身体の一方側だけを照らすのではなく、温度の傾きがない状態でしかもひとりぼっちの場合は《ロスト・コール》を発した。これは「熱走性」の現れで、基本的に熱の差異があることで生じる自律反応だ（わたしたちの鳥猟犬の子イヌは母イヌと巣穴の端に押し込められたとき、その状態が危険であっても《ロスト・コール》は発せず、通常の乳飲み行動も始めることができなかった、その理由は何だったのか？　母イヌが身体を押しつけていたため十分暖かかっただけのことだ）。

同じような熱走性反応は非常に単純な動物でも見られる。例えば線虫は温度の傾きに沿って暖かい方へ移動する。暗い巣内でのミツバチの動きも同じように部分的には熱走性によって統御されているようだ。《ロスト・コール》のように、こうした内在的運動活動は特殊な感覚刺激、つまり動物の脳が内在的反応を示せるわずかな情報によって解発される。あらゆる運動パターンと同じように、この行動の発現には事前の経験は必要ないし、一般的にその種全体に見られる特徴で、その種に典型的な行動だ。どの個体もその運動パターンを持っていて、きっかけが与えられればどの個体も基本的に同じようにふるまうのである。

あなたが子イヌを育てるとして、非常にまめに子イヌを安全で暖かくしてあげていれば、何世代にわたって世話をしていても《ロスト・コール》を聞くことは一度もないだろう。しかしそれから5世代後の子イヌであっても、生まれて間もない頃まずいことが起き、その他の点では快適であっても温度環境が変化すれば、《ロスト・コール》運動パターンがどこからともなく突然現れる。それはまさに初めてにして完璧な運動パターンになる。子イヌが迷子になったり切羽詰まっても、進化のおかげで温度変化を検出できる不可欠の生物機構が受け継がれ、生まれつき備わっていて、その検出がきっかけとなり、呼吸のパターンと声帯の緊張パターンにひと組の複雑な調整がなされる。オートマチック車では相当のことがない限りドライバーがローギアを使うことはないが、それと同じように《ロスト・コール》のメカニズムを使おうと使うまいと機械の内在的特性として存在し、子イヌならいつでも利用できる状態になっているのである。

運動パターンとは適応であるという動物行動学の言明を覚えているだろうか。運動パターンは自然選択を介して適応度を向上させる進化の産物で、要するにそのパターンによって動物が生存し繁殖する能力が増強されるということだ。迷子になったり、寒かったときに母親に助けてもらえるということは確かに母イヌと子イヌ双方にとって適応的と考えられる。しかしそうだとすれば、なぜリナは《ロスト・コール》に反応して子イヌをしっかり救出しなかったのだろうか？効果的に伝達する合図には「助けて」という意味の信号を送信する送り手と、それに反応して助けに向かう受け手の存在が必要だ。信号を発するのにいくらエネルギーを注いでも、受け手が適切に反応してくれないのであれば徒労に終わるだろう。したがって母イヌには母親独自の適応的な内在的運動パターンがあって、子どもの信号に対していつでも反応できる構えでいると考えたい。普通なら確かにそうした反応が見られる。母イヌが《ロスト・コール》を聞き取れば、たいてい《回収（RETRIEVE）》運動パターンを発現し、注意深くその音が聞こえてくる方向を確認し、鳴き声の発信元を特定すると、迷子になった子イヌを口で優しくくわえて巣穴へもどる。しかしリナはそうしなかった。なぜか？

◉内在的なタイミング

まずはじめに、なぜリナが子イヌを置き去りにしたのか、どう考えてもその理由が全くわからない。リナは母親になるのは初めてのことだった。初めての出産によるストレスや不安で動揺したのだろうか？　ひょっとするとリナの唯一の欲求は、広々とした野原から逃げ出して、納屋に戻り〝巣穴〟を守ることだったのかもしれない。また（アブルッツィのマレンマ・シープドッグのように）護衛をしているヒツジとともに屋外にとどまるか、ヒツジたちを残して巣穴へ戻るかの板挟みに困惑していた可能性もある。リナ自身はそのことに全く気づいてはいないだろう。これは興味深い問題だけに、なんとか解決したいところだ（しかしこの種の問題の究明は難しい。というのも、こうした異常な反応はそれほど頻繁には見られないので、直接観察から結論を導くことはできないだろうし、このようにふるまう動物はコントロール実験の対象に利用できるほど多くは存在しないからだ）。リナの第一の失敗の原因が何であれ、リナは安全な巣穴に戻ってまだ腹に残っている子イヌを出産した。しかしその後、なぜリナは深刻に泣き叫ぶ第一子の求めに答えなかったのか？　リナがその《ロスト・コール》に全く気づかなかったように見えるのはなぜなのか？

もちろんこの母親の回収行動が実際には内在的運動パターンではなく、つらい経験を経て学習しなければならないことだったのかもしれない。何しろリナにとっては初産だった。しかし、わたしたちはこうしたリナの行動が学習の問題だとは思っていない。イヌについてわたしたちが蓄えてきた知識からすると、リナにはどうしても第一子の世話をすることができなかったのである。イヌの回収運動パターンは、一腹の子イヌの最後の1頭が生まれてはじめて発現するからだ。すでに述べたように、内在的運動パターンは普通ならなんらかの内在的信号か環境からの信号によって解発される。《回収》はふたつの先行事象が引き金となる。それは《ロスト・コール》そのものと、内在的な身体信号つまり母イヌのホルモンの特殊な状態だ。この両者が入力されてはじめて回収行動が発現する。出産過程の制御には子イヌと母イヌ双方の複雑な生化学的変化が関係していて、リナのホルモン分泌が決められたレベルに達するまで、つまり最後の胎児が排出されるまで、回収運動パターンは実質的に作動しないのだ。リナのホルモン分泌状態を実験的に操作すれば、つまり人工的に分娩が完了したという信号を出してやれば、すべての子イヌを出産する前でも回収反応を見せるようにリナを誘導できたはずだ。

運動パターンの中には動物の発達と生活史の特定の時期にだけ始動するものがある。《ロスト・コール》のようにまさに出産してすぐに始動するパターンもあれば、《回収》のように後になって初めて活性化する運動パターンもある。一方運動パターンの消失にも似たような特徴がある。ある運動パターンの消失とは、その時点から特定の運動パターンによる反応が生じなくなること。つまり運動パターンによっては動物の生涯のある一定期間に限って見られるのである。例えば人間に特徴的な性的運動パターンが現れるのは誕生してから何年も後の思春期になってからだ。この運動パターンは（環境からの性的な情報とともに）ホルモンの変化によって解発され、ふつうはその後もほぼ一生継続するが、高齢になって消失する場合もある。

特定生物種の運動パターンの質と頻度、順序を記載したエソグラムのことを思い出してもらいたい。種固有の（系統発生的な）行動を特徴付ける場合、エソグラムの記載にあたって個体発生的な運動パターンの始動と消失についても考慮しておく必要がある。類似した（相同でもある）運動パターンを示す種や品種であっても、そのパターンの始動と消失の時期が異なる場合があるからだ。イヌと同じようにネズミの子どもも《ロスト・コール》を発し、母ネズミは《回収》運動パターンを見せる。しかしネズミの運動パターンは変わっていて、妊娠している母ネズミは出産の数週間前になると、他のメスの迷子でもとにかく回収する。ところがリナが第一子のコールを聞いたときには、イヌの場合の回収運動パターン始動時期にまだ達していなかったため、リナはその行動をとらなかったのだ。
《ロスト・コール》に対する母イヌの《回収》反応は、運動パターンの始動と消失に関して時期が重要であることを示す特によい例だ。分娩が完了すると、母イヌの《回収》運動パターンが活性化するが、家畜護衛犬の場合わずか13日しか継続しない（犬種によって差はあるが、わたしたちの友人であるカースティ・ピークはヨークシャー・テリアを使った実験で、わずか10日後に母イヌは子イヌを回収しなくなることを明らかにした）。数多くの体系的な観察データから、この回収運動パターンの消失時期を支持できるわけだが、次に挙げる逸話からもそのことがよくわかる。

ある荒れ模様の冬の雨の晩、レイが外へ夕食を食べにいく支度をしていると、イヌ小屋の方から迷子になった子イヌの鳴き声が聞こえた。様子を見にいくと、2週間前に出産した前代未聞の優秀なそり犬ティリーが、巣箱の中で1頭を除いた子イヌたちと穏やかに佇んでいた。巣のすぐ隣、ほんの数センチ離れたところで、1頭の子イヌは水に濡れ寒さに震えていた。何かの拍子に巣の外にある氷のように冷たい水たまりに落ちたらしかった。これでは身体の片側が暖かいという状況ではないため、その子イヌは大きなコールを何度も繰り返し発していたのである。ところがティリーはちっとも注意を払わない。子イヌが明らかに困っていることがわからなかったのだろうか？　ティリーはなぜかわいそうな子イヌのところへすぐに行って助けなかったのだろうか？　レイはそのときこう思ったのを覚えている「ティリー、何してるんだ？　子イヌを連れてきてやったらどうなの？　回収運動パターンはどうしたんだい？」ティリーは「やぁボス。13日過ぎたからもう子イヌは救出しないんだよ」と答えていたのかもしれない。擬人化を抑えて表現するなら、回収運動パターンが消失（中止）時期に達したため、もう活性化しなくなったのである。ティリーが反応しなかったのは、母性愛の欠如ではない。ティリーの行動になんらかの心理学的意味があると考えることには全く根拠がない。運動パターンが活性化する時期が決まっているだけで、ティリーのメカニズムの内在的要素がカチカチと規則正しく動作したに過ぎないのである。

《ロスト・コール》にまつわるもうひとつの事件から、動物が行動しているとき何が起きているのかについて、心理主義的な仮説を立てることに気をつけなければならないことがよくわかる。わたしたちの学生グループが小型カセットテープレコーダーを使って子イヌの《ロスト・コール》を録音し、それを「再生させて聞かせる」実験を行った。対象となったイヌはフリーという名のボーダーコリーで、犬小屋には7日齢になる子イヌがいた。フリーはタイミングとしては《回収》運動パターンを行える時期だった。テープレコーダーから《ロスト・コール》の再生音が聞こえると、フリーは回収運動パターンを始め、音が聞こえてくる方向を向き、階段を飛び越し、ドアを押し開けてテープレコーダーを回収した。テープレコーダーを優しく口にくわえると、金属とプラスティックでできた小型のレコーダーを巣穴へ持ち帰り、まだ《ロスト・コール》を発しているその機械を他の子イヌたちと一緒に並べたのである。

わたしたちの擬人化の衝動が混乱する。フリーは自分がなにをしているのかわからなかったのだろうか？　フリーは自分の子イヌの数を数えられないので、子イヌがみんなそろっていることに気づかなかったのだろうか？　それに、発信源を突き止めたとき、生きている子イヌではないことがわからなかったのだろうか？　それはちがう。イヌの回収行動には一見すると母性的関心があって、子イヌの面倒を見ているように思えるかもしれない。しかしフリーは確かに「母性愛」から行動しているのではなかった。イヌにもわたしたちと同じような感情と動機があると考えたくなるのはやまやまだが、この場合フリーを行動させているのは、究極的には遺伝子という機械の歯車と車輪の回転であることは明らかであるように思える。フリーは定型化した内在的運動パターンを演じていたのである。

内在的な自律的反応という見方を強調してはいるが、動物の行動が変化しないといっているのではない。わたしたちは機械の比喩を使ってはいるが、イヌは事前にプログラムされたルーチンを絶え間なく実行する変化することのない単なる自動機械ではない。実際イヌたちは遺伝子には書かれていない多くのことを学習し実行できるようになるのだが、動物の学習について完全な議論をするにはさらに1冊か2冊（あるいは3冊）の書籍を書かなければならない。しかし、ここが非常に重要な但し書きなのだが、動物が学習できる行動には、行動の基本となる動物の形状と内在的運動パターンによる制約があるということだ。

●内在的な臨界点

作業犬の訓練をしている人なら、こうした制約があることをよく知っている。イヌの訓練は特種な運動パターンの存在に決定的に依存しているからだ。ボーダーコリーが《注視》＞《忍び寄り》＞《急追》という運動パターンの流れを示すようになるまでは、トレーナーにはその動物に有能な牧羊犬になるように教えるすべがない。ポインターが内在的な《ポイント》運動パターンを発現するまでは、実質的に仕事の仕方を教えることはできない。ボーダーコリーの技能競技でそのことがよくわかる。ボーダーコリーがヒツジに接近するとき、《注視》＞《忍び寄り》のパターンを見せる。ある時点に来ると、《注視》＞《忍び寄り》パターンから《急追》運動パターンに移行する（ところで、ボーダーコリーの《急追》には独特の形状がある。他の犬種や野生のイヌか動物なら直線的に追跡するところだが、ボーダーコリーは弧を描いて追跡する）。イヌが《注視》＞《忍び寄り》から《急追》運動パターンへ移行するタイミングを、ハンドラーは均衡点《バランス・ポイント》と呼ぶ。わたしたちはそれを「臨界点」（threshold）（図23）と呼んでいる。イヌがこの臨界点を越えると、次の段階の運動パターンが解発される。

実際には個々のイヌによってこの臨界点は少しずつ異なる。そこで聴衆を前にした屋内競技場での競技に特に関心があるハンドラーは、臨界点から対象動物までの距離が非常に短いイヌを好む。野外でヒツジを管理したいわたしたちにとっては、この距離が1・5キロもある方が都合がいい。しかし、知っている限り、個々のイヌが持つ臨界距離を変えることができた者はいない。もし自分のイヌの均衡点《バランス・ポイント》が気にくわなければ、別のイヌを手に入れるしかないのである。

図23　運動パターンは特定の環境で特殊な信号に反応して始動する。有能なボーダーコリーのハンドラーは、運動パターンが変化する臨界点（「バランス・ポイント」）がどのあたりにあるかを知っている。イヌに《注視》＞《忍び寄り》から《急追》へ移行してもらいたい場合は、イヌに間合いの臨界点を超させればいい。写真ローナ・コッピンジャー。

少し逆説的な言い方をするなら、トレーナーは適切な臨界点を目標に繁殖をしなければならないということだ。したがって競技会への参加を考えているなら、競技会向けのブリーダーからイヌや子イヌを購入する。山岳地で羊飼いをしたいなら、羊飼いからイヌや子イヌを買うことだ。こうした臨界点はイヌが生まれ持った形状特性であって、生涯変化することのない遺伝的特徴だ。牧羊犬競技会での優勝をめざしているのなら、自分の精神力や訓練技能の高さ、あるいはイヌ自身の才能次第でボーダーコリーを命令どおりに動くように訓練できると考えるのは、時間の無駄になる。その犬種は一般には「頭のいい」イヌとして知られているかもしれない。それでも結局ボーダーコリーの行動能力は、基本的に内在的運動パターンのレパートリーによるのであって、遺伝的に決定された形状で決まる。そのことこそはすべてのイヌ、あらゆる動物に当てはまるとわたしたちは考えている。

第7章

環境への順応

前章でみてきた内在的行動の全体像は、動物を時計仕掛けの自動機械とたとえたデカルトの考え方にかなり近くなりそうだ。イヌの行動特性の大部分は、大雑把に言えば動物の機構が（進化によって）どう設計され、（遺伝子によって）どのように組み立てられたか、そうした内在的特性によるものとわたしたちは考えている。発達過程がどう進行しようと、イヌがどれほど学習しその精神生活がどうであろうと、その身体形状と行動形状は遺伝的に受け継いだもので、個体間でそれほど大きな変異はなく、世代間での変化もほとんど見られない。

しかし動物の内在的形状が行動のすべてということは絶対にない。イヌやその他の動物は、大量生産による単なる機械装置ではないし、工場で製造されたまま、その形状がずっと不変ということはない。動物は生涯を通じて成長し、その過程で形状と行動の多くは変化するし、その変化が劇的に大きくなることもある。もちろん身体の部分や特性によっては成長の過程を通して固定的で不変的なものもある。しかしその他の部分については実際に変更可能で、わたしたちはこうした修正を「順応」と呼んでいる。

「順応」という用語は発生生物学者と心理学者によって様々な文脈で使われてきたが、わたしたちがこの用語に初めて出会ったのは20世紀初期の発生学者の論文だった。「行動の順応」というわたしたちが使用する概念をはっきりさせるために、しばらくのあいだ発生学、つまり初期段階の成長と形態形成の研究について、その基本的な考え方を検討しておこう。

◉発生学へ寄り道

すべての多細胞生物は受精卵として生命のスタートを切る。この最初の細胞には生物の遺伝情報すべてが含まれている。それから受精卵は分割に分割を重ねて細胞の大きな集まりとなる。最も初期の頃「胞胚」という未分化細胞が集まった球殻が現れる。この細胞からなる球体はまもなく分化が始まり、胞胚細胞がいくつか並んで「原条」という切れ目構造が形成される。胚が成長するにしたがって分化する形状はこの原条によって決まる。原条を形成する細胞が「原腸胚」の発達を誘導し、外胚葉、中胚葉そして内胚葉という三重の胚葉が分化する。この三胚葉各々の細胞は、胚の発達過程で特殊な組織となり、それが最終的には身体器官となる。外胚葉は皮膚細胞（表皮）と後に脳と神経系へと発達する「神経堤細胞《しんけいていさいぼう》」を形成する。中胚葉は、筋肉組織、血液と血管、骨と結合組織を生み出す「原体節」を形成する。内胚葉は、消化器系と呼吸器系の内壁さらにその他にも肝臓や膵臓など消化に関連する内臓器官の内壁を形成する。この原体節段階で、多くの細胞の運命が決まり、成長してからどんな組織になるのかがわかる。動物は依然として三層の小さな球体に過ぎないのだが、眼球になる細胞はその役割を果たすことがすでに決まっている。この点については細胞に選択の余地はない。

　こうした分化と特化が生じる仕組みがどうなっているのか、それはまだ大きな謎で、発生学者と遺伝学者はその解明に全力を挙げている。おそらくは胚の中の細胞の位置と隣接する細胞の活性度に関係しているのだろう。はっきりしていることは、ある細胞が身体の成長過程で特殊な働きをする特有の性質を持つようになるということだ。20世紀初めに発生学者ヴィクター・トウィッティはこうした特性を「内在的」（intrinsic）と形容した。わたしたちが「生得的」（innate）とか「本能的」（instinctive）といった用語に代えて「内在的」（intrinsic）という言葉を選択しているのも、このトウィッティの用法が元になっている。

　しかし、成長する身体の部分は発達の間身体周囲から常に影響を受ける。つまり隣接する細胞や組織そして器官といった身体内部の因子の影響に加えて、身体外部の環境による影響も受ける。例えば細胞が機能し、成長し、増殖し続けるには、外界から獲得する栄養素が不可欠になる。温度や化学的状態など、動物周囲の外部環境における無数の物理特性や状態が細胞の活動に影響を与えるのである。さらに、発達する生物そのものが内的環境による作用を複雑に組み合わせている。動物の成長には身体内部のホルモンの状態が大きく影響し、細胞が増殖し身体部分が大きく発達する時、それらが相互作用し様々な形で互いに影響を与え合っている。

　こうした要因によってトウィッティの言う「順応的な結果」（accommodative outcomes）が生じ

る。それは成長する生物の内在的特性では決まらない形状と構造の変化のことだ。こうした変化はむしろ細胞分割と組織形成に加わる偶発的な外力の作用に起因する。結局は、動物の全体的な表現型、任意の時に空間を動く形状、つまり行動の様式は、こうした外部作用などによって内在的特性が順応した結果なのである。

トウィッティ自身は、とりわけ脊椎動物の眼球の発達曲線に関する革新的研究を行った。同じ種内ではすべての個体の眼球が必ず同じ大きさ、同じ形状に成長することを観察したのである。ダーウィン信奉者なら、この形状は視力に関するその種独自の必要性に適応したものということになる。トウィッティは眼球（もっと適切に言うなら、眼球となる細胞）は内在的形質であると結論づけた。もちろん眼球は単独で存在するのではない。頭蓋骨に収まっていなければならない。眼球を支える「眼窩」という骨組織に筋肉組織で結合され、そこにしっかりはまっていなければ眼球は正しく機能しないのである。眼窩は眼球を支持するのにちょうどぴったりの形状でなければならない。そうだとすれば眼窩の設計まで内在的適応だとすると都合が悪いのではないだろうか？

トウィッティによれば眼窩の設計は内在的適応ではない。トウィッティはトラフサンショウウオ *Ambystoma* というサンショウウオのうち非常に近縁な2種を研究した。ひとつは大型の種でもう一方は小型だった。当然それぞれの種は通常なら適切な大きさの眼球を発達させる。胚芽段階のサンショウウオを使ったエレガントかつ巧妙な実験で、トウィッティは小型のサンショウウオで眼球になるはずの細胞を大型のサンショウウオに外科的に移植し、その逆の移植も行った。眼球の成長が本当に内在的なものであれば、小型のサンショウウオは通常より大きな眼球を発達させるはずだが、まさにそのとおりの現象が観察できた。眼窩の大きさも内在的だとすれば小型の種は当然小さい眼窩を発達させるはずで、そうだとすれば実験的に誘導された大型の眼球は頭蓋骨にしっかり収まらないと予測される。ところがぴったり収まった。大きな眼球が発達する周囲の頭蓋骨は、その眼球の大きさに合わせて眼窩空間の成長パターンを調節することをトウィッティは明らかにした。眼窩そのものの形状は内在的ではなく、組織誘導のメカニズムによって眼球の内在的形状に柔軟に対応するとトウィッティは結論した。さらに眼球を制御する筋肉も大きな眼球に対応してその長さと強靱さを変える必要があった。同じように、サンショウウオの脳の「視蓋」(視覚中枢)という領域は、付加的な神経組織(あるいは豊富な神経配線)が必要となり、大型の眼球に対応するにはその領域の大きさを変化させなければならない。ということで頭蓋骨全体の形状まで変化するのである。異なる大きさの眼球を収めるだけでなく、形状が変化した脳も収納しなければならないからだ。

◉順応、形状、行動

成長するサンショウウオの形状が変化するなら、その行動も変化するだろう。時間の流れと空間の中で可能になる動物の動きは、その形状によって特徴付けられ制約されているからだ。そのとおりだ。行動には適応的で内在的な(遺伝的)パターン、つまり「本能」が存在し、それこそがローレンツなど典型的な動物行動学者の研究の焦点だった。多くの運動パターンは確かに類型化され変形できず、一般的な行動の性質を理解しようとするときには、わたしたちは自らの責任で、こうした形状概念の〝固定的〟側面については見て見ぬふりをしている。実際には動物の形状はダイナミックであって、遺伝子によって導かれる発達の過程で変化するし、動物の外的環境と自身の身体部分の成長によっても変化する。そして形状が変化すれば、行動も変化するのである。

イヌがイヌらしく走るのは、イヌのような形状をしているからだ。グレイハウンドなら足が速いだろうが、イディタロッドの優秀なそり犬のようには走れない。それは走り方の形状がそりレースで要求される機械的条件とエネルギー的条件に合っていないからだ。グレイハウンドの全体的形状と通常の動きの特徴は結局のところ遺伝子が作用した結果であって、グレイハウンドのオスとメスから生まれた子孫も、そりレース犬となるチャンスはほとんどないことが予測できる。両親がマレンマ・シープドッグであれば特徴的な行動形状を持つ子イヌを産むが、すぐ後で見るように、他のイヌ科動物で見られるような捕食者としての運動パターンの流れはほとんど見られない。

犬種の形状（他のすべての種の全体的形状についても）の基本設計は確かに内在的なものだ。しかし個々のイヌの実際の形状つまりその表現型は、厳密に遺伝によって決まっているわけではない。「エピジェネシス」（epigenesis）による動物の発達である。エピジェネシスという用語の定義のひとつを述べるなら、「順応」という用語の使用とも関係が深いのだが、身体を構築しかつ駆動する遺伝子によって生物の構築過程が始動するわけだが、その過程自体が生物の環境と発達の影響を受けるということだ。遺伝子の作用と遺伝子が作動する環境とのダイナミックな相互作用によって、新たな形状が生まれるのである。新たな形状が生じれば新たな行動も生まれることになり、エピジェネティックな順応過程から非常に多くの行動が生まれている。成長する生物はこうした作用の影響を常に受けているのである。

その結果として同じ種に属していても、ふたつの個体が全く同じ形状を持つことはあり得ない。例えば一卵性双生児は基本的に全く同じゲノムを共有しているのに何から何まで同じではない。なぜだろう？　ふたりが全く同じ環境で成長することは不可能だからだ。うりふたつだった双子が生まれてすぐに生き別れとなり、環境の異なる別の家庭で育てられ、おとなになるとふたりの身体は大きさも形状も異なっていたということは、例を挙げれば切りがない。簡単に説明しておこう。一卵性双生児の男の子がいる。父親は子どもふたりが大きくなったらオリンピックの重量挙げ選手になってもらいたいと思っているが、母親はふたりにはオリンピックの水泳選手になってもらいたいと思っている。そこで両親は妥協して、それぞれが息子ひとりずつを担当し、早い時期から将来の運動選手としての訓練をする。うまくいけば双子のひとりは重量挙げ選手の形状になるだろう。もうひとりは水泳選手の形状になるはずだ。ふたりの脂肪と骨に対する筋肉量の比率は異なり、ふたりの骨そのものも異なった形状になるだろう。おそらく身長もわずかに異なり、体重はかなり異なるだろう。エネルギー消費も全く異なる。こうした形状の違いがふたりの行動の違いとなって現れる。この仮説上の双子は、歩き方も異なるだろうし走る速度も違ってくるだろう。それは次々と生じる順応作用が形状と行動に無数の形でフィードバックされるためだ。

もちろんわたしたちの仮説上の双子にはまだ共通する多くの特徴が残っている。(トウィッティが明らかにしたように)形状のうち特定の内在的特性については発達中に環境から影響を受けるとしても極めてまれで、まず変化することはないからだ。したがって例えば一卵性双生児の場合、身体の大きさや形状、また目の色はほとんど同じだ。しかしその他の多くの生物としての特徴は環境に順応し、最終的には行動にも重要な差異が生じる。例えば食事と栄養は形状と行動に大きな順応的影響を与える。そり犬のレーサーは育ち盛りの子イヌに栄養豊富な食事を与えてはいけないことを知っている。長骨の成長が早くなりすぎる傾向があるからだ。栄養が豊富だとイヌの四肢の長骨は長くなっても太くならない。何より問題なのは、海綿質の骨組織である頑丈な「骨梁」が形成されないことで、その状態で急成長した長骨は脆弱で容易に骨折する可能性が非常に高い。結果として耐久性が必要とされるレースの激しい衝撃に耐えられず、骨が長くて細い個体は有能なそりレース犬のように走ることはできない。だから優れたそりレース犬は骨がゆっくりとしかも頑丈に成長する食事を与えられ、レースでの走りが強化される形状を獲得する。言うまでもないが、人間の表現型も同じように栄養摂取の影響を受けやすい。人間の場合も双子であっても、食事内容がたまたま異なったり、また水泳と重量挙げのように異なる代謝需要に合わせた別々の食事をとるようなことがあれば、結果として全く異なる身体形状となるだろう。考えなしに食事をとったり食べ過ぎたりすれば、オリンピックで金メダルを獲得するチャンスはなくなるだろう。

今述べたことは、基本的に環境と生物の間に存在する数多くの相互作用についても言える。確かに内在的成長ルールにより、人間の身体は発達するにつれ2本の脚がほぼ等しい長さになるなど、種独自の形状を形成する。しかしまだ骨格が成長過程にある小さい子どもが脚にひどい骨折をし12週間ギプスで固定されていたとしよう。3か月後ギプスの拘束から解放されると、子どもの一方の脚は短くなり、その脚を走らせる脳もわずかに小さくなるだろう。そして足を引きずるような異常な歩き方になる。そう、わたしたちの遺伝子が形状に関する内在的設計図を提供しているため、その設計が前提としている環境条件のもとであれば、その種に特徴的な歩き方をするようになる。しかし条件が変化したり、生涯のあいだに不測の事態に遭遇し身体が順応を余儀なくされれば、その行動の形状は全く違って見えるだろう。

トゥウィッティは、生物の発達は内在的成長と順応的成長の相互作用であると考えていたが、これはわたしたちの言葉遣いで言うなら、動物の行動の全体像は内在的ルールとそのルールの順応的改変の相互作用ということになる。これまで繰り返し述べてきたように、わたしたちがこの言い回しを気に入っているのは、古くさくて問題のある（遺伝的）生得性か（環境による誘発や学習による）個体の発達の結果かという二分法を回避できるからだ。前にも述べたようにこの二分法では単純すぎる。通常のサンショウウオの目の形状、つまり眼球と眼窩の複雑な構造は、単純に遺伝的に決定されている現象の第一候補と見なされるかもしれない。しかしそうした見方が間違いであることをトゥウィッティは明らかにしたのである。サンショウウオの眼球は確かに固定された内在的特徴で、胚芽段階の眼球細胞に含まれる遺伝子のルールによって、特定の大きさに成長することが決定づけられている。眼窩と頭蓋骨の成長を誘導するルールの方もやはり遺伝的に決定している。固有の遺伝子が骨や筋肉、神経組織を正しい姿に形成しているのである。しかしこれらのルールによって眼窩や頭蓋骨の不変的な内在的形状が生まれるのではない。眼球の成長を誘導する内在的ルールの作用に合わせて順応できるようになっているのだ。このように見ると、順応的結果も不変的な内在的因子と同様に遺伝的とも言える。確かに順応、つまり環境の作用と変化に対応する生物の能力は、内在的成長によって決まった結果が生じると考えるときに想定している機能より、もっと洗練された複雑な遺伝メカニズムが作用していると考えてもいいのではないだろうか。

ハンプシャー・カレッジのわたしたちの学生は、内在的特性と順応的作用の間の相互作用について注目すべき研究を行った。現在カリフォルニア大学サンフランシスコ校の整形外科学部に所属するリチャード・シュナイダーは、最も初期段階のウズラの胚からウズラのくちばしになる神《しん》経堤細胞《けいていさいぼう》を摘出し、それをアヒルの胚に移植する一連の実験を行った。この成長したアヒルはウズラのくちばしをしていた。シュナイダーはアヒルの内在的成長ルールをウズラの成長ルールに事実上置き換えたことになる。しかしアヒルにはアヒル特有のくちばしを形成する遺伝子が組み込まれている（図24）。ウズラのくちばしはアヒルの頭蓋骨とうまく接合するのだろうか？　実際にはうまく接合できた。必要となる骨、神経そして筋肉のすべてが、移植されたくちばしに合わせて順応し、それらがぴったりと合わさってしっかり機能する動物になった。シュナイダーは

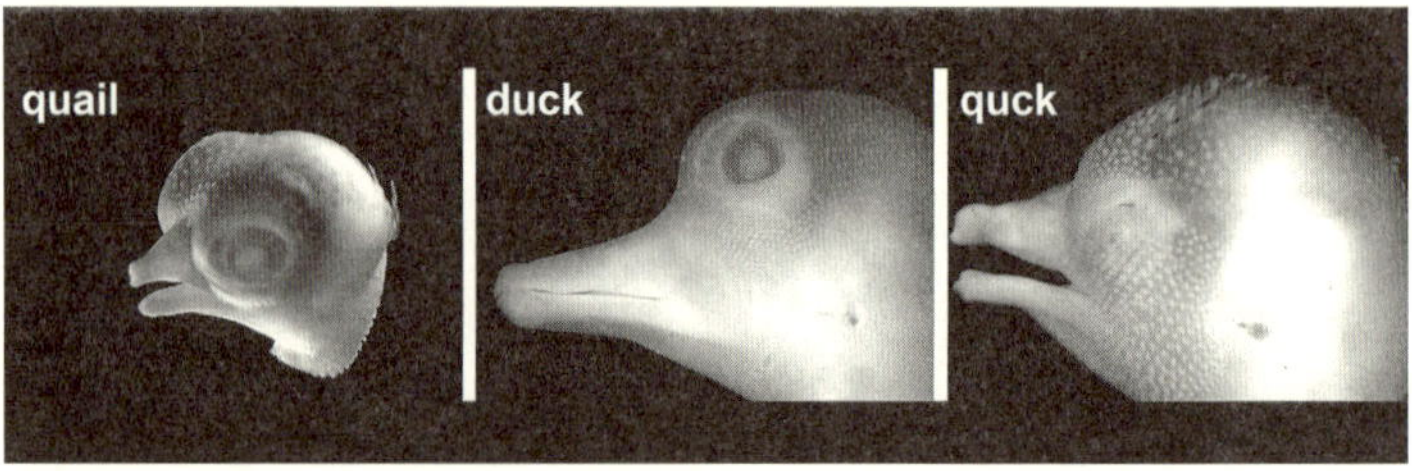

図 24　ウズラから摘出した胚細胞をアヒルへ移植すると、ウズラのくちばしを持った「クァック」になる。驚くべきことに、このウズラのくちばしに合わせてアヒルの顔面の残りの部分が調節され、うまく接合し機能した。写真リチャード・シュナイダー。

この動物を「クァック」（"quck"ウズラ（quail）とアヒル（duck）を掛け合わせた造語）と呼んだ。

さて形状が行動を決定するという一般的原理からすれば、この奇妙な「キメラ」は、ウズラのくちばしを持つアヒルらしくふるまうはずだ。もちろん実験的に変形された「クァック」は自然選択による適応的産物ではないし、実験的に誘発された大きな眼球を持った小型サンショウウオと同じように、クァックの新しいくちばし構造も実際には現実の特定の環境に適応したのではない。クァックがウズラが生息する通常の環境で生活することになれば、その新しい形状には適応性がない可能性が非常に高い。本質的に、この新しいくちばしの形状は餌を探して食べるという通常のパターンの妨げとなり、またこのキメラが配偶者を探し繁殖する機会をも減らすことになるだろう。最終的な表現型が適応の観点から最適ではないとしても、ゲノムが個体の発達過程における突発的な事態に対応した形状を形成し、機能的な生物を構築できるようであることは驚くべきことだ。

キャスリン・ロードは、ジャーマン・シェパードの子イヌを人間が哺乳瓶で育てた場合と母イヌが育てた場合の形態学的、行動学的差異について研究した。ロードは、固形食物が食べられるようになる直前、5週齢になるまでには頭部の形状に差異が生じることを発見した。哺乳瓶で育てられた子イヌは、母イヌに育てられた子イヌよりも早く鼻先が長くなり始めたのである。ロードはこの現象を、乳を飲む環境がわずかに異なるという状況に応えるために生じた解剖学的順応と結論づけた。それが行動の差異につながるのだろうか？　そのとおりだ。母イヌに育てられた子イヌは人間が育てた子イヌよりも内在的《注視》運動パターンがかなり早い時期に始まったのである。こうした変化はその後どんな影響をもたらすのだろうか？　早い段階で《注視》運動パターンが発現することで、母イヌに育てられたイヌの方が餌の食器によく注意し、環境中にある他の物体もよく凝視できるようになるだろう。しかしペットのイヌの場合だと、おとなになってからのこうした行動の差異が、生きていくうえで（あるいは繁殖の成功という点で）大きな違いとなるのかどうかはなんとも言えない。人間の飼い主は、ちょっとした行動の癖があっても目もくれず、もっぱら愛犬をかわいがることが多いからだ。それでも小さな形状の変化が行動の差異と関係しているという事実に変わりはない。適切な（あるいは不都合な）環境のもとであれば、こうした順応的な相互作用は動物の生存に大きな影響を与えるだろう。

イヌの頭部の大きさや形状の違いがその行動にどう影響するかを知るには、実験的に形状変化を導入する必要はない。過去数百年にわたって人為選択により様々な犬種が生み出されてきた過程で、どんなことが起きるのか多くのわかりやすい事例が得られているからだ。パグを取り上げてみよう。この犬種は鼻骨が極端に短くなるように人為的に選択育種され、前後につまったぺ

図25 （かろうじてだが）〝機能する〟パグの顔。イヌの前頭骨の構造、つまり顔の構造がこのパグのように極端に短かったり、ボルゾイのように極端に長かったりすると、〝頭部がうまく機能するように〟頭蓋骨の残りの部分との調節が必要になる。写真ドナ・アンダーソン。

ちゃんこな顔をしている（図25）。

鼻骨の成長パターンと形状は明らかに内在的だ。したがって、パグの上顎に隣接する上顎骨と前顎骨は、パグの鼻骨を口蓋に接続するため、その形状をかなり劇的に調節せざるを得ない。その結果頭部の全体的形状はイヌの標準と照らしても奇妙なものになる。それでも動物が生存し頭部も同時に成長するという意味で、パグは機能している。しかしパグの順応的な顔の形状は例えば鼻腔の形状に影響するため、この犬種は一般的に呼吸障害を起こしやすい。呼吸が困難になると動物の代謝能力に重大な影響を与え、その結果運動能力、行動にも問題が生じる。顔の構造は口腔の形状とイヌが口内で舌を動かす能力にも影響するため、この犬種は浅速呼吸（イヌが体温調節するために舌を出してハーハーとあえぐようにする呼吸）による体温調節が困難になる場合がある。野生の場合なら、こうした生理学的欠陥があれば、動物が見せる通常の内在的運動パターンの頻度と強度を強く抑制することになるだろう。もしパグのような小型犬が自分で餌を探し生活していかなければならないとすれば、当然ながらその形状は適切ではないだろう。しかしパグの場合には幸いなことに、人間が喜んで繁殖に励み、餌を与えてくれる。

また発達の過程で動物がどのように世界を認識するかということも、その形状と行動に影響を与える。トウィッティのサンショウウオで見たように、眼球には内在的に決定された形状と大きさがあるので、胚段階で眼球の大きさを実験的に入れ替えると、眼を囲む眼窩がそれに合わせて順応しなければならなかった。思い出してもらいたいのだが、例えば小さなサンショウウオは眼から入ってくる視覚信号量が増大したことに対応するために、その脳組織まで再編成しなければならなかった。これは一般的に脊椎動物の視覚について言えることで、動物が見るものや成長する間にそれをどれほど頻繁に見たかに合わせて脳の最終的な形状が順応した結果なのだ。

デイヴィッド・ヒューベルとトルステン・ウィーセルは視覚を遮断した環境で動物を育てると、脳は種特有の視覚能力を発達させることができないことを発見し、１９８１年にノーベル生理学・医学賞を受賞した。こうして育てた動物は眼そのものも正常には成長しない。新生子の子イヌの片目を眼帯で覆う。1年間そのままにしておいてから眼帯をはずし、眼があればの話だが、その眼を観察してみる。すると眼は全く発達していないだろう。当然その子イヌは正常にものを見ることができない。その動物には確かに眼を発達させる内在的ルールはある。しかし成長して視覚システムが正常に機能するには、眼、そして眼と接続している脳が実際にものを見なければならないのである。脚が成長するのに歩くことが必要なのと同じだ。眼帯で眼を覆い脳に視覚信号が届かないようにすると、脳の視覚野に正常な視力を得るために必要な神経形状が発達しなくなる。脳は認知的に非常に貧弱になった環境に合わせて順応が生じ、視覚的入力に依存する行動も変化するのである。

発達過程における視覚環境に合わせた脳の順応は、他にももっと驚くような結果を生む。ヒューベルとウィーセルは、子ネコへの視覚入力が平行線か垂直線しかないように準備して実験を行った。通常なら子ネコの脳にはこうした特殊な刺激に反応する特定のニューロンがある。3か月後、ゴーグルをつけた子ネコの脳は、制限された知覚刺激に合わせて順応した（不適応であっても）。例えば垂直線だけが見えるゴーグルをつけた子ネコはテーブルの端のような水平線を確実に検出することはできなかった。

これと非常によく似た発達の結果が、障害者を補助する介助犬の行動にも見ることができるだろう。多くのイヌは障害者にとって有能で役に立つコンパニオンアニマル（伴侶動物）になるが、そうなれないイヌの割合もかなり高い。うまくいかない理由のひとつは、わたしたちが協力している多くのトレーナーが報告しているように、階段を上るのをためらったり、道路の縁石に躓いたり、歩道にあるグレーチング部分をうまく通ることができないからだ（図26）。こうしたことが見られるのは、少なくとも部分的にはイヌたちが育った犬小屋の環境のせいではないか

図26　このニューギニアン・シンギング・ドッグは子イヌの頃犬小屋で育てられたが、その後階段の上り下りに躊躇するようになった。ここで、写真のイヌは頭をひねって水平な階段板を角度を変えて見ようとしているようで、水平線をよく認識できていないらしいことがわかる。写真キャスリン・ロード。

と、わたしたちは考えている。犬小屋は清潔で十分広いかもしれないが、面や立体を構成する構造物がほとんどないのっぺりとした空間で、視覚を十分に発達させられる視覚刺激の多い環境ではなかったのではないだろうか（図27）。イヌが小さい頃に階段や縁石といった物理的構造に接する経験がなかっただけでなく、水平線を検出するニューロンが十分に刺激されていない可能性が高い。子イヌが生活する世界にほとんど水平線が存在しなければ、成長してから水平の階段板の端や道路の縁石を検出できないだろうし、そうした場所に対処できないのも当然のことだろう。

ヒューベルとウィーセルの結果は、視覚の発達には「臨界期」が存在することも示している。この臨界期という概念は、もともとローレンツが提起した考え方とも似ているのだが、動物の生活史のなかの特定の時期のことで、普通なら成長の初期段階にあたるが、特定の環境条件に対して特に敏感に反応を示す時期のことだ。研究者によっては「感受期」という用語を使うこともあるが、この用語では文脈がずれてしまうと思う。発達過程の特定の期間を「臨界的」と言うのは、その動物が将来生物として重要な機能を働かせるには、その時期に特定の形状を成長させておかなければならないからだ。成長過程の特定な時期までにうまく機能する肺が成長しなければ、その生物はその後肺を成長させることはできず、別の呼吸する手段を学習して獲得することもできない。肺の成長には決定的な「臨界期」が存在するのである。

同じように、動物が将来種特有の行動を示すようになるには、適切な時期（臨界期）に適切な経験を積むことが絶対的に必要になる。臨界期は種独自の内在的成長段階であり、もっと正確に言うなら締め切り時間のある発達上の内在的制約ということになる。また臨界期も個体の運動パ

図 27　多くの飼育業者は（その他の点では理想的でも）何の内装も施されていないのっぺりした犬小屋のなかで、刺激のほとんどない環境で子イヌを育てているが、成長してから行動上の深刻な問題が生じることが多い。写真キャスリン・ロード。

ターンと同じように、発達の特定のタイミングで始動と消失が現れる。ローレンツの有名な刷り込み研究はこの現象の見事な事例だ。ローレンツは、多くのヒナが（例えばローレンツのお気に入りの研究動物であるハイイロガンのヒナ）通常は親鳥、たいていは母鳥と強い絆を形成し、親から離れず後をついて行き餌をもらい危険を回避する。こうした行動は種の認識の面でも役割を果たしていて、将来の行動に大きく影響する能力だ。しかしローレンツはヒナがわずかな時間枠の間にたまたま出現した大きな動く刺激物を凝視することを発見した。その時間枠こそは生まれた当日にあたる臨界期だった。ローレンツが親鳥に代わって親らしい刺激を与えると、あたかもローレンツが親であるかのようにヒナたちは彼の後をついていくようになった。ハイイロガンがこうした絆を形成するのは内在的な行動だ。そしてハイイロガンが誰とあるいは何と絆を結ぶかは、特定の時間枠の間（臨界期）に限定された順応なのである。

臨界期は人間も含め多くの動物の行動を解明するうえで重要な役割を果たす。人間の言語は、発達の臨界期における内在的特性と順応的作用の相互作用を検討するうえで絶好の事例だ。多くの言語学者は、子どもが最初の言語を何の教育も受けずすらすらと自動的にしかも急速に習得するには、臨界期にその言語にさらされる必要があると考えていて、その臨界期は生まれて6か月目頃から始まり、性的成熟つまり思春期の始まりとともに終わるとされている。注目すべきなのは、人間の小さい子どもは世界に８０００前後ある様々な言語のどれであっても、この臨界期にその言語にさらされていれば、容易に習得できることだ（複数の言語を習得することも多い）。ところが思春期になってこの臨界期が終了すると、ほとんどの人間にはもはや言語をこのように自然に難なく習得することはできなくなる。この臨界期以後も言語を学習することはできるが、きめ細かい指導と粘り強く学び続ける努力が必要となる。

ノーム・チョムスキーの言語構造に関する考え方は、言語、脳、心そして行動に関する研究において画期的なもので、チョムスキーはこの一般的な言語獲得能力の基礎を「心的器官」（mental organ）として特徴付けている。確かにチョムスキーは言語の学習や発達というより、言語の成長という言い方を好む傾向がある。その意味ではチョムスキーの語りは動物行動学者にそっくりだ。成長する言語器官はすべての人間が共有し、それが言語を学習する人間という種の一般的能力の基盤となっているというわけだ。この器官つまり言語能力の基礎となる神経構成は内在的だ。チョムスキーの見方によれば、共有されているこの内在的形状によって「普遍文法」が生じる。この「普遍文法」とは、人間の言語はどれも表面的には全く多様に見えるかもしれないが、それらには共通する核となる特性があるとする仮説だ。しかし、まさにこの言語の多様性の存在から、人間の内在的な言語能力の発現には臨界期における順応が必要であることが明らかになる。

子どもの現実の環境で生じている言語刺激の特殊な質と頻度そして流れ、つまり学習者がさらされる言語行動の特徴が、獲得される言語の決定において最も重要になる。ニューヨークへ移住したキクユ語を話すケニア人の両親の幼児は、何世代もニューヨークで生活してきた家族の間に生まれた子どもと全く同じように、そのコミュニティのなまりのある英語を難なく覚えることができるだろう（そしておそらくキクユ語も）。ナイロビで育ったアメリカの子どももキクユ語（そして英語とスワヒリ語も）を身につけるだろう。特別な言語を話せるようになるのは、結局わたしたちの文化的、社会的環境への順応なのである。

なんらかの理由で子どもが臨界期に環境から適切な刺激を受けなければ、通常のように言語を獲得することは全くできないことが予想できる。入力刺激が得られない理由のひとつとして、例えば子どもが先天的に耳が聞こえない場合などのように、言語を獲得する内在的メカニズムが損傷している場合がある。話し言葉を身につけるには結局は、環境からの刺激を認知し処理できる聴覚システムが作動している必要がある。（補聴器や人工内耳などの）治療も受けられず、（例えば読唇術などの）訓練も受けられない重度の聴覚障害を持つ子どもは言語能力を発達させられない。内在的言語システムの形状を順応的に変化させる刺激が受けられないからだ（もちろん聴覚障害を持つ子どもでも他の知覚経路から刺激を受けることはできるだろう。視覚に障害がなければ手話言語を発達させることができ、実際に聴覚障害を持つ多くの子どもが手話で話している）。

そうだとすると、環境刺激に対する順応は言語が使えるようになるための必須条件であるように思える。しかし驚くべきことに、重度の聴覚障害を持つ子どもの中には、臨界期に話し言葉や手話など一切の言語刺激にさらされなくても、少なくとも自然言語の基本的な構造特性をいくつか利用して限定的なコミュニケーション・システムを発達させる子どももいることが明らかになっている（シカゴ大学スーザン・ゴルディン＝メドウとその同僚らによる）。こうした特異な結果から示唆されるのは、通常の言語環境へ順応する機会が得られなかった場合でも、人間の脳の内在的形状によって言語行動が可能になるということで、わたしたちが飼っている先天的聴覚障害を持つボーダーコリーが基本的に普通のイヌと変わらない吠え声を発するのと全く同じようだ。

こうした点では、人間の言語獲得はイヌの社会的行動の発達とよく似ている。20世紀中頃に、今では古典となったジョン・ポール・スコットとジョン・L・フラーによるイヌの行動の遺伝学的基礎に関する著書が出版されてからは、生物学者の間ではイヌ科動物の社会的絆と社会化つまり他者を認識し交流する方法を獲得するには臨界期があることが知られていた（図28）。

ではその臨界期はどのくらい続くのか、どんな動物が成長のこの期間の影響を受けやすいの

図28　４人の有名なイヌの行動学者。中央にいるのがジョン・ポール・スコット（矢印）、スコットの右隣にボニー・バーゲン、左隣がベンソン・ギンズバーグ。ベンソンの左側後方の女性がメアリー＝ヴェスタ・マーストンで、社会的発達の臨界期について画期的な論文をスコットと共著で発表した。

かについては、現在も活発な議論と研究が進められている。基本的には、イヌがいかにして他の動物そして環境中の新奇な物体や事象に対処できるようになるかという問題だ。臨界期中に新奇性にさらされた動物は将来長期にわたって親しみやすくなり、恐怖心や回避反応がなくなる（または減少する）。この臨界期中における社会化が、野生のイヌ科動物の間で、正しく種を同定する能力を発達させる役割を担っていることは間違いない。そして捕獲動物（そして家庭のペット）の場合この時期に人間などの他の種と接触することで、異なる種の間での社会的愛着が生まれるが、これはローレンツが発見した刷り込み現象とそっくりだ。

キャスリン・ロードはイヌの社会化

の臨界期が、環境中にある新奇な物に接近して調べる能力とともに4週齢で始まり、新奇性を避けるようになる8週齢で終了すると主張している。一方スコットとフラーはイヌのこの臨界期はもっと遅く、おそらく12週齢頃としている。こうして結論が異なるのは、研究対象となった犬種の違い、個体差、あるいは単に観察と評価方法の違いによるのだろう。

興味深いのはロードの発見で、イヌとオオカミには4週間の社会化臨界期があるのだが、オオカミの臨界期が始まるのはイヌより2週間早いことだ。しかしロードによれば「そもそも、オオカミがイヌよりも早く社会化の臨界期が進行するからといって…それでイヌとオオカミの行動の差異が説明できるわけではない」。しかしロードはこのふたつのイヌ科動物が感覚能力（視覚、聴覚、嗅覚）を発達させる時期が同じであることにも気づいた。イヌとオオカミは生まれるとすぐに臭いをかげるようになるが、視力と聴力は6週齢くらいになるまで十分には発達しない。この時期はイヌの場合なら社会化期の中頃に当たるが、オオカミの場合は社会化期はすでに終了している。「その結果どうなるかというと…イヌは視力、聴力そして嗅覚が使えるようになる4週齢頃から自分の周囲の世界を探索し始めるのだが、オオカミが世界を探索し始めるのは2週齢頃で、その頃の子オオカミには嗅覚はあっても目も見えなければ耳も聞こえない…つまり社会化の臨界期のあいだイヌはすべての感覚を利用できるのだが、オオカミは主に嗅覚に頼らざるを得ないため、オオカミはおとなになっても多くのものが新奇的で恐怖を抱く対象となる」。

こうした恐怖を抱く反応を軽減するには、早く訪れるオオカミの臨界期に人間との非常に密接で、強く連続的な交流を経験させる（おそらくは嗅覚による経験を十分積ませる）しかない。

ロードが研究した子イヌは犬小屋で育てられ、生まれてから最初の8週間人と直接接触することがほとんどあるいは全くなかった。そしてこの子イヌたちも徹底的な順化を経験しなかったオオカミと同じように、人間の存在を非常に警戒する傾向が見られたのである。イヌが適切な時期に適切な社会的刺激を受けなければ怯えがちな性格となり、新たな光景や臭い、音そして人間に対しても警戒するようになるだろう。

イヌが臆病だと、特定の作業を訓練する場合に実際に問題となる。例えば猟犬は人間のハンターの相棒あるいは補助役として利用されるのだが、もし臨界期に発砲する音や似たような大きな爆発音を経験したことがなければ本当に銃声に驚きやすい性格になる可能性が高い。介助犬として有能と思われたイヌがバスのバックファイアの音を聞くと、手に負えないほど怯えてしまうのを見たこともある。前にも指摘したように、介助犬のなかにはタイル張りの床や階段を怖がるイヌもいれば、歩道にある鉄製グレーチングを渡れないイヌもいる。熟練のトレーナーでも、こうしたイヌに階段をゆうゆうと上り下りできるように指導することは難しい。これらの個体が有能な介護動物になれなくなったのは、たとえ（その他の点では）最高の環境条件のもとで丁寧に愛情を込めて育てられたとしても、ただ臨界期に適切な新奇刺激を受けなかっただけのことだ。

これと気味が悪いほどそっくりなのが人間の行動における環境の順応的影響で、ルーマニアの孤児院で生まれたときから育てられた捨て子たちの10年にわたる研究によって劇的な形で明らかにされた。孤児たちは適切な栄養と細心の注意が払われた清潔な環境が与えられ、よく面倒を見てもらっていたことは間違いないが、職員と財源の制約から個々の子どもたちがおとなの介護人とふれあえる頻度はごく限られていた。人間にもイヌのように社会的絆を形成する期限つきの臨界期があるかどうかはわかっていない。しかし少なくとも健全な食事と衛生環境だけでは、通常のおとなが見せる種特有の行動が発現するのに十分でないことは明らかなように思える。早い時期における環境からの刺激の差異が、結局はルーマニアの孤児たちの認知と行動に大きな影響を与えることになった。ルーマニアの孤児たちは一般的知能に関する多くの指標が他の子どもたちとは異なっていて、知覚情報を運動活動と統合する能力が大きく劣り、他の子どもやおとなとの行動を介した交流は社会的標準から大きくかけ離れていた。さらにヒューベルとウィーセルの研究対象となったイヌとネコのように、ルーマニアの孤児たちは視覚、特に奥行き感覚に問題があった。

普通の家庭環境（子どもとおとなの間に比較的豊かな社会的ふれあいがある環境）で育った子どもたちと比べると、孤児院の子どもたちの脳は親に育てられた子どもの脳より実際に15パーセント小さく、ある種の皮質活性の水準もかなり低下していることがわかった。孤児院の子どもたちのこうした順応の結果は、現代の人間社会では強い不適応として現れるが、幸運にもそうした結果が将来世代へ受け渡されることはない。順応は後の世代に引き継がれるという意味での遺伝的な現象ではないからだ。しかし視点を変えてみると、わたしたちが議論しているのはやはり行動の遺伝的基盤についてなのである。シュナイダーのアヒルは、ウズラのくちばしを成長させる遺伝子に順応しなければならなくても、確かに機能する形状を発達させることができた。このシュナイダーのアヒルやあの風変わりな形状のパグのように、ルーマニアの孤児たちも、外部環境あるいは内的環境からの異常な圧力に直面しても、それなりに機能する形状（限定的で種としては型破りではあっても）を組み立てられる遺伝子を持っている。こうした柔軟な順応能力はそれ自体が動物が一般に持ち合わせている遺伝子による機能、つまり生物機械としての営みであって、それによって個体が繁殖可能な形状に成長できる限りにおいて、その順応が困難な世界への適応的な反応ともなり得るのである。

◉護衛犬とヒツジ

最後に家畜護衛犬にみられる行動の発達に作用する順応の役割について検討してみよう。本書の第2章で提起した問いは、アブルッツィ山地で観察したマレンマ・シープドッグの護衛犬がなぜ、人間の羊飼いを無視してヒツジの群れについて行くのかということだった。なぜこのイヌたちは命令されてもいないのに、人間ではなくヒツジについて行く決断をしたのだろうか？　ここで多くの可能な説明を提示しておこう。おそらくマレンマ・シープドッグは遺伝的にヒツジについて行く傾向があり、このイヌたちは護衛犬向けに選択された内在的運動パターンを発揮していた。おそらくこのイヌたちはそのように行動するよう訓練されていたのだろう。ひょっとすると（あり得ないとは思うが）家畜護衛犬は自分の仕事を理解し、群れとともにいることが捕食を避けるために重要であることを認識していたのではないか。わたしたちとしては家畜護衛犬だけでなく、イヌはみなこのように行動するのではないだろうかと思っている。またこれらの説明すべてが正しいとも思わない。むしろ、社会化の発達における臨界期の特定環境因子に対する順応として説明できると考えている。

誕生後、乳離れし固形の食物を食べられるようになるまで子イヌは母イヌや兄弟の子イヌたちと一緒にいる。一般的にイヌの場合は生まれてから4週から6週までこうした状況が見られ、8週目まで見られることもある。このあたりが重要な時期で、イヌ社会の仲間を認知できるように子イヌたちは感覚システムと脳の配線を発達させているところだ。すでに述べたように、この重要な時期に母イヌから引き離され、兄弟イヌとも離れ人間との接触もほとんどない犬小屋で育てられた子イヌは、臆病で人間を怖がるようになる。そして環境中の新しい物体であれ、なじみのない動物であれ、身のまわりに現れた新奇な物を避けるようになる。子イヌが社会化の臨界期に入り他の生物（わたしたち人間や他のイヌ、あるいはヒツジ）と遭遇したとき何が起きているのか？　ローレンツが明らかにしたことでよく知られるようになった現象を覚えているだろうか。同じような時期にあるハイイロガンが、社会的絆という忠誠関係を本当の母鳥から異なる種の個体であるローレンツとの関係に乗り換えることができたことだ。乗り換える対象は生きた動物である必要すらなく、動く物体であれば何でもよかった。ローレンツは水栓金具を糸でつるし、うまいタイミングでそれを揺らすとハイイロガンに刷り込ませることができた。同じことはイヌでも起きる。わたしたちは学生とともに、乳離れした家畜護衛犬の子イヌを子ヒツジと一緒の小屋で飼育した。メスのヒツジによる交叉哺育で、人間との接触はほとんどなかった。

こうして育ったイヌたちはおとなになると人間に対して非常に臆病（ときには攻撃的）にな

図29　ほとんどの哺乳類と鳥類は社会的成長の臨界期に、自分がどの生物なのかを認識する。子ヒツジとともに育ったイヌが成犬になると、ヒツジがあたかもイヌであるかのようにふるまう。

る傾向があったが、ヒツジに対しては非常に思いやり深く優しかった。確かにローレンツのハイイロガンのように、護衛犬も臨界期の絆行動は全く対象を選ばない。イタリアのアブルッツィ山地で調査したマレンマ・シープドッグは一般的にヒツジに付き添い後を追うことを好み、先に述べたようにたまにはヒツジとともにその場を去り、人間の羊飼いを置き去りにすることもある。しかし興味深いのは、わたしたちが観察したイヌの中にはどちらでもないイヌもいたことだ。人間の羊飼いと一緒に外へ出ることをいやがり、ヒツジが草を食みに連れ出されても、〝家〟から出てこなかった。なぜか？　これらのイヌは実はミルク缶と絆を結んでいたというのがわたしたちの結論だった。ミルク缶やその他の羊乳業関係の道具とともに野営地に残されると、イヌは道具に寄り添い、あたかもヒツジを護衛しているかのように接近する侵入者に吠え立てるのである。イヌ科動物における社会的絆の構築過程は、たいてい鼻先を使って行われていたことを思い出してもらいたい。そしてミルク缶は子ヒツジの臭いと同じくらいヒツジの臭いがするのだ。

　肝心なのは、マレンマ・シープドッグを子ヒツジと一緒に育てると、マレンマはヒツジに細心の注意を払い、ヒツジを脅さずに群れに寄り添えるようになり、それだけで訓練しなくても護衛犬としての作業をこなせるようになることだ（図29）。護衛犬の作業行動は学習の成果でも遺伝子の青写真でもない。個体が有能な家畜護衛犬として役立つ行動をするように（あるいは行動しないこと）、意図的に選択育種をするわけでもない。むしろ役に立つ行動の形状は、そのイヌの内在的運動パターンのレパートリーと、発達初期の臨界期における環境に対する順応の結果として生まれるのである。内在的ルールの適切な組み合わせと発達のタイミング、そして環境からの刺激に対する内在的特性の応答の仕方という全体的な順応の形状がまずあって、それから人為選択あるいは自然選択が作用して選抜されるのである。世界中の牧羊文化圏の牧畜家は、まさにこの方法を使って非常に古くから有能な家畜護衛犬を生産してきたのである。

第8章

新たなふるまいが生まれる——創発的行動

古典的な動物行動学、すなわちローレンツとティンバーゲンによる初期のアプローチは単純な発想に根ざしていた。動物の大半の行動、つまり空間と時間の流れにおける形状の動きを駆動しているのは内在的運動パターンで、それは自然選択による類型的産物である生物種特有の適応であり、わたしたちの言い方をすれば動物の「作動メカニズム」という形状の基幹部分だ。その後、いくつかの内在的パターンは発達過程と環境の刺激によって形状が順応的に変化しうると考えられるようになった。これらふたつの考え方を総合すれば、イヌをはじめ動物の行動の多くを非常にうまく説明できるとわたしたちは考えている。しかし多くの科学理論の発展がそうであるように、それほど都合よく事は運ばない。順応と運動パターンという基本的概念、つまり外力に対する内在的特性の順応だけではそう簡単に説明できない行動が数多く存在するのである。

オオカミの集団的、共同的あるいは社会的狩猟とよく言われる行動は、こうした単純な動物行動学的解釈にとって大きな課題であることは明らかだ。これは肉食動物に見られる最も複雑な社会的行動のひとつで、動物の集団（群れ）はムースやシカ、バイソンといった大型の獲物を仕留めるため複雑な組織行動を展開しているように見える。オオカミの狩りの様子をとらえたドキュメンタリー映像を見ると、狩りをするオオカミが互いに協力し、緊密に連絡を取り合って作業をし、互いに同じシカを追跡していることを理解し、時々刻々と移動する群れの仲間の位置を注意深く追い、獲物動物が走っていく方向を察知し、獲物の逃げ道を閉ざすため、迅速かつ頭脳的に仲間同士の動きを同期させ調整しているような印象を受けてしまう。したがって集団の狩りには目的と深い洞察があるように感じられ、内在的運動の類型化されたパターンではなく、むしろ臨機応変に対応できる行動、組織化能力、そして知能を必要とするように思えるのだ。

わたしたちには現象を擬人化してとらえる傾向があるため、こうした見方に偏りやすい。おそらく多くの動物にも人間と同じように共通の目標を概念化し、情報を交換し、共有し、その目標を実行するために計画を立て連係した動きを正確に組み立てる能力があるのではないか、多くの人がそうあってほしいと思っている。その結果として、この種の高度に複雑な行動は、個体のオオカミが単独で餌を獲得するときに見せる単なる内在的な捕食運動パターンの流れの結果ではあり得ないと、多くの観察者や行動科学者そして科学者ではない一般の人々も、みな同じように結論を下しがちだ。それに時々刻々と変化する社会的行動形状である協同的狩猟が、狩りをするオオカミ集団を構成する多くの個体の内在的行動を順応的に改変するだけで可能だとはとうてい思えない。

イヌの行動も、単純な動物行動学的アプローチに同じような難問を突きつける。例えば遊びや吠えといった日常的によく見られるイヌの行動が、旧来の動物行動学の視点からでは理解できない。内在的行動は適応的であると仮定されるが、小さい子イヌが遊んでいる場合、その元気いっぱいの行動が、餌を探し、危険を避け繁殖する能力に結びつくという通常の適応の意味で役に立っているのかどうかは全くわからない。遊びは複雑でその行動は予測不能に思える（確かにそのように思えるので、次章でこの問題を検討する）。また、多くの種特有の運動活動の中でも、例えば吠え声のような音声による合図の伝達は類型的で予測可能なものだろうとわたしたちは想定している。しかし個々のイヌが発する明らかに〝内在的な〟吠え声は、その音響的形状が驚くほど多様で、しかも目が回るほど無数の状況を背景として生じている。こうした複雑性を理解するには単純な動物行動学的原理では不十分に思える。

しかし、このような複雑な行動を説明できる全く異なる代替的方法が存在する。わたしたちが本章で導入するのは、動物の行動を理解する強力な第三の方法、「創発性」だ。実はこの創発性という概念の起源はかなり古い。２０００年以上前、アリストテレスは全体が部分の総和より多くなることがしばしば起きることを観察していた。そのことは確かに現代の機械についても言える。内燃機関は、チャンバー（燃焼室）、バルブ、ピストン、コネクティングロッド（連接棒）、駆動軸など多数の部分で構成されている。これら個々の物理的形状が互いに連携するのだが、それぞれの部分だけでは機能しない。しかしひとたび燃焼チャンバーで爆発が生じると、エンジンの各部が突如として息を吹き込まれたかように運動しはじめる。機械の本質はその部分が相互に作用して初めて現れるもので、その動きはシステムのどの単一部分にも内在しない創発的特性なのである。

この伝統のある発想は、様々な形そして全く異なる多くの定義のもとで、物理学、化学、生物学、建築学、人間社会心理学などの知的領域でこの数十年の間に驚異的な浸透をみせている。特にこの概念を強力に推し進めたのが20世紀後半の計算機の進歩だった。本質的には「オン」状態と「オフ」状態をもつトランジスターとわずかな基本的命令という、非常に単純な物理的構造と論理構造だけで、驚くほど複雑な作業をこなすことができる。非常に困難な工学的問題を解決し、革新的な電子音楽、高度な表現力をもつアニメーションを生み出すことができ、さらに簡単な知能も生み出せると言う人々もいる。

もちろん計算機によるこれら多くの注目すべき成果は、人間の知能が指示したもので、賢明なエンジニアが複雑な作業ができるようにシステムを分割し、その単純な部分を細心の注意を払って操作した結果ではある。しかし計算機の〝機構〟が生みだしたものの中には、誰かから指示されたり前もって計画されていなかったものが存在する。例えば、数学者のジョン・コンウェイが考案した「ライフゲーム」を知っている読者もいるだろう。この生物（のようなもの）のシミュレーションでは、コンピュータが正方形をしたセルの格子を表示する。各セルは「生きている」（例えば赤色で表示）か「死んでいる」（白色）かのどちらかだ。セルは隣接する8つのセル、つまりセルの水平方向、垂直方向、対角線方向で接触しているセルと相互作用する。ゲームの始めに、生きているセルと死んでいるセルはランダムに配置されている。その後ゲームは段階的に進行する。各段階でセルの状態は以下のルールに従う。

1　隣接する生きたセルが1個以下なら、そのセルは死滅する。
2　隣接する生きたセルが2個あるいは3個なら、そのセルは次の世代も生き残る。
3　隣接する生きたセルが4個以上ある場合は、死滅する。
4　死んでいるセル、つまり空っぽのセルにちょうど3個の生きた隣接セルがあれば、生きたセルになる。

このゲームがコンピュータ上で段階的に進行し、最初に与えられた初期状態にこのたった4つのルールが適用されていくと、とてつもなくバラエティーが豊富で複雑なパターンが現れ始める。形状は各段階で変化し、(明らかに) 動きが現れる。こうしたパターンの膨大な事例と、この「セル・オートマトン」を自分で動かせる小さなプログラムはウェブで検索すれば見つかる。重要なのは実際に出現するパターンは (セルの分布の初期状態は除いて) 前もってプログラムされたものでもなければソフトウェア上に定義されていたものでもなく、機械的な〝仕掛け〟でもない。これらのパターンはシステムによる創発的産物なのである。

「創発性」の定義のひとつを挙げておくと (定義は数多く存在する)、単純なルールと過程の間のなんら目的のない「自己組織的」相互作用によって生じる複雑な新奇的特性ということになる。思慮深い科学者や哲学者そして数学者は、この創発性によって究極的には科学の謎とされるいくつかの問題に、思いもよらない答えが見つかるのではないかと、強い関心を寄せてきた。生物が〝生きている〟とはどういうことか？　人間の複雑な脳の組織からどのように意識と知能が生じるのか？　人間の言語はどのように発達し機能するのか？　なぜ宇宙は今のような特性を持つようになったのか？　もちろんこれらの大問題と比べれば、イヌやオオカミの行動に関するわたしたちの疑問、例えば協同的狩猟や動物の親が見せる複雑な行動、吠え声や社会的遊びに関する疑問は謙虚なものだ。この創発性という概念には、内在的形状の直接的選択や順応による構造と行動の改変とは別の手段によって、生物学的形態と行動が生じることを明らかにできる可能性があると、わたしたちは考えている。

生物学の世界で創発性によってどんなことがわかるのか、その感覚をつかむために、まずシロアリについて考えてみよう。もちろんこの無脊椎動物の昆虫はオオカミやイヌより単純な生物だが、逆説的に不気味といっていいほど複雑な行動を見せる。乾燥した砂漠や草原でよく見られる手の込んだシロアリの「砂の城」蟻塚を見てみよう（図30）。

シロアリの蟻塚はその制作者で内部に住んでいる個体に比べると圧倒的に巨大だ。蟻塚には巨大な壁面があり、煙突のような尖塔がそびえ、入り口や出口そして内室が多数ある。蟻塚は一般に極端に暑く乾燥した気候で見られるが、極めて効率的な冷却システムを備え、灼熱の日中も冷え込む砂漠の夜も、蟻塚内部は一定の温度が保たれている。このように複雑な設計と工学的に精巧な構造が、個々のシロアリの内在的行動特性という遺伝子プログラムから生まれるのだろうか？　シロアリの集団が、集団として高度な概念形成能力や知能そして物理的環境を操作する能力を持っているのだろうか？　どちらの解釈もあり得そうにない。はっきりしているのは、個々

図30　複雑なシロアリの蟻塚は、極めて単純なふたつの行動ルールの相互作用によって構築される。写真ダニエル・スチュアート。

のシロアリは蟻塚を建造し設計するような複雑性を実現する特殊な遺伝子はもっていないということ。また複雑な建築技能を説明できるような身体形状あるいは脳を持っているのでもない。ではどうやって蟻塚を作っているのだろう？

一番可能性の高い考え方は、蟻塚を刻一刻と建設していく活動が、少数の基本的かつ単純な運動パターンの組み合わせで構成されているということだ。シロアリは顎を使って砂粒をくわえ、それをどこかへ運んで落とす。シロアリは別のシロアリのいる方向を感知しその方向へ移動する。またシロアリの動きは湿度や空気の成分濃度などの環境条件にも敏感に反応する。１匹のシロアリがしているのはそれだけだ。ところが何千何万というシロアリが長期間活動すると、1匹のシロアリがするのは1粒の砂をくわえ、特定の環境状態に応じて他のシロアリとともに移動し、くわえていた砂を落とすだけなのだが、結果的には単独の個体では計画も建造もできない構造が生まれるのである。こうしたシロアリの複雑な建築行動は、非常に単純な生物の遺伝子に暗号化されているのではないし、自然選択によって特殊な土木建築能力が生まれたのでもない。学習したわけでもなければ計画したわけでもない。発達過程での喫緊の事態への順応の結果でもなければ、学習や知能による結果でもない。驚いたことに、実際には少数の基本的な行動ルールの創発的相互作用によって作られているらしいのだ。

この方法を応用することで生物学や物理学で注目されている多くの現象をうまく理解できる可能性がある。行動の問題に戻る前に、そのような事例についていくつか確認しておこう。例えばカタツムリは物理的形状の決定に作用する創発性の威力をその美しい形によって見せてくれる。一見するとこの美しい構造は極めて複雑なように思える。ところがもっとよく見てみればわかるように、一番内側にある最初にできた部分の形状は非常に単純で、小さならせんを押し縮めた形になっている。これはカタツムリの発達過程で形成される殻の一番初期の形状だ。カタツムリの成長は、最初の殻構造の上に新たな殻が積み重なり、らせんの半径は指数関数的に大きくなっていく。つまり半径が最初は2倍に、次に4倍、8倍といった具合に成長するのである。らせんの「発射角」が一定である限り、殻が次々と大きくなってもその形状は常に自己相似を保っている。どういうことかというと、どんなに大きくなってもこのエレガントな形状の設計図は基本的に全く同じ性質を持っているということだ。要するにカタツムリの殻は全く同じ成長の基本ルールに従って、次々と大きくなっているだけなのだ。

カタツムリの殻のあの複雑な形状は、殻物質を生産する細胞の内在的特性によって生まれていたのである。しかしそこから生まれる素晴らしい全体的形状そのものは、プログラムされたカタツムリ遺伝子の内在的特性ではない。殻に作用する外部環境の影響に順応したものでもない（もちろん発達の過程で外的要因が加わることで、様々な種がそれぞれ異なる内在的成長ルールを持っているとしても、驚くほど多様な形状を生み出す場合もある）。見ればわかるカタツムリのらせんを描く殻の複雑性とその美しさは、単純な成長ルールが相互作用して生じた創発性の結果なのである。

例えば哺乳類の脳のようにもっと複雑な器官であっても、その形状は少なくとも部分的には創発性の結果と解釈することができる。最近になってオーストリアのウィーンにある分子生物工学研究所（ＩＭＢ）の研究グループが注目すべき研究を発表し、分化が決定した人間のある胚細胞［神経外胚葉］を、組織の成長を装置によって支援するテクニックを使って培養し、実験室で三次元的なミニ脳が成長することを明らかにした。内在的に分化が決定したこの細胞は神経を形成することになる。ここで注目すべきことは、神経細胞は成長しながら紛れもない脳特有の形状に自己組織化し、通常の発達過程で見られる脳の大まかな構造と組織の特徴をもつはっきりとした領域が現れたことだ。これらの神経細胞が（シャーレの中で）増殖する基本的成長ルールが相互作用し、複雑な創発的構造を生み出しているのである。

こうした複雑な器官の形状が創発性によって生じるのであれば、行動もやはり創発的に生じることになる。なぜなら、行動も空間と時間の流れにおける動物の動きの形状だからだ。例えば秋になるとよく上空をカナダガンが騒々しい鳴き声を上げながら飛行していくのをみかける。カナダガンは社会的動物で群れを作って飛行する。半年ごとにやって来る渡りの季節には図31のように、ガンは有名なV字型編隊を組んで飛行する。

◉ガンのV字型編隊飛行

まず最初に考えたいのは、この行動が内在的なものか、ということだ。こうしたガンのくさび形飛行パターンを決定している遺伝子が存在するのだろうか？　V字のパターンは自然選択の結果なのだろうか？　V字型編隊を組んで飛行するガンは、そうでないガンより多くの子孫を残すと考えるのはこじつけすぎだろう。しかしV字型編隊での飛行は、確かにカナダガンという種特有の分類学的特徴だ。秋の高い空にカナダガンが鳴きながら飛行するのを見ると、必ずVの字になっていて、どの個体もV字の一部を形成している。このことからこのガンの行動にはなんらかの遺伝的基礎があると考えられる。実際、群れをなす鳥類の多くの種がV字型やくさび形の編隊で飛行し、例えばコクガンやウも渡りの時にはおおよそ同じように飛行する。鳥類のいくつかの種がこのパターンを示すことから、肉食動物が見せる運動パターンが相同的遺伝形質だったように、この編隊飛行も古代の共通する祖先から受け継いだものと結論できるのかもしれない。

図31　V字型編隊を組むガンの渡りもやはり単純なルールに従っている。イラストはヨハンナ・オーレン。

しかし、肉食動物の行動とは非常にはっきりした違いがいくつかある。《注視》∨《忍び寄り》運動パターンは個々の動物が単独で実行できるが、くさび形の飛行は時には何百羽にもなる群れでの行動なのだ。1羽の鳥では《くさび型（WEDGE）》運動パターンは示せないが、ボーダーコリーの場合は1頭でも《注視》∨《忍び寄り》運動パターンを実行できる。さらに、《注視》∨《忍び寄り》運動パターンを実行することが選択的に有利に働くことも非常によく理解できる。この狩猟形状を身につけた動物は生存の可能性が高かったのである（今でも高い）。捕食者が離れたところで獲物を発見したとたんに慌てて獲物に向かって走りだせば、獲物の方はびっくりして逃げ去ってしまうだろう。無我夢中で獲物に向かって走り出してしまう動物は、こっそり忍び寄って臨界点を超えるぎりぎりまで十分獲物に接近し、突然襲いかかって短い距離を急追する動物と比べれば、狩りの成功率は低いだろう。

エネルギー消費の面から見て急追する距離が短いほど効率的であることから、《忍び寄り》と《急追》の間の臨界距離がどのように進化したのかが想像できるだろう。簡単に言えば、獲物からあまりに遠く離れたところからしゃにむに急追するような動物は、追跡に多くのエネルギーを投入しすぎて、獲物の捕獲に失敗する可能性が高いのである。こっそり忍び寄ってもあまり近寄りすぎれば獲物に気がつかれてしまい、奇襲攻撃も失敗に終わる。チーターはガゼルのような獲物を狩る場合《注視》＞《忍び寄り》運動パターンを実行するが、捕食者が《急追》の臨界点を越える前にガゼルの方がチーターに視線を向けた場合、チーターは捕食行動の流れを中断してしまう。そうすることが選択的に有利になることは理解できる。チーターがガゼルに見つかれば狩りが成功する可能性は低下する。そのままチーターがガゼルを急追して獲物を捕らえられなければ、単なるエネルギーの浪費ということになるからだ。

これと同じ適応の論理をガンのくさび形編隊に適用しようとすると問題にぶつかる。チーターとともに、その行動形状と臨界点に対して肯定的、否定的のいずれにせよ個々の動物に自然選択が作用する。特定の形状について狩りの失敗があまりに多ければ、その動物は飢え死にし子孫を残すことはできないだろう。群れを作るガンの場合も、くさび型編隊で飛行することが個々のガンに対してどのように選択的に有利に作用するのか問わなければならない。編隊飛行が採餌や繁殖、あるいは危険を回避するために役立っているのだろうか？

集団行動には確かに選択的有利性があるようには思える。多くの魚類が群れを作るのも、集団的形状を形成することで捕食を回避できる可能性が高くなるからだ。捕食者の脅威にさらされると、他の（同じ種の）魚がいる方へ向かって泳ぐというルールが作動して巨大な渦を巻く集団となり、捕食者が1匹の魚に狙いを定めるのが非常に難しくなる。こうした群れを形成するには、魚はただ他の魚へ向かって泳ぐだけでいい。鳥の編隊飛行も同じことだ。大きな群れを形成して飛行することで時折遭遇する捕食を回避している。群れが形成されるとタカが鳥の群れに飛び込んで1羽の鳥に狙いをつけようとしてもほとんど成功しない。したがって群れの形成によって危険回避活動を構成できることになる。群れを形成することで個々の動物が捕食者の攻撃を生き残る可能性が高くなるのである。しかしV字という形状に何か意味があるのだろうか？　この特殊な形状によって捕食者に攻撃を思いとどまらせたり、捕食者を混乱させたりできるのだろうか？

他の事例では、集団行動によって採餌能力を増強させている場合もある。魚の群れを見つけたアジサシを他のアジサシが確認すると、そこへ多くのアジサシが結集してきて魚をむさぼり食う。結局最初に魚群の情報を得たアジサシは、他のアジサシに餌を発見したという合図を送っているのだ。おそらく冬に南へ渡るガンのくさび形編隊も、群れの賢い個体が冬にはどこへ行けば餌が見つかるかを知っていて、多くの鳥がその後についていくのかもしれない。それにしてもなぜV字型なのか？

また、ガンが群れをなす行動は繁殖に有利だと考えることもできるだろう。群れが家族集団で、若鳥が親の後をついて冬の餌場のある南へと飛ぶのであれば、親にとっても子にとっても選択的に有利な子育て形態と言うことになる。しかしV字型の編隊を形成する理由がわからない。

ひょっとするとV字型編隊について筋違いの考え方をしているのかもしれない。ガンの実際の行動について考えてみよう。ガンは秋になり、日が短くなってくると南へと渡っていく。これは群れの行動なのだろうか？　そうではない。多くの鳥類について決定的な実験が何度も行われてきた。対象生物を人工的な光の当たる檻に入れ、光の当たる時間を徐々に短くしてみる。するとある時点で対象生物は、盛んに檻の南側へ移動し始める。これは日が十分短くなると南へ飛ぶという単純な内在的ルールだ。毎年数え切れないほど多くの鳥が、それぞれ単独で同じ行動をとっているのである。つまり群れの中にいなくても、1羽でも渡りはできる。

したがってヨーロッパコマドリやツグミがみな独自に南へと渡るとして、ガンはどうしてV字型編隊になるのか？　カナダガンが大型動物であることに注目してみよう、オスなら大きいものだと体重は9キロほどにもなる。渡り鳥で体重が11キロを越えるものはまずないが、これは11キロもの体重を離陸させられる翼と筋肉、そして代謝エンジンがないからであって、さらにそれほど大型の動物が翼を羽ばたかせるだけで何千キロも飛ぶことは不可能だからだ。結局、大型の渡り鳥の多くは滑空型と上昇気流を利用したソアラ型の飛行をする。このことから南アメリカのコンドルの中に非常に大型のものがいることも説明できるだろう。コンドルが生息する山岳地には強力な上昇気流が頻繁に出現するため、それによってコンドルは飛翔を維持するエネルギーを得ているのである。しかしカナダガンの生育環境は夏には極北の地、冬には中部大西洋地域にまで及ぶ。北極圏とチェサピーク湾間の数千キロに及ぶ全航路を、十分な上昇気流を見つけながら滑空で飛行するのは難しいだろう。

したがって大型のガンにとって南への渡りは困難なものとなる。カナダガンの大きさからすれば、ずっと翼を羽ばたかせ続けることはできないので、何かもっと別の効率的な推進力が必要になる。渡りを楽にするひとつの方法が「ドラフティング」で、要するに他のガンの後ろについて飛ぶことだ。実際、ドラフティングは非常に効率的だ。著者のひとりは主要幹線道でトレイラーの後方についてフォードのバンで長距離をドライブしたことがある。そのバンの燃費は普通なら1ガロンあたり18マイルから20マイル（1リットルあたり7・5キロから8・5キロ）といったところだ。しかしこのときはドラフティングのおかげで、1ガロンで26マイル（1リットルで11キロ）走行できた。エネルギーを25パーセント節約できたことになる。渡りをするガンにとっても、最もよい航法は、前方で大きく空気をかき乱している大きなガンの後ろでドラフティングすることなのだ。前方のガンが翼を羽ばたかせれば、左右の空気の圧力が上下する。気圧が下がるたびに、空気はそこに生じる負圧状態をうめるために空気が流れ込んで上昇気流ができる。先を飛ぶガンの後方につけて飛べば、先導するガンの両翼後方（でしかもわずかに高い位置）に形成されるこの空気の泡に乗ることができるのだ。

この作用を利用するには、後続のガンは先導するガンの真後ろにつくことはできない。先導するガンの後方でドラフティングをするガンが2羽いれば、先導ガンの左右後方に一羽ずつが位置する。こうしてくさび型編隊の形成が始まる。先導ガンと最初に追随するガンの後方で、さらに2羽のガンが前方のガンからわずかに横にずれた後方をドラフティングできる。泡に乗るガンがいる限りこのパターンが後方へと繰り返される。わたしたちが観察しているのは鳥の群れ［傍点訳者］がV字のような形で飛んでいる様子だ。こうして考えれば、ガンの1羽1羽がV字型を構成しようと心に思い描いているわけではない。その特殊な形状は遺伝子に書き込まれているのでもない。そうでなくて個々のガンは（1）南へ向かって飛ぶこと（2）（別のガンがいれば）その後を追うことというふたつの単純なルールに従っているに過ぎないのである。

ルール1に従って最初に離陸したガンが先導役となる（単独で飛行するにはエネルギーが余分に必要なので、交代で先導役を務めればいい）。他のガンはみなルール1と2に従う。明らかに複雑で独特なV字型編隊飛行パターンは、こうした内在的適応ルールの相互作用から生まれた創発的結果で、飛行を最も容易にすることで生じた（非内在的）構造なのだ。

確かにガンの群れは、1羽1羽が互いに独特の協力関係をもち共同する社会的集団のように見える。しかし必ずしもそうとは限らない。群れのどのガンも互いを全く〝意識していない〞可能性もある。個々のガンに必要なのは、与えられた環境の中で南へ渡るのに容易な場所を見つけることだ。その場所がたまたま別のガンの後方の位置だっただけのことで、どのガンもみな同じように行動しているのである。

◉イヌ科動物は社会的か？

組織だった集団的活動のように見える行動パターンについて研究している動物行動学者は、こうしたパターンには適応的な社会的取り決めがあるに違いないと決めてかかることがよくある。

オオカミやコヨーテ、ジャッカルのつがい同士の絆がいい例だ。科学関係の書籍を読んでも、一般向けのドキュメンタリー番組を見ても、オオカミのような動物はつがいを形成しその関係が生涯続くと決めてかかっている。それは人間同士の幸福な結婚のように、素敵なことのように思えてくる。そのことが知能のある証拠だと主張する者もいる。

別の視点から見れば、つがい行動もふたつの単純な行動ルールの相互作用によって生じる創発的な特性ということになる（少なくともイヌ科のような肉食捕食者の場合であって、多くの鳥類の場合おそらく話はもっと複雑だ）。その行動ルールとは、（1）メスであれば、他のメスに採餌なわばりをとられないように守ること。（2）オスであれば他のオスから採餌なわばりを防御することだ。

オスとメスがたまたま同じなわばりでこの採餌ルールを発現し、長期にわたってそのなわばりを固守すれば、このカップルはきっとつがいになるだろう。「きっとなるだろう」と言ったのは、どちらかがそのなわばりの境界近くへ移動すれば、別の個体とつがいになる可能性もあるからだ。こうした状況で乱交雑が起きにくいのは、同性の競争相手を排除するという両性が持っている基本的な単純行動によっている。一見するとつがいの絆のように見られる関係も、実はこうしたなわばり防衛行動の創発的産物なのである。

対照的に、イヌには採餌なわばりがない。イヌは、食物が豊富に手に入るならどこでもかまわない腐肉食動物（スカベンジャー）だ。確かにイヌも餌の食器や、毎日餌をもらっている裏庭に競争相手が現れれば、歯をむき出しに唸り声をあげて警告する。しかしこのペット動物に見られる餌を守る行動は非常に狭い範囲に限られている。人間のゴミ捨て場も、なわばりに縛られない動物が食物を漁るのにもってこいの場所だ。メキシコシティのゴミ捨て場では、約360ヘクタールある世界最大級の埋め立て式ゴミ処分場に約700頭のイヌが餌を漁りつつ生息していた。この場合、食物が広い面積に大量に分散しているため、採餌なわばりを防衛する行動は見られない（ペットのイヌでも非常に限られた生活圏を越えれば防衛行動は滅多に見せない）。さらにメスイヌもオスイヌも完全に乱交雑である。広い面積の採餌なわばりを防衛する必要がなければ、なわばりに拘束されずに交配相手を探せる。よく知られていることだが、だからこそブリーダーはメスを注意深く保護し、特定のオスと交配させたい場合には何キロも離れたところまで連れて行く。管理の行き届いていない環境では（例えば、そり犬の間では）、一腹の子イヌたちであっても2、3頭の父イヌがいる場合がしばしばある。したがってイヌにつがい関係が見られないのは、餌場となわばりの防衛行動が必要ないことによる負の創発性の結果と考えられる。つまりイヌにはいくつかの単純なルールが欠如しているため、それらが相互作用して生じるはずのつがい関係が見られないのである。

こうした現象は、肉食動物界で最も洗練された育児をするオオカミやコヨーテ、ジャッカルの親の給餌行動にも見られる。大部分の肉食動物は（イヌは違うが）若い個体に餌を与える。肉食動物が他の生物を殺してそれを子どものもとへ運んだり、子どもを獲物のところへ連れて行くのである。イヌ属のなかでも野生種になると、他にも若い個体に餌をやる手段がある。ある程度消化した食物を吐き戻して与える方法だ。《吐き戻し》はひとつの運動パターンで、子どもが独特のおねだり動作によって親の吐き出し行動が誘発される（口絵5）。そのうえどのおとなにでもおねだりする。そのため去年生まれた子どもも（今年1歳ということ）今年新しく生まれた子どもに給餌する役に回る。捕獲したオオカミでも、親でない個体が同じなわばりで確かに子オオカミに吐き戻しの餌を与えている。しかし異なる集団の個体に《吐き戻し》をすることはあまりない。それは採餌なわばりに入ることが許されない場合が多いからだ。したがってこうした野生種の給餌行動は、（1）なわばり内にとどまることと（2）《吐き戻し》というふたつのルールから生じた創発的結果と考えることができる。

このふたつのルールは給餌行動が発現することになれば相互作用せざるを得ない。イエイヌにも第2のルールはあって、時折（非常にまれだが）子イヌに食物を吐き戻して与えることがある。しかしイエイヌにはなわばりに関するルールがない。その結果、つがい関係が生じないのと同じように、イヌが給餌しないというのは、単に創発が〝生じていない〟だけで、それはつまり創発的作用が生じるのに必須のルールすべてがそろっていないためなのである。

◉協同的狩猟

もうひとつ創発性の産物と考えられるイヌ科動物の採餌行動の形態が、オオカミに見られる協同的狩猟だ。この現象はすでに指摘したように、極めて複雑で高度な適応行動の例と見なされたり、動物に知能があることとの重要な例とみなされることが多い。しかしわたしたちはそのよう

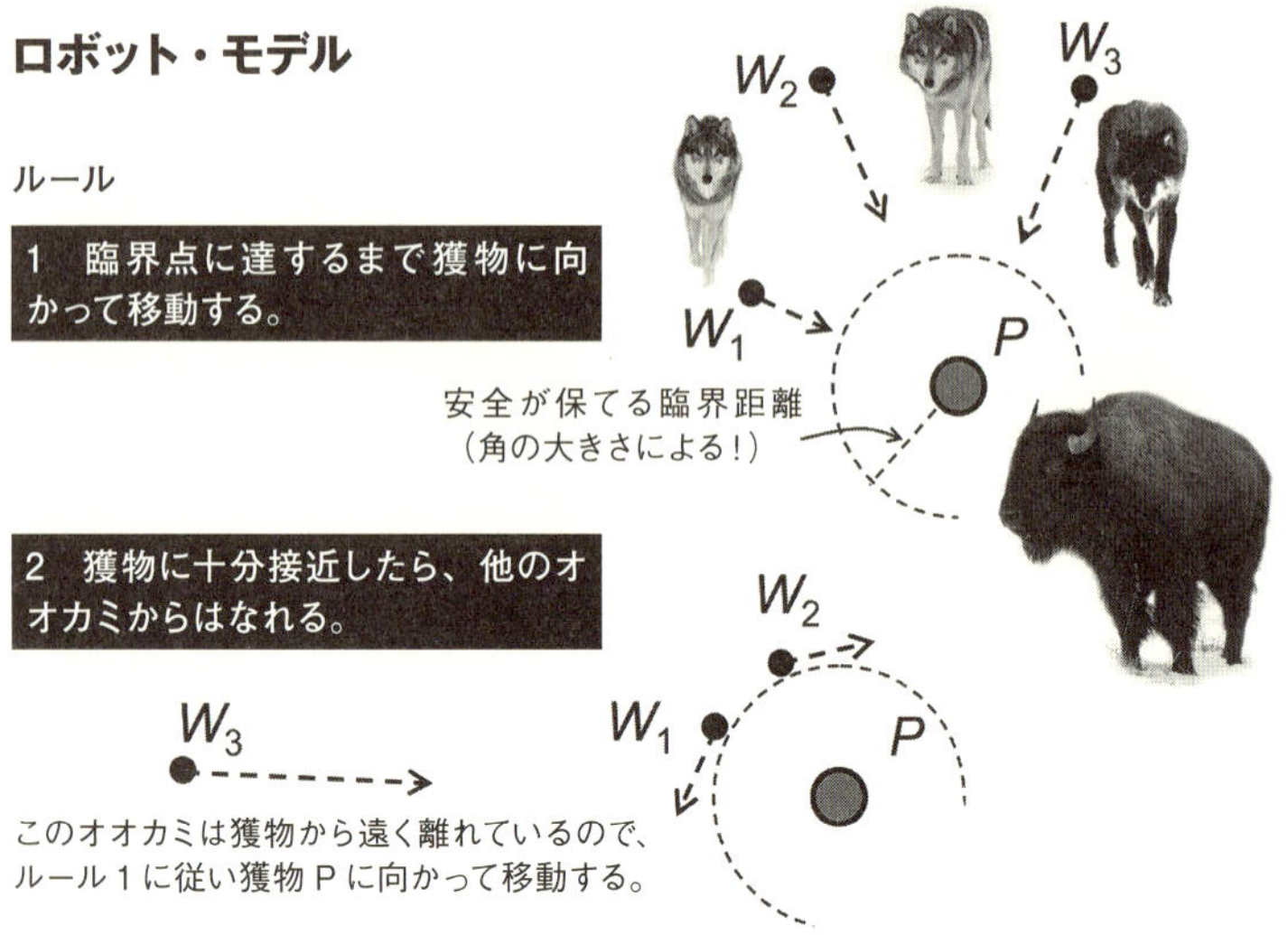
ロボット・モデル
ルール
1 臨界点に達するまで獲物に向かって移動する。
2 獲物に十分接近したら、他のオオカミからはなれる。
W2
W3
W1
P
安全が保てる臨界距離
（角の大きさによる！）
W2
W1
P
W3
このオオカミは獲物から遠く離れているので、
ルール1に従い獲物Pに向かって移動する。

図32　ふたつの単純な行動ルールによってオオカミの複雑な「協同的狩猟」のような現象が生じる。図はクリスティナ・ムーロによる。

には考えていない。レイと数名の計算機科学者の同僚（C・ムーロ、R・エスコベードそしてL・スペクター）が協同的狩猟行動の計算機モデルを設計して実行し、抽象的な〝ロボット〟で表現されたオオカミと獲物がどうふるまうかを確かめてみた。このロボットはふたつの単純な仮想的運動パターンだけを実行するようにプログラムされたコンピュータ上の存在だ（図32）。

　ロボットが表現するルールは局所的かつ分散的だ。個々のロボット（オオカミ役）は他のオオカミの行動とは全く無関係に、行動することもしないこともでき、参加しているロボット同士の間に合図などの取り決めはない。そのルールは（1）安全距離が確保できるぎりぎりの線まで獲物の方向へ移動すること（2）

獲物に十分接近したら、他のオオカミから離れることのふたつだ。

このルールをシミュレーションした結果、獲物をうまく捕獲するパターンが生じ、その様子は実際の協同的狩猟行動にそっくりだった。コンピュータ上の仮想動物は、獲物を環状に囲むようにして相対的な位置を調整し、協力して動いているように見えた。最後にシミュレーション上のオオカミは獲物をとらえられるくらい十分に接近する。

このモデルには知能や目的を持った意図的な行動、合図や（例えば支配的なオオカミ「アルファ」が指導的役割を果たすような）階級的社会構造も一切存在しない。実はこの複雑なパターンも、相互作用する単純な行動ルールに従う個体の行動から創発的に生まれているのである（図33）。

他の研究者も鳥類や魚類、アリなどの多くの種に見られる複雑な群れ行動を再現するために、仮想動物の大群をシミュレーションし（そして現実のロボットを使った実験でも）同じような結果を得ている。例えばセルジオ・ペリスとヘザー・ベルは新生子のネズミが群れる行動を研究した。「考えてみてください」とふたりは言い「一腹の7日齢の子ネズミをテーブルの上にばらばらに配置する。テーブルの表面はなめらかな平面で、４つの辺には壁が立ててある。時間が経過すると、子ネズミは角のひとつに重なり合って群れるようになる。問題はどのようにしてなぜこうした集合が起きるのかです」

ペリルとベルは若い子ネズミは体温を維持できないことに注目した。一塊に集まることで、熱の放出速度を小さくしているのだ。しかし群れの実際の形状はどのようにできるのだろうか？ペリルとベルによれば、たったふたつの行動ルールがあれば、この群れのパターンを説明できる

図33　オオカミが図32のふたつのルールに従えば、必ず獲物を環状に囲い込む形になる。写真ダグラス・スミス（アメリカ合衆国国立公園局）

と言う。子ネズミが垂直の面に向かって好んで移動すること、そして（子イヌのように）熱走性があり、冷たい表面より暖かい表面を好むという行動ルールだ。

子ネズミを「テーブルの上に置いたとき」ふたりが観察したのは「移動し始め、垂直の壁面にぶつかると壁との接触を保つようになり、たいてい壁に向かって集団が形成されるのだが、角に集まることが多い（垂直面が広いから）。ところが別の子ネズミが接近してくると、子ネズミは壁より暖かいため、今度は壁ではなく子ネズミ同士が引き寄せ合う。こうして長い時間が経過すると、子ネズミは角のひとつで積み重なるようになる」

興味深いのは、こうした全体の動き

がネズミの成長とともに変化することだ。子ネズミが10日齢になるまでには、活動的な兄弟とだけ集団を形成する傾向が出てくる。不活発な個体では、一緒に群れても熱消費を節約する効果が少ないからだろう。こうした変化についてペリスとベルは次のように結論づけた。それは子ネズミの認知世界の発達による変化、つまり子ネズミたちが他のネズミの動きにずっと敏感になった結果で、活動的な兄弟の方向へ移動するという第3の単純な行動ルールを付加することで説明できるとした。研究者らはこれらのルールを取り入れたコンピュータシミュレーションを実行し、仮想的な動作主体を使ってネズミが群れる現象をモデル化することに成功した。子ネズミの感情的状態や意図などは一切必要なく、ふたつの単純なルールだけで群れる行動が生まれ、さらに第3のルールをシミュレーションに付加することで認知的な発達もモデルに組み込むと、群れの状況は現実どおりに変化した。

ではイヌの場合はどうだろう? 最近の研究で、イギリスとスウェーデンの研究者グループが、ボーダーコリーの牧羊行動が自己組織化コンピュータモデルでうまくシミュレーションできることを示した。このモデルで牧羊犬はふたつの基本的なルールに従う。ボーダーコリーの犬種特有の《注視》＞《忍び寄り》＞《急追》運動パターンと等価な〝アルゴリズム〟でヒツジを駆り集め、それからひとかたまりになったヒツジを前方へ《急追》する。シミュレーションのヒツジもふたつのルールに従うだけだ。そのルールは群れになって草を食む多くの草食動物に典型的な内在的な運動パターンで、一番近くにいる仲間の方へ移動することと、潜在的脅威から遠ざかることだ。このモデルは機械のロボットを使っても容易に実現でき、ヒツジを駆り集めたり牧羊犬競技会での（実際に観察され、記録されている）コリーの動きを非常に見事にまねることができる。こうした現実のコリーが見せる驚異的な技能は、コリーの「先天的知能」と人間のトレーナーの独創性によるものとされることが多い。しかしこの研究で明らかになったのは、こうした行動の複雑なパターンの全体像が「自己組織的相互作用によって生じる創発性」の原理によっても容易に、しかももっと簡単に説明できるということだ。

◉吠え声の創発

「イヌがすることと言ったら何ですか？」と質問されて、真っ先に思いつくのは吠えることだろう。これはイヌの最もわかりやすい特徴で、行動は生物種の明確な分類学的特徴であるというローレンツの言明の非常によい具体例のように思える。少なくとも人間が住んでいる地域であれば、けたたましく吠えるイヌにまったく悩まされないような場所は世界中を探してもなかなか見つからないだろう。多くの動物の行動レパートリーのなかでも非常に頻繁に見られ、過剰興奮状態（萎縮の反対）と記載されることも多い。吠える頻度は犬種によって異なるが、どのイヌも必ず吠え、吠え始めるのは生まれて間もない頃だ（生まれて2週間後くらいから）。また前にも述べたように、わたしたちは先天的に聴覚障害があるボーダーコリーの子イヌを育てたことがあって、その子イヌたちは音を聞く経験が全くなかったにもかかわらず、普通のイヌたちと同じように吠えることができた。こうしたことからイヌのエソグラムに、もうひとつの内在的運動パターンとして吠え声を挙げてもよさそうに思える。

しかし、運動パターンはその定義から種特有のもので、同種のすべての個体が共通して持つ同じ特徴のことだ。イヌの吠え声はそうした定義に全く合わない。ある個体の鳴き声は大きくけたたましく、音響エネルギーも様々な周波数にランダムに分散しているのに、別の個体になると主要な周波数があって〝純音〟のような鳴き声を上げる。イヌは1回だけ吠えることもあれば（イヌの場合はまれで、オオカミの場合はよく1回だけ吠える）、ほとんど絶え間なく吠え続けることもある。わたしたちは家畜護衛犬が9時間にわたって野外で吠え続けるのを聞いたことがあり、最後にはだんだん声がかすれて吠える動きは見せても音にはならなくなっていた。

実はイヌの場合、同じ個体がどんな特徴の吠えの行動でもすべて発現できる。さらに標準的な考え方によれば、運動パターンは特定の解発因によって引き起こされることになっている。例えば《ロスト・コール》は温度の差異が引き金となり、今度は《ロスト・コール》が《回収》を誘発するといった具合だ。ところがイヌの吠え声はおそらくあらゆる出来事がきっかけとなって誘発される。ウサギが芝生を横切ったり、夜の月明かり、落ち葉がざくざくと音を立てても吠えるし、飼い主と散歩ができそうなとき、見知らぬ人が近づいてきたとき…そしてもちろん他のイヌが吠えているときにも吠える。したがってイヌの吠え声が内在的で、あらゆる状況で頻繁に見られる種の特徴のように見え、確かに運動パターンの質（幅広い質）を認めることができそうだとしても、吠え声は標準的な単純な運動パターンの定義にそれほどうまく適合しない。

動物学者のE・S・モートンはスミソニアン国立動物園に長く勤め、多くの哺乳類（と鳥類）

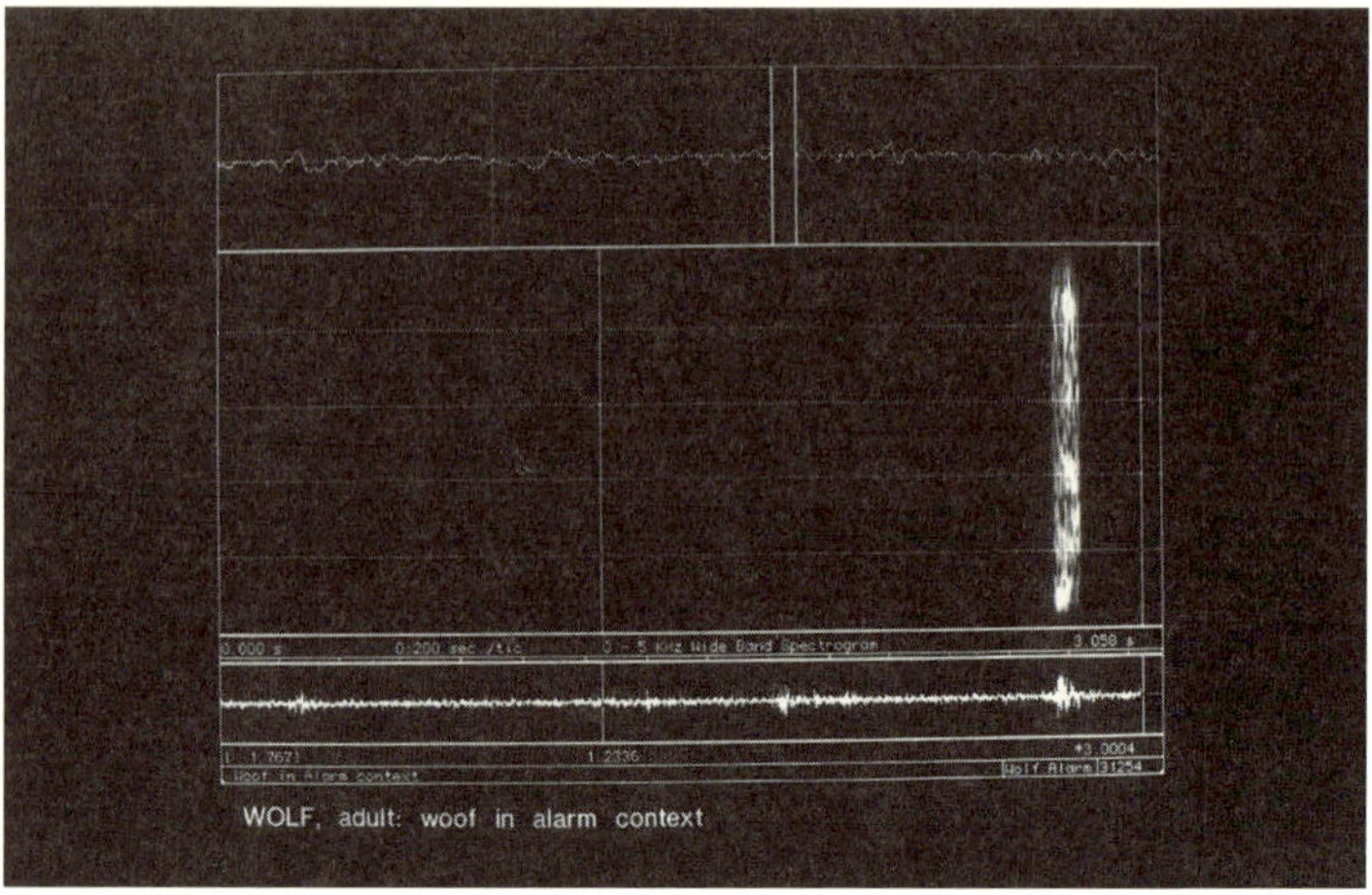

図 34　オオカミの警戒声のソノグラムで、短い雑音のような合図だ。雑音は様々な周波数にエネルギーがランダムに分散した音響エネルギーで、この短時間の《ワフ》ではエネルギーがほとんど全周波数域（図の縦軸が周波数）に分布していることがわかる。送り手の位置は確認しにくい。

の音声運動パターンを観察してきて、音声運動パターンが少数のルールの組み合わせを反映しているようだと述べている。唸り声のような低い周波数の雑音のような音声は、モートンによればイヌも含め多くの哺乳類に共通する音声レパートリーで、攻撃的に行動したいときや、聞き手に引き下がってもらいたいときに「下がらないと、けがをするぞ！」という意味で唸り声を上げる。対照的に子イヌの鼻声（あるいは《ロスト・コール》のような純音に近い甲高い音声は一般的になだめたり面倒を見てほしいときに発せられる傾向がある。このとき発声している側は危険な存在ではないことを示している。接近しても大丈夫だから「こっちへ来て！　面倒を見て、一緒にいて」という意味だ。どちらの発声もイヌや近縁のイヌ科動物で見られる。こうし

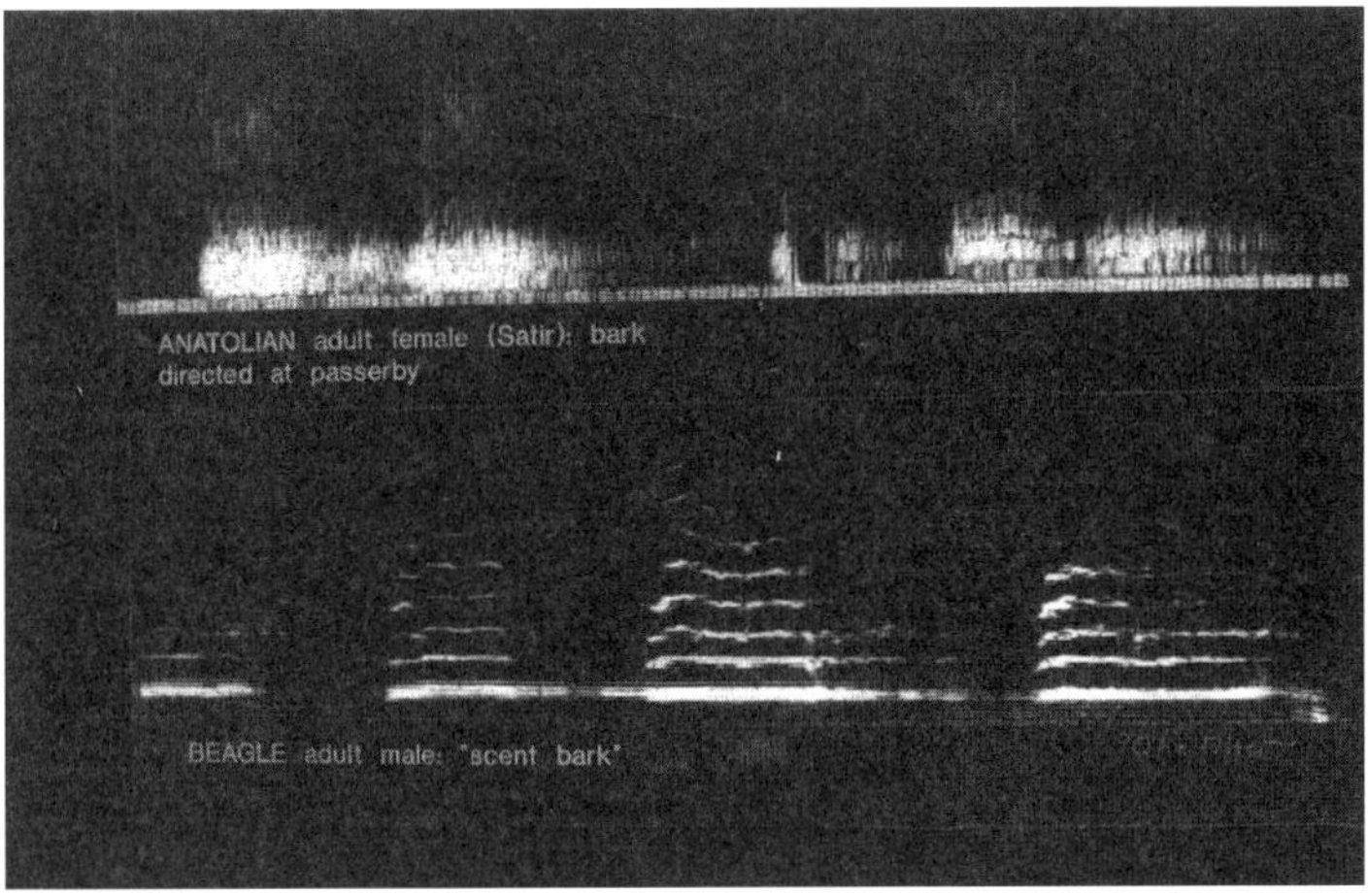

図35　このソノグラムの一番上の音声はアナトリアン・シェパードが見知らぬ者に対してノイズのような吠え声を発したもの。その意味は実質的には「立ち去れ、立ち去れ、立ち去れ…」ということ。下の段の調性のある吠え声はビーグルがまさに獲物の臭跡を発見したときに発したもの。「こっちだ、こっちだ、こっちだ」と合図している。

た発声は、哺乳類の内在的特性を反映した発声行動の基本的かつ単純なふたつのルールと考えることができる。

　ヤギの群れを護衛するポルトガルのエストレラ・マウンテン・ドッグを観察したことがある。わたしたちが接近すると発声した。〝吠え声〟が非常に多様であることを考えれば、このマウンテン・ドッグの声も吠え声のようにも聞こえたが、非常に短時間で、特に大きくもなく、調性の全くない音だった。印象的には穏やかだが不機嫌な感じのハフッという音と表現できるかもしれないが、わたしたちは《ワフ（WOOF）》と呼んでいる。第1の「モートンのルール」に従う合図の例だ。オオカミやコヨーテ、ジャッカルにも全く同じ《ワフ》運動パターンが見られる。《ワフ》は、すぐに姿を消した方が身のためだと聞き手を諭す合図で、内在的な危険回避運動パターンのひとつだ。

ミネソタ州北部では、とある黄昏時にゴミ捨て場に5頭のオオカミが餌を食べに来ているのを見た。わたしたちはしっかり身を隠し、そっと静かに観察していたと思うのだが、オオカミのうち1頭がわたしたちの存在に気づき、1回だけ雑音のような低音の《ワフ》を発した（図34）。このときはびっくりした。その《ワフ》を聞いたと思った瞬間、オオカミは闇の中へ姿を消した。モートンの第1ルールが作動した結果だ。

対照的に、狩猟中のビーグルの群れはモートンの第2ルールに従う。ビーグルがウサギ（あるいはウサギの臭いの跡）を発見すると、特徴的な大きく甲高い調性のある鳴き声「臭い吠え」（scent bark）を発する。この調性音の合図が発せられると、群れ全体が仲間である人間のハンターとともに追跡にかかる（図35）。

この2種類のイヌ科動物の発声はモートンの第1ルール、第2ルールの例で、どちらも典型的な内在的運動パターンだ。類型的で、学習したものではなく（ビーグルを「臭い吠え」をしないように訓練することはできない）、非常に特殊な環境からの刺激によって解発される。様々な犬種によって、鼻を鳴らしたり、クンクン鳴いたり、ワンワンと鳴いたり、唸ったり、フガフガと鳴いたり、ハフッと吠えたりと、非常に多様な《調性音》運動パターンと《雑音》運動パターンを示す。これらはみな、すべてのイヌ（イヌ科動物のすべて）が共有する基本的行動のレパートリーであるエソグラムに含まれている。

さて図36の写真に写っている木につながれた護衛犬、マレンマ・シープドッグについて考えてみよう。わたしたちがこの護衛犬の全体的な行動形状を記載する場合、イヌの頭部が背のラインより下がっている点に注目する。口は開いていて歯が少しだけ見えている。背中の毛は立っている（立毛）。脚は硬直している。尾は垂れ下がりほぼ両脚で挟みこんでいる。イヌを知っている人なら、このイヌは攻撃的に見えると言うだろう（わたしたちはよく「攻撃」という用語をあたかも単一の形状であるかのように使う。しかしそうではない。攻撃は実際には形状の複雑な組み合わせであって、攻撃そのものが創発的結果なのかもしれない）。

　このイヌは木につながれているので、侵入者から逃げることも、戦うこともできない。移動することもできなければ脅威に応じて形状を変化させることもできない。イヌは葛藤状態にある。逃避でも闘争でも適切な反応だっただろうが、このイヌにはそのどちらもできなかった。そしてそのイヌは吠えた。なぜか？

　このイヌが侵入者と直面したとき、モートンの第1ルールに従い《ワフ》のような雑音に似た攻撃的合図を示すものと考えるだろう。ところがこのイヌは自由に行動できないせいで、モートンの第2ルールにも従おうとする。そうであれば調性音運動パターンを示し（ビーグルが結集を呼びかける鳴き声やペットがひとりぼっちにされたときの執拗な鳴き声）、侵入者をなだめたり同種の救援を求めるだろうと考えたいところだ。事態が矛盾する状況に直面し、わたしたちのマレンマ・シープドッグはふたつの基本的音声運動パターンを混合した合図を発したのである。それは《調性音》の部分と《雑音》の部分が混ざった合図だった。そして実際イヌの吠えのほとんどがまさにこの混合した音響特性を持っている。図37のスペクトログラムでそのことがはっきり

図36　マレンマ・シープドッグが木につながれ見知らぬ人間がカメラを持って近づいている。このイヌには攻撃することも引き下がることもできない。葛藤状態にあって、適切に反応することができない。イヌは頭部を下げ、尾も下げ、首回りの毛を逆立てて、歯を見せて吠えている。このイヌは攻撃的なのか、服従的なのか、あるいはその両方なのか？

わかる。これは図36のイヌの音声を録音したものから得られた。

つながれたマレンマ・シープドッグと同じように、家庭で飼われているイヌも動きが制限されている場合が多い。革紐やフェンス、アパートの壁面、ドア、また飼い主の命令によっても束縛されている。結局、家庭で飼われているイヌも、つながれた護衛犬と同じように行動を動機づけるうえで葛藤を抱えているらしい。そのせいで飼いイヌはよく吠える。奇妙な服装の見知らぬ侵入者、例えばよく知られているところで郵便配達人は常にイヌの空間を侵していくのに、イヌの方はつながれるなどなんらかの形で行動が制約されている。郵便配達人がたいていイヌに吠えられるのも当然なのである

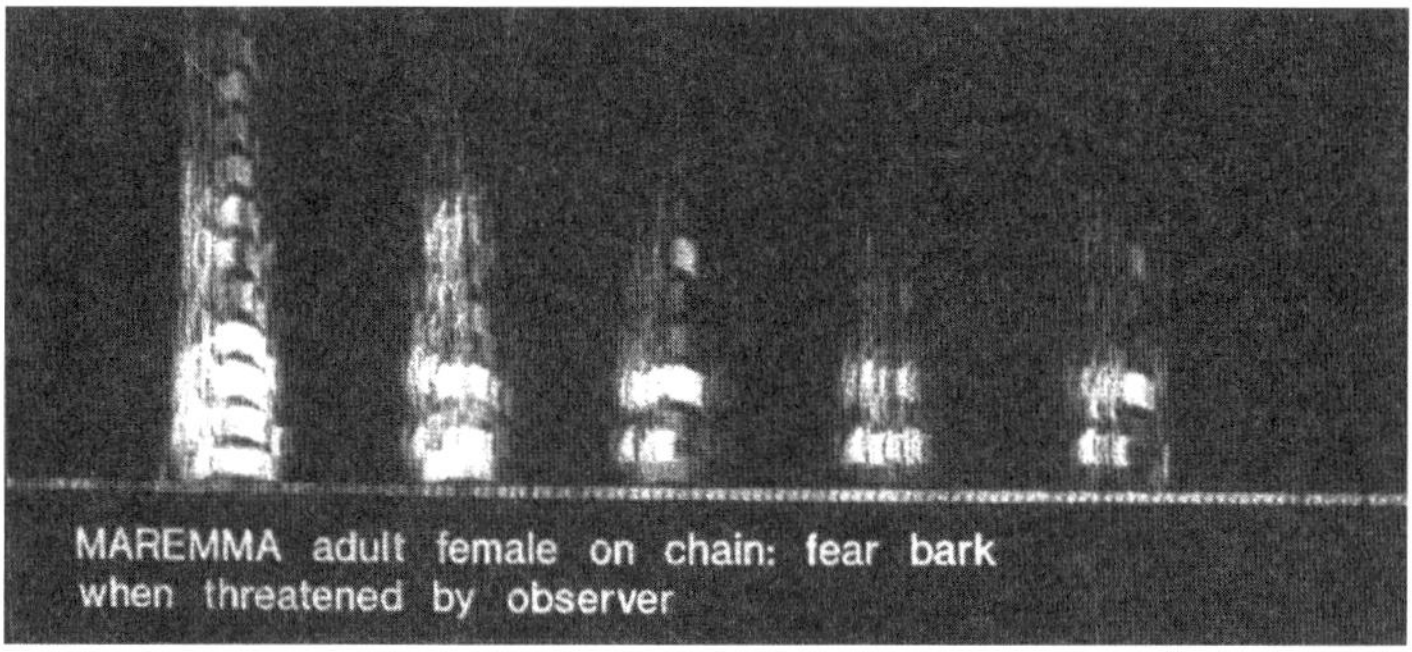

図37　図36のイヌが発した吠え声のソノグラム。この音声には聞き手に接近を促す調性音的成分（はっきりした周波数成分）がある。同時に聞き手に立ち去るよう命令する雑音的成分も含まれている。葛藤を抱えたイヌは事実上「こっちへ来い、立ち去れ」という合図を送っていることになる。

（イヌが束縛状態を無理矢理振り切ってかみつくことはないとしても）。

野生のイヌ科動物でも、特に捕獲された動物の場合、こうした葛藤状態になる場合がある。例えばあるオレゴン州の農民が、よせばいいのに囲いに入れてオオカミを飼っていて、それからヒツジを守るためにわたしたちの家畜護衛犬の1頭を譲ってくれないかと言ってきた。そのオオカミがしばしば囲いから抜け出しては群れを脅しているのだろう。わたしたちがそのオオカミを見たときには囲いに中にいた。つながれたオオカミに接近すると、まさにイヌのように吠えながらぐるぐる走り回った。葛藤状態にあるのは明らかだった。わたしたちを攻撃もできなければ逃げることもできない。本来オオカミが吠えることはほとんどない。ロナルド・シャスバーガーの報告によれば、すべての音声行動に占める吠えの割合はイヌの場合96パーセントだが、オオカミになるとわずか2パーセント強に過ぎない。しかし動物園のフェンスで囲まれた中に入れられたり、生息域が保護区に制約されたりすれば、オオカミはもっと頻繁に吠えるようになる。

これまでも強調してきたように、イヌの吠えはワンパターンではなく多様だ。調性のある甲高い吠えを発することもあれば、ほとんど雑音のような吠えを発することもある。調性音の吠え声と雑音的な吠え声をいろいろ混ぜ合わせて、何度も何度も繰り返しひっきりなしに鳴くことも多い。こうした多様な吠え方が生じるのはなぜなのか？　それは動物がどれほど厳重に、またどれほど長く拘束され、その結果どれほど強い動機的葛藤を抱えることになるかによる。ペットやコンパニオンアニマル（伴侶動物）は無数にある矛盾した人間の要求や環境圧力と頻繁に向き合う。対照的に拘束されていない飼いイヌや町中の野良犬は自分の思い通り気ままに動き、葛藤状態になる頻度ははるかに少ない。野生イヌ科動物（囲い込まれていない場合の）と同じように、気ままに生きているイヌならそれほど吠えないし、吠え方の多様性も身近なペットと比べれば非常に小さい。

では本当のところ〝吠え〟という行動は、どう解釈すべきなのだろうか？　わたしたちの考えでは（モートンがその独創性あふれる論文で、吠えに似た音声について同じように述べていたように）、吠えは音声合図の一種ではない。そして単一の運動パターンでもない。むしろ葛藤した動物が同時にふたつの基本的内在運動パターンを発現しようとするときに生じる行動で、その各々の運動パターンは単純なルールに対応している。

1　攻撃の可能性を合図しようとするとき、あるいは侵入者やなんらかの脅威に対して相手に引き下がるよう促そうとする場合には、《雑音》運動パターンの音声（つまり声帯ひだを非周期的かつ不規則に振動させる）を出す。

2　侵略者をなだめたり、脅威に対処するため救援者の注意を引く場合には、《調性音》運動パターンの鳴き声（つまり、声帯ひだを規則的かつ周期的に振動させる）をあげる。

吠え声の変異性は、特定のイヌの内的状態と周囲の世界で生じる偶発的事象に依存し、葛藤する動物が《雑音》と《調性音》のルールを様々な程度で発現するために生じる。ある葛藤するイヌは、驚いたときの《ワフ》と同時に面倒を見てもらいたい《クンクン鳴き》を発したくなるかもしれないし、別のイヌは短く《唸り》と《キュイン鼻鳴き》を発しようとするかもしれない。どの組み合わせも音響エネルギーのパターンと、雑音と調性音の組み合わせパターンが異なってくる。いわゆる「吠え声」というものは、生まれつき備わった単一の運動パターンではなく、イヌの典型的特徴であるにもかかわらず種特有の内在的特徴でもない。むしろ吠え声は、創発性を示すもうひとつのよい例で、いくつかの単純な行動ルールが相互作用した結果生じた複雑なふるまいだとわたしたちは考えている。

第9章 イヌの遊び

「遊び」という行動をテーマにした科学論文が何百も執筆されている。もちろんイヌが遊ぶことはよく知られている。多くの人がイヌを家庭に入れて可愛がる理由のひとつも、イヌが遊び好きな点にある。動物が遊ぶことに関しては、古いものからほんの最近のものまでわたしたちの書籍も含めて膨大な文献があり、そこに数多くの事例を見つけることができる。しかし実際に遊びについてしっかり理解することは難しかったし、遊びが動物の生活にどんな役割があるのかは長い間ずっと謎だった。このテーマについて執筆しているわたしたちのお気に入り作家のひとりにゴードン・バーガートがいるが、この問題に1980年代から取り組んでいる。それから30年たった論文でもバーガートは依然として遊びを「定義するのが困難な謎の行動」と述べている。

遊びに関するほとんどの説明は、遊びが行動の進化における大いなるミステリーのひとつであることを認識することから始まる。動物行動学者が行動は進化すると主張するとき、その意味は、内在的採餌運動パターンや生物が環境に順応する能力と同じように、行動も遺伝子を介してある意味で受け継がれるということだ。したがって遊びをする動物は、遊びをしない動物と比べて選択的有利性を持っていたに違いないということになる。わたしたち人間は見ればそれが遊びとわかると思っているし、遊びには独特の特徴があるように思うこともよくある。面白そうなのである。しかし動物は面白がることによって、行動の生物学的進化を形成するほど十分な利益が得られたのだろうか？　この問題について研究している動物行動学者の大部分はバーガートが遊びについて「おそらく非機能的である」とする考え方に同意している。つまり動物が餌を探したり、危険を回避したり繁殖するという基本的欲求を支援するうえで遊びは重要な役割を果たしていないということだ。前章でわたしたちは複雑なタイプの行動が自然選択の直接的産物というよりむしろ創発性によって生じている可能性について議論した。本章では、群れによる狩りやガンの編隊飛行、あるいはイヌの吠え声と同じように、遊びという行動も創発的現象として捉えることでうまく理解できることを示してみたい。

◉遊びの性質

レイと彼の妻ローナはジャック・ラッセル・テリアを飼っていたことがあって、堅木の床の上で滑りながら犬用の出入り口を狂ったように猛烈なスピードで出たり入ったりし、同じことを何度も何度も繰り返した。おやつ目当てでやっているのでもなければ頭をなでられたいからやっているのでもなかった。むしろどう見ても、はち切れんばかりの純然たる喜びを表現しているとしか思えなかった。まるで子どもが遊びながら運動能力を誇示しているようにも見える。本書を執筆している窓の外では、満1年子になる2頭の白い尾のシカが野原にいるのが見えるのだが、明らかに野生の七面鳥と戯れている。この草食動物が七面鳥を捕まえて食べたりすることはない。確かに七面鳥たちが恐れる必要はない。そこで難しいのは、いったいこの種の遊び好きな行動がどうして立派なおとなになる助けとなるのかだ。シカたちはその場所にいて他に何もしていないのだから、七面鳥にただ付きまとっているだけとしか思えない。そのシカは確かに子どもが喜び勇んで遊んでいるように見える。一方七面鳥の方はといえば、与えられた餌の山で食事にありつこうとしていて、面白がっている気配はない。

もちろんこうした〝遊び〟行動の証拠がたくさんほしければ遠征までする必要はない。自分のペットやとなりの飼いイヌを観察してみればいいだけだ。ボールやフリスビーを投げればそれを夢中になって追いかけたり、必死になって互いの尾にかみつこうとしたりしているのがわかるだろう。ふつうわたしたちは見ればそれが遊びとわかると思っているので、遊びの「行動形状」と言ったときに読者もその意味を理解できるものと仮定したい。また遊びについて議論する場合、その動物は哺乳類であるとしよう。鳥類や爬虫類も時には遊ぶことがあることが指摘され、最近の研究ではタコやさらにはクモでさえ遊びに似た行動をすることが観察されている。しかしわたしたちからのアドバイスとしては、本当に遊びについて理解したいのであれば、まずはイヌなどの哺乳類から取り組みを始めることをおすすめする。そうすることでより多くの有益なデータをより迅速に収集できるはずだ。

そして哺乳類でも最初は若い個体から観察する。新生子はワニと同じで遊び心はないのでやめておくこと。とはいえ遊び行動が若い育ち盛りの動物に特によく見られることははっきりしている。もちろん種によってはおとなになっても遊ぶ。イヌは成長してからも遊ぶし、もちろん人間のおとなでも遊ぶことがある。しかしおとなになってからの遊びの頻度については十分な研究がされていない。イヌは家畜化という社会的関係を強固なものにする手段として、生涯遊び続けるとする仮説が立てられることもある。しかし口絵6を見てもらいたいのだが、写真のようにわたしたちはおとなのオオカミも明らかに遊んでいると思われる事例をいくつも観察してきた。一般的な認識としておとなのイヌは、野生イヌ科動物のおとなや、一般的にイヌ以外のおとなより非常によく遊ぶと考えられているが、それはひょっとするとイヌがわたしたちのまわりに何百万頭もいることによる偏った見方なのかもしれない。いずれにせよ研究対象動物としてはおとなのサイより子イヌの方がおすすめだ。

イヌのエソグラムの中でも遊びが特別に興味深い行動であるという以上に付け加えておくべきことがあるだろうか？　遊びは非常に多様であるとしても、やはり自然選択の産物ということではないのだろうか？　すでに述べたように、動物行動学の説明はそのほとんどが、遊びも自然選択の産物であるとするのが正しい考え方だと当然のように見なしている。遊びは動物の内在的特性が進化したものであって、おそらくは発達過程における順応を介した形成も含めた遺伝的性質というわけだ。

しかし話はそれほど単純ではない。イヌ（をはじめとする哺乳類）に見られる〝遊び〟は、すでに述べたように、動物行動学的観点からすると非常に奇妙な現象なのだ。一般的には見れば簡単に遊んでいるのだなとわかるのだが、イヌなどの動物が遊んでいるように見えるとき実際に動物が何をしているのかを正確に特徴付けることが、動物行動学者にとっては非常に難しいのだ。わたしたちがしょっちゅう括弧付きで「遊び」と表現しているのもそのためだ。一般には見れば遊びとわかるとしても、遊びを進化的文脈で説明できるとは思えないし、単独の「行動そのもの」として容易に特徴付けられるとはとうてい考えにくい。

遊び行動には多くの形態がある。ブリストル大学獣医学部のJ・W・S・ブラッドショーと同僚らは最近のレビュー論文で、単独の個体が見せる遊びは、たいていボールや犬用おもちゃのような物体に向かう（イヌやその他のイヌ科捕食動物の場合、これらの「遊び道具」は獲物に似たものである場合が多く、獲物を相手にしているかのように遊ぶ）。しかしこの種の「物体遊び」は社会的関係の中で現れる行動でもあり、イヌと飼い主の間でも見られることはよく知られていて、物体を取り合う綱引きなどは複数の個体の間で競争する「ゲーム」のようにも見える。さらに、遊びには必ずしも無生物物体が介在するわけではない。例えば、2頭間の模擬闘争で攻撃的（「敵対的」）にとっくみあったり、1頭の動物が別の動物をいつまでも追い回すといったこともある（口絵7）。イヌは単独でも自分のしっぽを追いかけることがあり、こうした行動も遊びと言えるのかもしれない。

確かに遊んでいる動物には魅力がある。こちらの予測を素敵に裏切ってくれたり、時には全く予想だにしないふるまいを見せてくれるからだ。自然をテーマにしたドキュメンタリーや

YouTubeのビデオでは、子どものカワウソが楽しそうに雪の上を滑ったり、ホッキョクグマの子どもがとっくみあったり、ネコがピアノの鍵盤を弾くなど、いつも驚くほど独創的な遊びを見ることができる。こうした動物たちのふるまいは、どれも普通なら「遊び」と見なせるような行動で、かなりのエネルギーも費やしている。それにしても遊んでいるように見える動物たちは、本当のところは何をしているのだろう、そしてなぜそのような行動を見せるのだろうか？

◉遊びは適応か？

遊び行動を研究する動物行動学者にとって基本的な問題は、すでに述べたように、遊び行動にははっきりとした機能がないように思えることだ。もし遊びに機能がないのだとすれば、行動は自然選択の産物であるとする動物行動学の基本仮定に対する根本的な異議申し立てになる。進化に関するダーウィン説の論理は、特殊な動き方や活動をする個体に選択が有利に働くというもので、それはその行動が機能的に作用して選択的有利性が生じるためだった。つまりそうした行動によって動物が十分に長く生存でき、うまく繁殖できるようになるということだ。わたしたちは行動によるなんらかの直接的な便益が観察（あるいは推測）でき、評価できるものと考えている。例えば採餌活動では機械を動かすエネルギーとなるカロリーが得られ、危険回避運動パターンによって生命に対する切迫した危機やリスクを減少させることができ、繁殖行動によって卵を受精させることができるといった具合だ。遊んでいるイヌを見ていると、確かに今挙げた機能的行動と関連する適応的運動パターン（の一部）と類似した行動がしばしば見られる。例えばよく見られる行動に追跡とかみつきがある。しかし遊びでは、運動パターンの機能的目的が達成されることはない。イヌがスリッパをめちゃくちゃにかみ切ったところで、カロリーが得られるわけではない。

では遊びの便益とは何なのか？　適応による見返りが全くないとしたら、どうして若い動物はみなこれほどまでエネルギーを消費して遊び、ときには異常なほどエネルギーを費やすのだろうか？　遊び行動は自然選択の適応以外の理由で生じたのだろうか？

このテーマについては、生物学者と心理学者の間で多くの視点からの長い思索の歴史がある。ひとつの考え方は、屈託のない若い動物が遊ぶのは、ただそうすることが楽しいからで、遊ぶと気分がよくなるというものだ。例えば神経科学者ジャーク・パンクセップは、脳内にあって明確な情動（感情）反応を生み出している特殊な（しかも進化的にみて非常に古い）〝原初的な〟感情システムが遊びを駆動すると提起している。当然動物も遊びから喜びを得ているし、実際にはあらゆる運動活動から喜びを得ているとわたしたちも考えている。繁殖について考えてみよう。交尾しているイヌのつがいは最終的に繁殖に成功するかも知れないが、交尾している最中にその行為で妊娠し、子イヌが産まれ、子孫ができることは理解していないし気にもかけていない。そのことを過剰人口状態の人間自身の教訓とすることは難しい。というのも、繁殖行動の見返りとは、どんな内在的運動パターンでもそうだが、発現することとそれ自体が見返りとなる自己満足だからだ。

運動活動はすべてとは言わないまでもそのほとんどが脳内エンドルフィンを生成する。これはランナーズハイのように心的状態の高揚を生み出す「内因性オピオイド」だ。動物が《注視》＞《忍び寄り》＞《急追》のような採餌行動を見せるのは、この運動パターンの流れによって最終的に食物の見返りが得られる（あるいは得られない）からではなく、その動作をすることでその瞬間にある種の心地よいフィードバックが得られるからなのだ。人間以外の動物はその「感覚体験」を意識しているかも知れないしそうでないかも知れないが（次章参照）、報酬を得るには適当な環境と適切な解発因を見つければいい。そして運動パターンと心地よい副作用は自然選択によって関連づけられたのかも知れない（少なくとも高等脊椎動物では）。なぜなら、そうすることで直接的な報酬が得られずゴールが見えなくても（あるいは意識できなくても）、結局はより多くの子孫を遺伝子プールに残すことができるからだ。

しかしこのような答えでは、遊び行動そのもの、つまりわたしたちに遊び好きだと思わせる動物たちの運動活動の具体的な形状が、なぜ進化の過程で生まれたのかという難しい論点を依然として避けていることになる。遊びは本当に空間と時間の流れの中で動く形状の中から特別に選ばれた運動パターンを組み合わせたものなのだろうか？　もしそうなら、何度も述べているように、その選択的利益性を同定する必要がある。遊ぶ若い動物は、遊ばない個体には得られない繁殖上の便益を受けたのだろうか？　自ら喜びを引き出す満足感によって、動物の繁殖適応度が補強されるのだろうか？　実際に繁殖にプラスになるのなら、なぜ性的に成熟したおとなよりも未熟な若い個体の方が頻繁に遊ぶのだろうか（おとなのイヌやおとなのオオカミでも確かに遊ぶことはあるが）？

もうひとつの解釈としてハーバート・スペンサーが19世紀に初めて発展させた考え方がある。ずっと後の時代になって「余剰資源説」（surplus resource theory）と命名され、健康な育ち盛りの若い動物には過剰なエネルギーが満ちあふれていて、そうしたエネルギーを遊びによって消費する必要があるというものだ。おそらくどんなでたらめな運動でもいいのだろう。これは興味深い議論で、親に餌を与えてもらっている育ち盛り動物には、どのくらい食物を摂取すればいいのか、カロリーや必須栄養素はどんな質のものがいいのかわからない。動物は食物を摂取して3つのことをしている。基礎代謝（機械を動かす燃料）に使うこと、成長に利用すること、そして将来利用するために脂肪として蓄積することだ。しかし、脂肪が多くなりすぎると（太りすぎとなり）ふつうは不適応状態で、未消費の糖が過剰になり動物が糖尿病に似た高血糖によるショック状態になる可能性がある。過剰に栄養豊富な食物を摂取している動物はその過剰な栄養を処分することが適応にかなうと考えていいのかもしれない。

この考え方にも見るべき点はあるだろう。ディートランド・ミュラー＝シュワルツェはかつて、低栄養のミルクで育てた乳離れ前の子ジカが高栄養のミルクで育てた個体ほど遊ばないことを指摘した。低栄養のミルクで育ったシカは草を食むのに多くの時間を費やしたため、遊ぶ時間があまりなかったのである。スペンサーの余剰資源説を支持する事例だ。わたしたちは家畜護衛犬に過剰に餌を与える牧畜家を受け入れがたいと思っていた。普通なら護衛犬は静かにヒツジを守っているものだ。それほど動きを見せず、大きく構えて捕食者らしき相手を威嚇する。ところが餌をやりすぎたイヌは、わたしたちが見た七面鳥と遊ぶシカのように、しまいにはヒツジをつつき回しては困らせる始末だ。

しかし余剰資源にはひとつ問題がある。この仮説によれば、例えば単純に走るだけといった運動活動によって、動物のエネルギー収支のバランスさえ取れればいいことになる。そうだとすれば別に遊んでいるように見える必要はない。さらに遊び行動はかなり多くが社会的なもので、兄弟やパートナー、あるいは群れと一緒に遊んでいる。このとき互いに遊び合っている動物の基礎代謝がみな同じということがあり得るだろうか？

ひとり遊び自体で動物の適応上の基本的必要を満たせることがあるのだろうか？　遊び行動が運動パターンが特化したものには見えないとしても、それでも動物が餌を探したり、危険を回避したり繁殖するうえでなんらかの助けになっている可能性はないだろうか？

ネズミを捕らえたネコが、その後そのネズミをおもちゃ代わりにする行動について考えてみよう。わたしたちはネコがかなりのエネルギーを費やして遊んでいる一部始終を観察したことがある。この種の行動は確かに採餌行動と非常によく似ていて、そのネコはネズミに《注視》＞《忍び寄り》＞《急追》そして《かみつき》をしている。しかしネコはこのお遊びの相手を食べることなく、そのまま残しておくことも多い。つまりこの運動パターンの流れの機能上の終了動作である《飲み込み》が脱落する。この一連の行動には食べ物という報酬がない。おそらくは行動全体の一部の運動要素を表現することで自己満足を得ているのだろう。重要なのは、同じことが人間の子どもにも言えるのではないかという点だ。人間の子どももおもちゃのオープンとプラスティック製のおもちゃの食べ物で実際に食べるわけでもないのに何時間でも遊ぶ。子どもはパンを焼くという実際の活動にとって必要なすべてのステップを体験しているのかもしれないが、実際にはパンが作れるわけでもなくパンができる可能性すらない。子どもはおとなの活動をまねて遊んでいるようだが、機能的な行動が最後まで完了するのでもないし、直接的な適応上の便益が得られることもない。

また遊びによって若い動物が危険を回避する助けになる可能性もない。どんな遊び行動もエネルギー浪費的なので、条件がすべて等しいとすれば、捕食者から逃げるなど、動物にとって遊びとは別の不可欠な行動に利用できるエネルギーが減少してしまうからだ。さらに同じ種の間の遊び行動は、そのこと自体が重大な危害を及ぼす可能性がある。かつてわたしたちもそうしたことを観察したことがある。ボーダーコリーの4週齢の一腹の子イヌはキャンキャン鳴きながら、倒れ込んだり追いかけたり、優しくかみ合ったりして気ままに遊んでいるように見えたが、そのうち1頭が腹部にかみついた。その傷は致命傷となった。同じように遊び行動がときには性的な意味合いを持つこともある。若いイヌが執拗に人間の脚に性器をこすりつけることがあるものだ。しかしそれが繁殖の助けになるわけではない。この種の行動(自分とは異なる種に対して示す性的行動)があっても、そうした行為にふける未熟な若いイヌが交尾や繁殖に至ることはない。

適応度への見返りが直接得られないのであれば、適応における報酬は先延ばしにされるということだろうか? おとなの行動とそっくりなことをする遊びが多いので、遊びはおとなになるための練習のひとつではないかと述べる者もいる。遊びによって立派なおとなになり、繁殖が成功する大きなチャンスが得られるのかもしれない。おそらく若い動物がうまく狩りをしたり、攻撃に対して効率的に対処したり、性的パートナーの候補とうまく交際する方法を学ぶ助けになるのかもしれない。

この説は常識的とはいえ魅力的な発想であり、動物行動学者と心理学者によっても提案されてきた定説でもある。しかしこの説にはいくつか受け入れがたい含意がある。危険回避について考えてみよう。若いシカが飛んだり走ったりして〝遊びモード〟ではしゃいでいる場合、そうした運動によって筋肉やスタミナが強化され、ピューマに攻撃されても生き残るチャンスが増えるかもしれない。このことから、若いシカの行動を逃避行動の有効な練習と解釈できるだろうか？わたしたちはそうは思わない。新生子の警戒声のように、実際の逃避行動は、子ジカが初めて危険に遭遇したまさにそのときに発揮されなければならない。したがって発達段階で徐々に反応が改善されるのではほとんど役に立たない。これこそまさに運動パターンが内在的で、類型化されて自動的に作動する理由だ。新米の母親がまさに初めての出産で、新生子の臍の緒を適切な長さでかみ切るが、それは子どもの生存に欠かせないきめ細かな行動だ。しかし練習の必要は全くない。

練習説の議論では採餌行動が重視されることが多い。例えばオオカミは2歳から3歳になってはじめて実際の狩りで通用するハンターとなる。子オオカミは親について回り、1年目の終わりに親と一緒に狩りに出て2年目も親について狩りを続ける。野良犬を連れて狩りに出たり飼いイヌを訓練したことがあればたいていい知っていることだが、最高の血統であったとしてもイヌが有能なハンターになるには少なくとも2年はかかる。こういう点からすると経験と学習がいくつかの行動パターンの改善に役立っているのかもしれないが、だからといって遊び行動そのものがおとならしい行動の熟達に役立っているとは必ずしも言えない。結局、遊び行動は、おとなの運動パターンの流れと部分的に似ているに過ぎないのである。おとなの行動の流れの中で機能的に不可欠な最終段階（例えば実際に飲み込んだり、交尾したりすること）は、遊びの中では滅多に見られない。それは例えばキャッチボールの練習をしているとして、ボールが投げられ、その空中の軌道を目視し、自分の手に届くまでボールから目を離さない。そしてそのまま目で追うだけでボールは捕らないようなものなのだ。行動パターンに含まれるいくつかの動作の練習にはなっても、行動全体の練習にはならない。でたらめな順番で動作することも多く、その行動パターンの機能的成果はほとんど達成されることはない。これでは立派なおとなになることを学ぶための非常に優れた学習とは思えない。

◉プレイ・バウ

どんな遊びでも、その行動の特徴を標準的な動物行動学的手法によって、適応的運動パターンの組み合わせとして容易に説明できるとは思えない。とは言っても動物行動学者は、イヌやイヌと近い関係にあるイヌ科動物が遊び始めるときに、明らかに社会的で明確な行動形状を発現することをこれまでずっと観察してきている。それが「プレイ・バウ」で、コロラド大学のイヌ科動

図38　このオオカミはプレイ・バウを見せている。この行動は進化した運動パターンであって、次の行動は遊びのつもりであることを示す合図だと考える者もいる。わたしたちは動物が葛藤状態にあると考えている。写真モンティ・スローン（ウルフ・パーク）。

物行動学者のマーク・ベコフは「高度に類型化された特殊な合図」と特徴付けている。プレイ・バウは高度に儀式化された動作で「ほぼ遊ぶときにだけ見せる」運動パターンだとベコフは言う。イヌが遊ぼうとするとき、どうするかというと、身体の前部と頭を地面すれすれまで下げ、両前足を前方に伸ばし、お尻を上げて尻尾は下げる（図38のように）。

プレイ・バウの姿勢はイヌという種に一般的に見られる特徴で、基本的にこれと全くおなじ相同な行動が近縁の野生種でも見られる。これは、プレイ・バウが本当に明確な内在的運動パターンで自然選択の産物であるとすれば当然予想されることで、ある種の危険回避行動とも言え、このあとは本当のお遊びで危害は加えないし、本当の攻撃や捕食行動の序章でもないことを合図しているものと考えたくなるだろう。もし進化によってこうした特殊な機能的合図が生まれたとするなら、遊び行動も全体として自然選択の適応的結果なのではないかと結論したくなるところだ。

プレイ・バウは適応としてだけでなく、認知的に意味のある表現としても解釈されていて、精神や言語関係の哲学者が「志向的状態」と呼ぶ意識的活動を動物が示している証拠とされる。志向的状態とは物事に関する心的表象で、信念や欲望といった〝態度〟を反映すると言われている。運動パターンを見せるだけの動物には、そうした運動と関連する心的状態はなく、0次の志向性という心には何もない状態を示していると言われる。動物に1次の志向性があるとすると、「遊びたい」といった自らの信念や欲望を表現できる。人間のように、さらに高次の志向性を発揮できる能力があれば、「わたしはあなたに遊びたくなってもらいたい」というように他者にも欲望や信念があると考えることができる。飼いイヌが目の前に寄ってきて、とても愛想よく懇願するようなら、それがまさにイヌが「心で思っていること」と想像することは難しくない。

しかしわたしたちは、いわゆるプレイ・バウが、認知面ではもちろん、適応面でも本当に重要なのか疑問に思っている。わたしたちの学生であるジョン・グレンデニングは、ボーダーコリーを普通のオンドリと麻酔薬を飲ませたオンドリに向き合わせる対照実験を計画したことがある。ボーダーコリーはたいてい《注視》＞《忍び寄り》パターンでニワトリに接近する。ニワトリが逃げれば、コリーは《急追》パターンに移行する。通常どおりの行動だ。ところがオンドリが逃

図39　写真下のイヌはヒツジ殺しとして知られる。《注視》＞《忍び寄り》のパターンをたどるが、ヒツジは逃げない。するとこのイヌは臨界点を越えて《急追》に移ることができない。イヌは葛藤状態となり、それ以上行動パターンの流れを進められない。同じように写真上のオオカミは《注視》＞《忍び寄り》までいったが、バイソンが逃げない。どちらの場合も、プレイ・バウとそっくりの同じ結果が見られた。わたしたちはこのイヌやオオカミが獲物を遊びに誘っていると考えるつもりはない。彼らにとって問題なのは、捕食運動パターンの全手順を続けることができないというだけのことだ。写真上モンティ・スローン（ウルフ・パーク）、写真下ジョン・グレンデニング。

げないと（麻酔が効いているため）、そのイヌは《注視》∨《忍び寄り》までは進むがそこまでで動かなくなってしまった。臨界距離内まで接近すれば普通なら《急追》が誘発されはずだが、それもない。生まれたばかりの子ウシは動きがないため、チーターが急追できないのとよく似ている。その後このボーダーコリーはプレイ・バウそっくりの行動を見せ、オンドリはそのままにして、そのまわりを踊るように回り、その間ずっと吠え続けていた。同じような例だが、ジョンの研究対象動物のひとつにハンクというアナトリアン・シェパードがいた。このイヌはヒツジ殺しで知られていたが、標的にした獲物が逃避行動で適切に反応しないとプレイ・バウを見せたのである（図39）。

ハンクは「このヒツジに、俺が遊びたいことをわかってもらいたい」とでも考えていたのだろうか？　この動作が次の行動は危害を与えないという嘘の合図になるとハンクは期待したのだろうか？　わたしたちはこうした心理主義的な思い込みに根拠があるとは思わないし、ハンクの行動の説明には必要ないと考えている（心と認識に関するもう少し詳しい議論は第10章を参照）。この行動に関するわたしたちの説明はもっと単純で、プレイ・バウが生じるのは動物が一時的に行動の決定が不能になったためと考えている。適切な反応が得られなかったり（ヒツジが逃げない）、その行動が適切な対象に向かっていなかったりすると（無生物や七面鳥のようにその合図を適切に解釈できない種だった場合）、行動パターンの次の手順に進めないのだ。

要約すると、遊んでいる動物は次の動作について葛藤状態にあり、矛盾する複数の行動形状を組み合わせたように見えるプレイ・バウを演じるのである。プレイ・バウの身体の前部を低くする格好は基本的にイヌ科動物が獲物に向かって移動する《注視》＞《忍び寄り》の姿勢とそっくりだ。お尻を持ち上げて後ろ足はいつでも飛び出せる準備をしている。吠えと同じように、わたしたちはプレイ・バウの形状を動物が一度にふたつの動機付け状態にある結果と考えていて、それは獲物対象に向かって移動したものの、捕食運動パターンの次の手順に移行できない状態なのである。

そういうわけで、わたしたちはプレイ・バウが特殊な適応的合図であるとは全く考えていない（意図的でないことは言うまでもない）。わたしたちが提起したいのは、プレイ・バウはイヌ（またはオオカミ）が多重状態つまり葛藤状態にあるときに、同時にふたつの運動パターンの要素を見せようとして生じる創発的結果ということだ。この創発的な組み合わせ動作は情報として不確定なため、かえって受け手の関心を引くことができ、合図の送り手と受け手がなんらかの形で関わり合える確率が高くなるだろう。プレイ・バウが同種の仲間に向けられれば、もちろんニワトリに向けられることはまずないのだが、遊びのように見える社会的交流を促進するだろう。しかし、こうした見方がプレイ・バウを考えるうえで正しいとするなら、プレイ・バウは遊びを始めるための適応的合図として自然選択によって生まれたと解釈すべきではないことになる。遊び全体としても適応的な行動であるとの結論を急ぐべきではない。

本章の冒頭でも述べたように、わたしたちは「プレイ・バウ」自体と同様に、遊び行動の一般的特徴も創発性の結果、つまり単純な部分の相互作用によって生じる複雑な産物と考えることで最もよく理解できると思っているのだが、それには十分な根拠があると考えている。このアプローチを理解するには発達の議論に戻る必要がある。

◉成長と遊び

おとなの行動の未熟な形態として遊びを捉えることは、結果的に子どもを（成長はするにしても）遊び好きな小型のおとなと扱うことになり、若い動物を極端に狭い視野で見ることになる。もちろん子どもは遊ぶだけでなくもっと多くのことをしている。ロバート・ファーゲンの推定によると、典型的な若い哺乳類は時間の90パーセント以上を遊び以外の行動に費やしている。霊長類の中には起きている時間の半分以上を遊びに費やしている種もあり、人間はいくつになっても遊び、かなり高齢になっても遊ぶことがある。だから遊びを若い動物の証となる行動として過度に強調することは、重要な点を見逃すことになる。若い哺乳類は遊んでいるだけではないし、遊びでないことをしていることがほとんどだ。時間配分の大部分は他の機能的要求に応える活動に費やされているのである。遊びを理解するためには、行動をもっと広い視野で見る必要があるし、哺乳類の形状と行動が、個体発生の過程でどのように変化するのかという大きなとらえ方をする必要がある。

これまでの章ではっきり示すことができたと願っているのだが、イヌとイヌ科近縁種の一生の間に行動の地形図は劇的に変化する。採餌と給餌の運動パターンは、すでに見たように、生まれたばかりの子イヌとおとなのイヌでは全く異なる。哺乳類は一生の段階ごとに全く異なる生育環境に対して形状の面でも行動の面でも適応していく。受精卵状態の胚は、新生子とも性的に成熟したおとなとも全く異なる世界で生きているのだ。大きさも違えば形状も異なり、同じ動物の各成長段階ではその段階の形態特有のエソグラムがある。そしてなんと言っても、新生子とおとなは内在的で類型化した、変化することのない運動パターンを持っているのだが、それらは新生子とおとなでは全く異なることに注目したい。新生子は単に小型で未成熟で十分に発達していないおとなでは全くなく、高度に特殊化した生物であって独特の形状と独自の適応的採餌パターンと危険回避パターンを身につけている。例えば哺乳や《ロスト・コール》、その他にも世話を求めておねだりする行動などがある。これらはどれもおとなになると見られなくなる。

もっと公平を期すなら、新生子にはおとな以上に高度に進化した形状があると言うべきだろう。おとなのオオカミはごく普通の捕食動物であって、捕食行動についてそれほど特殊な点はない。実際に昆虫の中にもオオカミとそっくりな採餌運動パターンを持っているものがある。しかし哺乳類の新生子はもっと新しい生物だ。地質年代的に新しい生物と言うだけではなく、新しい生息環境に適応する専門家なのである。

わたしたちはおとなをその生物特有の最終形態と考える傾向がある。つまりその生物に特化していない無能な新生子と比べればおとなは革新的な「進歩形態」というわけだ。しかし哺乳類の個体発生的成長は線型的ではなく、どの部分も等しく大きくなるのではない。つまり発達初期の形状があらゆる面で単純に大きくなるのではない。動物が新しい成長段階を経過すると、その構造が再定義され、ときには器官系全体が付け足されたり、新生子が出産時に胎盤から離脱するときのように、器官が除去されたりすることもある。どの段階でも動物の構造、つまり骨格や筋肉組織、神経系が必要性の変化に適応し、新たな行動の幅が決まる。

新生子のおとなへの成熟は、ただ徐々に進むのではなく、突然新しい形態が現れるのである。発達初期の頭蓋骨は単におとなの頭蓋骨に置き換わるのではなく、単におとなの大きさに拡大するのでもない。そうではなくて、発達初期の骨は根本的に作りかえられる。図40と図41でよくわかるように、成長するにつれ骨が再吸収され、再形成されるのである。

哺乳類の新生子は依存的で、その構造と行動の大部分は、親をはじめおとなの世話役を形成することにあり、世話役には新生子に応じて行動してもらうわけだが、哺乳類の基本的な問題は、こうした新生子から自律的なおとなへと全く異なる状態に大きく変化しなければならないことにある。おとなは新たな形態となり、求愛行動、おとなの採餌、捕食者から逃げる能力、なわばり行動、そして自らの子孫に対する育児行動などの新たな行動レパートリーを持つようになる。したがって新生子の行動も、その頭蓋骨のように最終的には再形成される必要があり、おとなの形状へと実質的な変態を経験しなければならない。イモムシがチョウに変身するのと同じように、生まれたばかりの哺乳類の機構は部分的に解体され、最終的に再構成されておとなの形状となるのである。こうした過渡的な形態にある時期をよく青年期や思春期と呼んでいる。これらの用語は個別に分離できる（そしておそらく明確に適応的な）発達段階が存在することを意味している。しかし哺乳類の変態は、明確な段階を経る単純な発達だけを意味しているのではない。個体発生が展開すると、動物の全身体システムと付随行動は絶え間なく再統合を繰り返し、生物が機

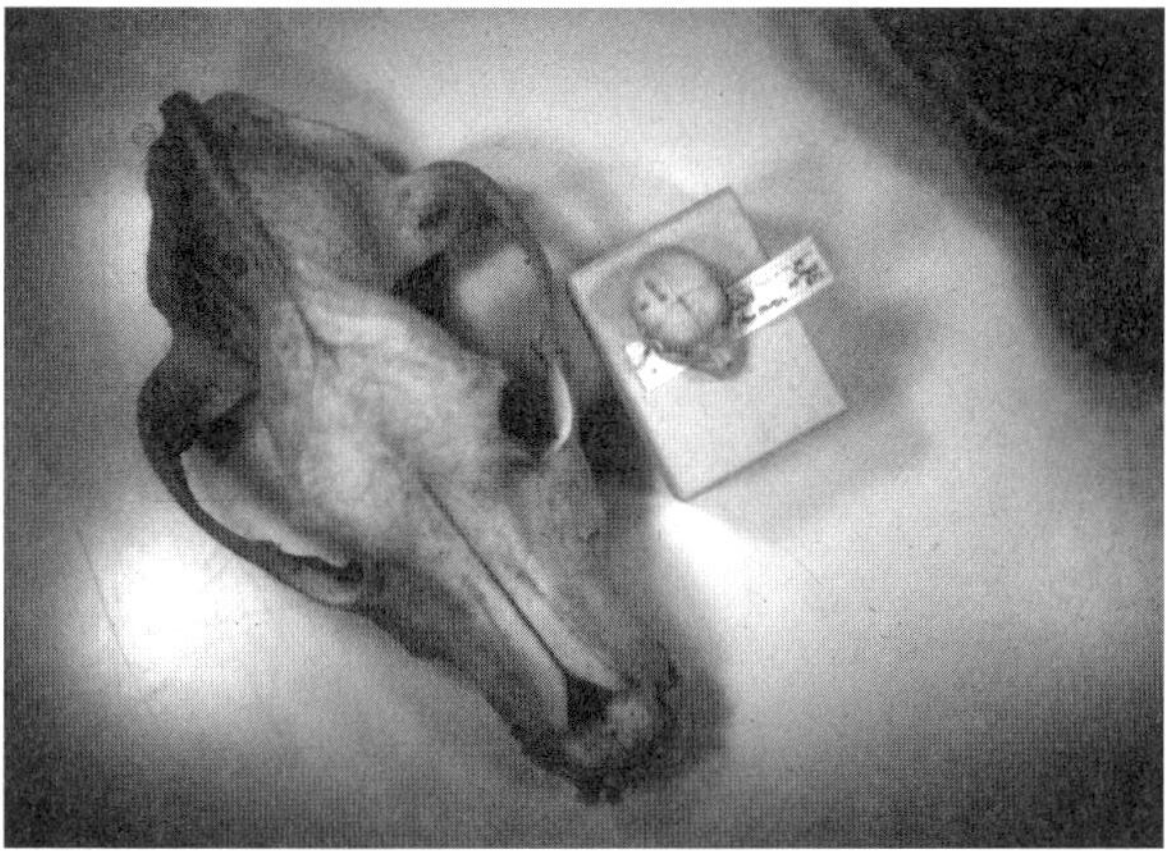

図 40　子イヌの頭蓋骨は単に小さいのではなく、形状が全く異なる。写真リチャード・シュナイダー。

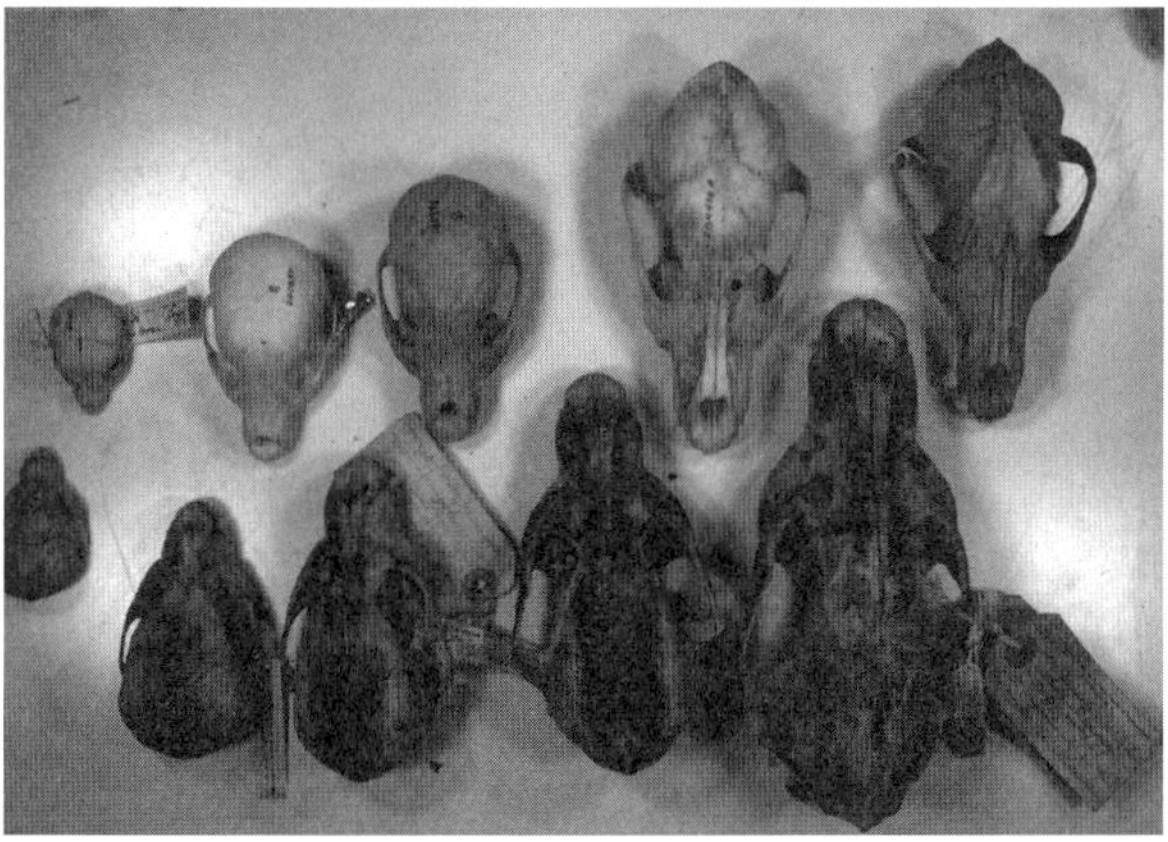

図 41 イヌ（上）とオオカミ（下）が新生子からおとなへ変化するにつれて見られる多様な形状。写真リチャード・シュナイダー。

能する全体として稼働し続けられるようにしなければならない。結局、思春期の若者は、大工さんが忙しそうに解体しては新しい部分を追加しているリフォーム中の家に住んでいるのと同じ状況にある。青年期の哺乳類つまり典型的な遊ぶ動物は、この激しい変身のまっただ中にいる生物なのである。

内在的運動パターンには始動と消失がある。動物の一生の特定の時期に現れ始め、時間の経過とともに機能が消失するときがくる。8週齢の離乳はじめの子イヌはまだ新生子の乳を吸う運動ルールでふるまっている（そうしたふるまいは減ってきてはいるだろうが）。同時におとなの採餌と給餌運動パターンの片鱗も示し始めている。例えばかんだり飲み込んだりというパターンだ。変態中の青年期には、こうしたおとなの行動の始動がかなり頻繁に見られるようになるが、そのふるまい方はでたらめに見えることも多い。こうした行動のいい例が、ゲイル・リッチモンドとベンジャミン・サックスの研究で見られる。ふたりが研究したのはドブネズミが見せるひとり毛繕い行動だった。

ドブネズミは、最も不潔な動物として漫画にされたりするが、実際にはおとなになると定期的に全身をきれいに手入れをする動物だ。リッチモンドとサックスは、おとなの毛繕いパターン一式は、最初に鼻口部、続いて顔、耳、お尻そして尻尾の順に行われ、実際の個体発生における展開としては、ひとつの運動単位が始動してから数日間を置いて次の運動単位が始動することを発見した。この行動の流れのすべての要素が現れるようになるまでは、毛繕いのあらゆる運動要素が単独で現れたり、他のユニットと組み合わせて現れたりし、順序も関係ない。この段階のドブネズミはまだ効率的かつ体系的に自分で毛繕いができないのだろう。むしろ、こうした変態中に見られる行動の断片はでたらめに混合し組み合わされていて、人間の観察者の目にはその行動が遊びそっくりに見えるのである。パウル・ライハウゼンはその卓越した著書『ネコの行動学』で、イエネコでも同じような行動が見られると述べている。ライハウゼンによれば「遊んでいるネコは複数の捕食の本能的動作を個別に、様々な組み合わせで見せ、また捕食以外の本能的システムに由来する動きも組み合わせる」

行動を重ね合わせてでたらめに混合した動作を遊びとしてとらえるこの見方は、遊びの基本的性質を理解するまさに適切な方法だとわたしたちは考えている。要するに遊びには本質的な特徴というものがない。遊びは特殊で統合的な適応というより、別の行動が偶然重なって示された結果のように見えるのである。実際に、わたしたちは、哺乳類の遊びはその発達と生活史における創発的副産物と考えていて、コッピンジャーとスミスによる以前の論文の表現を借りれば「遊びとは、新生子からおとなへの変態が変幻自在な性質を見せることを指す用語にほかならない」

わたしたちが哺乳類の遊びの根底にあると考えている行動の変態を図式的に表したものが図42だ。Y軸は「概日時間」で、1日24時間の典型的な活動を見ていることになる（概日時間は生物の活動周期を24時間とみなして表した時間で機械時間とは異なる）。X軸は個体発生における時間経過で、動物が誕生してからの発達段階を月単位で表示している。ひとつひとつの三角形は、3つの主要な機能的行動カテゴリーに含まれる内在的運動パターンの組を示している。三角形の厚さは、個体発生の特定の時期に明確なパターンがどれくらい多く示されるか、そしてどのくら

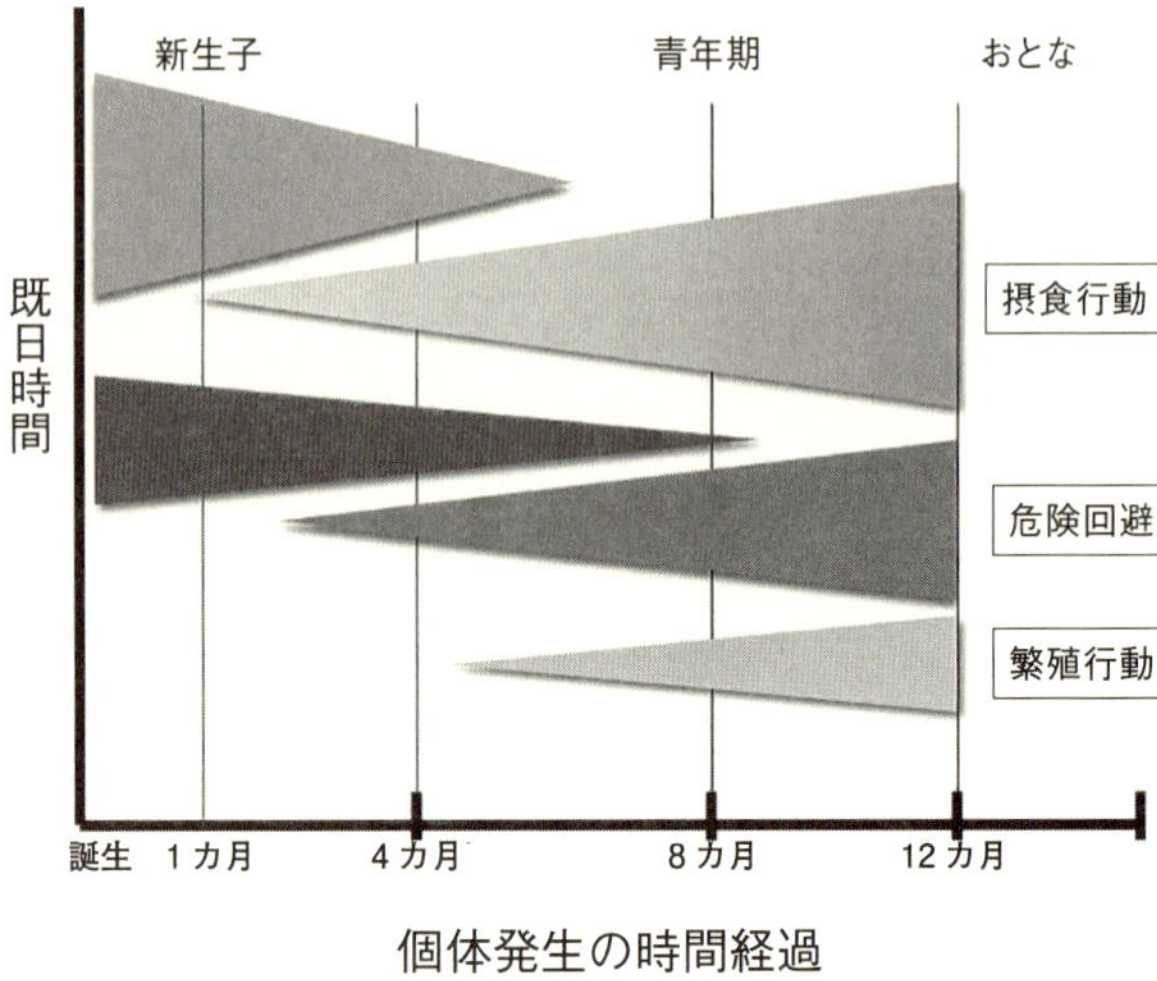

図42　遊びの背景にあると考えられる行動の変態

いの頻度で現れるのかを大雑把に表している。

1か月齢の子イヌ（グラフでは最初の細い垂直線にあたる）の生活における1日24時間を見ると、新生子の摂食と危険回避運動パターンという行動によって完全に補完されている。おとなの摂食行動が部分的に始動したばかりで、3週目ぐらいになると子イヌはいくらか固形物を食べられるようになる。4か月齢までには（2番目の垂直線）発生初期の哺乳運動パターンすべてがなくなり、初期の危険回避行動の発生頻度も非常に小さくなる。4か月齢になると、おとなの繁殖行動とおとなの危険回避行動もいくつか見せ始める。8か月齢になると（3番目の垂直線）、新生子の採餌行動と危険回避行動のすべてが消失し、おとなの運動パターンのすべてではないが、そのいくつかが高い頻度で見られるようになる。イヌの場合7か月目には早くも最初の発情期が現れる。発育期のイヌがはじめて、おとなに見られる採餌、繁殖そして危険回避行動の本質的に完全な組み合わせを獲得するようになるのは、12か月目（最後の垂直線）になってからだ。

青年期には毎日のように（消えつつある）新生子の運動パターンと（増えつつある）おとなの運動パターンの様々な組み合わせが観察できる。イヌのような哺乳類の若い個体が遊んでいるように見えるとき、実際に何をしているかというと、発達中の行動システムそれぞれの断片を組み合わせて全く新しい運動の流れを組み立てている最中なのだと、わたしたちは考えている。

5か月齢の子イヌがプラスティックのおもちゃで遊んでいる様子を見てみよう。子イヌはその物体を口に入れ、柔らかい部分に吸い付き、それから別の部分をかむ（切り裂くかもしれない）。この子イヌが示しているのは、消えつつある新生子の乳飲み運動パターンの断片と、捕食あるいは腐肉食によるおとなの採餌行動の断片の混ぜあわせだ。こうした乳飲みやおとなの採餌といった行動システムはそれぞれ発達の適切な時期に作動した場合にのみ機能するもので、新生子あるいはおとなの適応的行動だ。若い動物が新生子とおとなの運動パターンの一部をでたらめに組み合わせるとき、その結果は機能的でもなければ適応的でもない。しかしそこには確かに、わたしたちが「遊び」と呼びたくなる新奇的な行動が（創発的に）出現している。

どんな種や犬種であっても、遊びの全体像は、個体の発達過程でどの運動パターンが組み合わせに使えるかによって決まることになる。また個体の発達のある時点において個体の行動レパートリーに（断片的な）運動パターンの流れが多く含まれるほど、その遊びは奥行きがあり変化に富んでいるように見えるだろう。前にも述べたように、わたしたちの学生であるキャスリン・ロードは、一般的な発達段階の時期が犬種の間で（そしてオオカミとイヌの間で）大きな違いがあることを明らかにした。こうした違いが遊び行動にどのように影響するのかを見るために、運動パターンのレパートリーが異なる様々な犬種の育ち盛りの子イヌを囲いに入れて実験した（図5）。犬種としてはスコットランド産のボーダーコリー、そして家畜護衛犬の3犬種、イタリアのマレンマ・シープドッグ、マケドニアのシャルプラニナッツ、そして南カフカスのオフチャルカ2頭だ。

実験した子イヌは全く同じ年齢で、約6週目にできる限り大きさが同じになった子イヌを利用した。身体の大きさをコントロールしたかったのは、大きさが遊び行動に影響を及ぼすかもしれないことに配慮したからだ（120センチ23キロの子どもと150センチ36キロの子どもが競走やレスリングで遊ぶことを想像してみよう）。ボーダーコリーと家畜護衛犬は生まれたときにはだいたい同じ大きさで、体重はたいてい230グラム前後だ（オオカミやコヨーテ、ジャッカルそしてイヌは、生まれたときの大きさと形状が驚くほどよく似ている。確かにイヌ属の子どもは形状がほとんど同じで、頭蓋骨の表面積に対する脳の比率もほとんど同じだ。違いがハッキリわかるのは毛色だ）。そこで大きさと年齢（個体発生的発達の段階）をそろえたら、あとは子イヌに成長してもらい、その様子をハンプシャー・カレッジのふたりの学生が近くにある納屋の屋根から数か月間観察し、毎朝子イヌたちの行動のエソグラムを作成した。

作業中の家畜護衛犬は捕食運動パターンは一切見せないものだが、確かにわたしたちの護衛犬もその囲いの中にいた数か月の間、全くそういったパターンは見せなかった。対照的にボーダーコリー（そして他の牧羊犬）は《定位》＞《注視》＞《忍び寄り》＞《急追》という流れを示すことが期待され、確かに1頭を除いてすべてがその流れを見せた。結果は壮観だった。4か月齢までに子イヌたちはふたつの「遊び」グループにはっきり分かれたのである。一方が家畜護衛犬のグループで、もうひとつがボーダーコリーのグループだ。同じ囲いの中にいる犬種はあたかも2種類であるかのように見えた。各グループの個体は一緒に遊ぶが他のグループの個体とは決して遊ばない。

遊びのグループは、個体の個性や遊び友達の好みで決まるのではなく、ふるまえる行動レパートリーの違いで決まっていた。ボーダーコリーのグループは《注視》、《忍び寄り》そして《急追》を取り入れて遊び、互いに追いかけっこをしては、囲いの中の落ち葉やバッタに向かってジャンプしていた。一方護衛犬のグループの遊びは全く違っていた。このグループは追いかけっこは全くしないし、仮想的な獲物に《忍び寄り》を見せることもなかった。そのかわり毛の山のようになって座り込み口を使った遊びをする。歯と舌を使って互いに引っ張り合ったり、相手の顔をなめたり、仲間の身体をつまむようにかんだり、くちゃくちゃかんだりする。実際にこうした遊びの特徴は、まだ利用可能な（しかし消滅しつつある）新生子の哺乳行動と、頻度が増え始めたおとなの採餌運動パターンが重複することで生じている。護衛犬では《忍び寄り》と《急追》（さらにそれに続く捕食運動パターン）が始動していないだろうから、その遊びはボーダーコリーのグループで見られるよりも表面上は貧弱に見える。しかしだからといって護衛犬が楽しんでいないとか遊び心がないわけではなく、そう見えるのは行動レパートリーが限られているからに過ぎないのだ。遊び方の違いは〝単純な部分〟の相互作用の違いから生じるのである。

オオカミを観察しても、同じようなふるまいが見られる。子オオカミは同年齢で同じ体格のイヌよりも遊びの型がかなり活発で多彩であることが多い。このことをわたしたちの仮説から解釈すれば、子オオカミはイヌよりも使える運動パターンが多いことになる。実際そのとおりなのである。青年期の子オオカミは、すでに述べたように、食べ物をおねだりする行動を示すが、その複雑さはおとなの《注視》＞《忍び寄り》＞《急追》＞《かみつき》行動に匹敵するだろう。子オオカミが遊んでいるのを観察していると、よくこうした青年期の採餌パターンが混合していることがある。一般に子イヌは《食べ物おねだり》運動パターンを遊びに取り入れないが、それはイヌはオオカミのようには食べ物をおねだりすることがないからだ（図43）。普通、イヌの母親には食べ物を吐き戻す気はほとんどないのだが（オオカミの場合は《食べ物おねだり》によって誘発される）、それは子イヌの場合は餌の食器から、また野生の状態ならゴミ捨て場で自力で食べられるからだ。こうして子イヌは《食べ物おねだり》をする必要がなく、イヌの母親のレパートリーからは《吐き戻し》運動パターンが急速に脱け落ちる。その結果、イヌの遊びには《食べ物おねだり》パターンが頻繁には見られないのである。

子イヌがフリスビーを夢中になって振り回したりかみ切ったりするのを見る場合、イヌ科動物のエソグラムを頭に入れておこう。この遊び好き行動にはたいてい《注視》《忍び寄り》《急追》《急襲》《ヘッド・トス》（頭部を横に振りつつ後ろへのけぞる動作）《かみつき捕獲》《クチャ

図 43　この子オオカミは親におねだりして食べ物を吐き戻してもらおうとしている。写真 モンティ・スローン（ウルフ・パーク）。

クチャかみ》など、おとなのイヌ科動物にみられる獲物を捕獲する機能を持つ運動パターンの流れの部分的動作とそっくりな行動が含まれている。こうした動作は生まれて数週間後から始まるのだが、それがちょうど遊び動作が最初にみられる時期に当たる。イヌはフリスビーを《口に入れる》とか《舐める》といったパターンを見せることもあるが、これらは新生子時代の乳を吸う運動構成要素のうち、まだ生きているパターンだ。よくかみ砕こうとしているように見えるのは、引き継ぎつつあるおとなの採餌パターンの構成要素が現れているためだろう。こうした視点で見れば、前にも述べたように、「物体遊び」は行動の始動と消失がごちゃ混ぜになっていて、全体としてひとつのまとまった行動になっていないことは明らかだ。

同じように、よくじゃれつく子イヌが、見慣れない新しい物体に接近して唸り声を上げ、それから飛び退くように物体から再び離れることを繰り返しているとき、子イヌは生まれて間もないころの探検行動の一部とおとなの危険回避行動の構成要素を同時に示しているのである。たいてい、イヌの遊びは無秩序な行為で、確かにときにはおとなが示す機能的行動のようにも見えることもあるのだが、新生子の行動が含まれていることも多い。その行動の要素には前後関係がなく、秩序もなく、普通なら行動に備わる適応機能とのつながりもない。こうして遊びは行動としてみるとその構造と機能が奇妙なのに、どうして一般の人々は遊びが特殊な行動として認識できるという気分にこだわるのだろう？　わたしたちは、それが遊びの創発的特徴によるものだと考えている。部分同士の相互作用をどのように認識するかということから生じる感覚で、それは水素分子と酸素分子の相互作用についてわたしたちが持つ感覚と非常によく似ている。両分子が結合してH_2Oとなるわけだが、そのときH_2O（水）は湿っているものと感じてしまうのと同じだ。

もうひとつイヌの遊びの奇妙な特性として（おそらく一般的に遊びについて言えることだろうが）、何度も繰り返し、いつまでも続けることで、そうした特徴がほとんど強迫的に見えることもある。キャッチボールをしている子どものことを考えてみるといい。ボールを投げては受けるただそれだけのことを何度も繰り返す。ボーダーコリーが《忍び寄り》をしていて、ある臨界点に達すると《急追》に移行したのを思い出してほしい。野生のイヌ科動物なら、獲物に追いつき続いて《かみつき捕獲》が起きれば、普通《急追》は停止する。ところがボーダーコリーの場合は一般的に《急追》の次の段階の動作が起きないし、それに続く《かみ殺し》と《切り裂き》

図44　完璧な《前足突き》は、通常は捕食運動の流れの一部だが、ここでは氷の下にある泡に向けて動作している。この行動が遊びのように見えるのは、この動作を何度も何度も繰り返すからだが、この泡がネズミに見えたため、捕食的反応が引き出されたのだろうか？　写真モンティ・スローン（ウルフ・パーク）。

という行動要素も生じないので、行動全体の機能的終了点に到達することがない。おとなの野生イヌ科動物の補食の流れでは《切り裂き》＞《飲み込み》が停止信号として機能する。ところが書き方が不適切なコンピュータ・プログラムの終わることのないループ部分のように、遊んでいるボーダーコリーの場合（または行動の流れの全体が発達していない若いオオカミ）は、ただ最初に戻って同じ動作をやり直すのである。コリーの目の前にボールを投げてみよう。コリーはボールを追いかけてはもう一度投げてくれるのを待ち、同じことを何度も繰り返す。こうした活動は機能的ではないし、極めてエネルギー浪費的なことは確かだが、変態中の動物にとっては、こうした明らかに適応的ではない行動を取らざるを得ないのだろう。発達途上にある運動パターンの構成要素が統合されつつあるのだが、成長してはいるものの、まだ不完全な生物機械の状態で、運動パターンの構成要素はすでにスイッチが入り動作してはいるのだが、機械としては変態の真っ最中で、まだ未完成なのである。

また、前にも述べたように、不完全あるいは適応的でない行動でも満足感は得られる。どんな運動パターンの発現でも、それがまったく適応的な価値がないとしても、個体には神経ホルモンの報酬があるからだ。機能がまったくなくても不完全な運動パターンの流れを繰り返したり、運動パターンを部分的に重ね合わせるといっためちゃくちゃな動作をしているとしても、満足が得られる活動の流れが絶え間なく繰り返されるのだから、運動パターンの形成が強化されることになるのだろう。遊びが「楽しそう」と見えるのも当然なのだ。

◉遊びの価値

肝心なのは、まだ発展途上にある運動パターンのレパートリーを発現することによる創発的結果として遊びを理解できるということだ。その運動パターンは、標準的な適応主義の視点からはまだ完全には機能していない。というのも動物の採餌、危険回避そして繁殖の能力が直接強化されない行動では適応度も改善されないからだ。しかし遊びにも動物の生活に間接的に役に立つような別の重要な便益があるのかもしれない。

第一に、適応行動を可能とする機構の本質的部分である若い脳の成長を考えてみよう。イヌ

（または人間の子ども）は誕生したとき、脳細胞の数はその後成長しておとなになったときとほとんど同じだ。生まれたとき子イヌの神経は体積が約8立方センチの頭蓋骨に収まっている。おとなに成長するまでに、大型犬なら脳の体積はおよそ100立方センチになる（頭蓋骨も大きくなる）。この大きさの違いは新しいニューロンが増えた結果ではない。そうではなく既存の細胞が新たな配線を形成し、巨大化するネットワークを維持するために新たなグリア細胞が出現するようになったためだ。子イヌの脳の成長は新たな配線がどれほど多く形成されるかによっていて、そうした神経の成長の大部分は動物の経験の豊かさに依存する。つまり脳の成長は外力に対するある種の順応なのである。この脳の成長の話で特に刺激的なのは、イヌの場合脳の体積増加の80パーセントが短い新生子期の後、イヌが4か月齢になる前に起きることだ。8か月齢までにイヌは繁殖可能という意味でおとなになる。つまり脳の大きさの増加が最大になるのは青年期の初期で、ちょうどその頃から遊びが見られるようになる。

アイダホ大学のジョン・バイヤーズが最初に展開した興味をかき立てられる仮説がある。遊びは新しい神経組織の増殖に決定的な役割を果たしていて、哺乳類の脳の成長を刺激し神経配線を形成する。そして脳が大きくなり神経組織が高い密度で配線されるようになると、一般的に動物は適応的課題を解決する能力、つまり環境が変化してもそれを乗り切る能力が高くなるというのである。この見方によれば、遊びには動物の発達初期において（間接的だとしても）重要な価値があることになる。遊びはおとなになることを学んだりおとなの行動を練習したりしているのではなく、こうした行動をうまく支援できる脳を成長させているというわけだ。この仮説は最近セルジオ・ペリスらによって蓄積された膨大な神経生理学的証拠によって裏付けられている。

遊びにはもうひとつ同じくらい重要な便益（これも間接的だが）があるようだ。適応的行動は個体発生の時間経過のなかで個別に展開する。その多くはイヌ科動物の補食行動のように、非常に複雑な運動パターンの流れになっている。まず運動パターンの各要素が適切に発達しなければならず、それから他の要素と正しい順序で組み合わせなければならない。なんらかの理由で動物の誕生初期に発達する運動パターンの要素が、こうしたパターンの流れに組み込まれる前に欠落すると、将来も運動パターンの完全な流れは形成できない。

個体が利用しない運動パターンは、行動レパートリーから完全に消失してしまうことが多い。幼犬の《乳飲み》運動パターンがいい例だ。生まれたばかりの子イヌや子ヒツジは数時間以内に母親の乳首を見つけて乳を飲み始めなければ、一生その行動ができなくなる。使用されない運動パターンはシステムから除かれるのである。似たような現象はわたしたちが飼っている家畜護衛犬にも見られた。護衛犬の中にまだ小さい子イヌの頃（普通とは違って）《急追》を見せ始める個体があった。もしこの要素が維持され、その後に始まる《注視》《忍び寄り》あるいは《かみつき捕獲》との結びつきが生じれば、その子イヌは護衛犬として信頼できず役に立たなくなる。長期研究に協力してくれている農家と牧畜家から、若い子イヌが《急追》をして困っているという話を聞いて、わたしたちがアドバイスしたのは、その子イヌがヒツジを見たり臭いは嗅げても、追いかけられない小屋に入れることだった。こうすることで多くの場合《急追》は消える。つまり間運動パターンが十分に練習できなければ、レパートリーから完全に消失するのである。

接的ではあるが遊びの重要な適応的便益は、内在的運動パターンを生かしておき、おとなの運動パターンの流れが完全に獲得できるまでそれを機能させておく点にあると、わたしたちは考えている。

しかし、遊びに対する他のアプローチでもたいていそうなのだが、こうした間接的便益があるというだけでは、遊んでいる動物に見られるような実際の行動形状を説明していることにはならない。確かに遊び行動に便益はあるかもしれないが、「遊び運動パターン」という特別な行動パターンは進化の中で自然選択の圧力の結果としては生じなかったのである。

遊び行動に進化的意味合いは全くないのだろうか？　そんなことはない。グールドらの「エボデボ」（進化発生生物学 Evo/Devo Evolutionary Developmental Biology）の考え方によれば、進化は構造と行動の特定の形態には作用しないが、発達の時期と形質には直接作用するのである。だからわたしたちの考えでは、イヌに遊びの可能性が生まれたのは、一般的な哺乳類の発達パターンが進化したためだったのである。おそらく創発的遊びがもっている間接的便益が、その発達の過程を進化させる選択圧力を強めたのだろう。しかし、わたしたちの見方では、遊び行動そのものはイヌをはじめとする哺乳類の内在的な行動特性ではない。おとなの行動を練習する手段として、あるいは快楽を得るメカニズムとして、あるいはまたイヌと人間の家族的絆を強化する方法として、直接選択により形成された特別な進化的産物ではない。むしろイヌなど哺乳類の遊びに見られる不可解で変幻自在な性質は、他の行動システムの相互作用と発達によって偶然創発的に発生したものだろうと、わたしたちは考えている。青年期の変態の間に現れる断片的な行動の要素を、めちゃくちゃに組み合わせては組み替えることが遊びに見えるのであって、遊びは発達の過程で出現時期が重なる単純で断片的な行動が相互作用することで生じた創発的な〝副産物〟なのである。

第10章 イヌのこころ

イヌとオオカミも他の動物と同じように、穴を掘って〝隠し場所〟を作り、今後の蓄えとして獲ってきた食べ物を貯蔵することがある。コンラート・ローレンツは著書『動物行動学の基礎 Vergleichende Verhaltensforschung: Grundlagen der Ethologie』で、その行動について次のように述べている。「野生のオオカミは殺した獲物の残りを隠れ家に運び、そこで穴を掘って略奪品を鼻で押し込み、再び掘り上げた土で埋め戻すが、このときも鼻を使い、さらに鼻で土を押さえてあたりを平らにする」

多くの一般の人は、貯蔵のような行動には目的があり知的な行動のように思うだろう（確かに適応的ではある）。イヌやオオカミが物体を入れられる穴を掘ることに機能的目的があること、他者から食物を隠そうと意図していること、そしてその行動の結果について意識的に理解していると想像するのは簡単だ。第8章で見たように、オオカミの集団での狩りも、同じような認識的解釈を強く求めているように思われたが、この現象は単純な運動ルールの相互作用による創発的結果として説明できることを示した。意識も複雑な認識も必要なかった。では貯蔵についてはどうだろう？

ローレンツが気づかせてくれたのは、飼いイヌ（や捕獲したオオカミ）が貯蔵行動特有の特徴をすべて備えた行動をたびたび見せていることだ。「若いオオカミやイヌは骨を食堂のカーテンの後ろへ運び、骨をそこに置くと、骨のすぐ脇をしばらくの間激しくひっかき、それが終わると今度はその場所に鼻を使って骨を押しつけ、それから今度は寄せ木張りの床の表面を再び鼻を使ってキーキー音を立て、そこにはない土を、掘ってはいない穴に押しつけるようにし、満足して立ち去る」。このとき架空の穴を掘り想像上の土を押しつけているイヌが、何か考えているとすれば、いったい何を考えているのだろうか？

この例で思い出すのは第6章でボーダーコリーのフリーについて詳しく語った逸話だろう。フリーは幼犬が《ロスト・コール》を発しているテープレコーダーを回収し、本当に自分の子イヌであるかのように自分の巣箱へ置いた。フリーは自分の子イヌと機械装置の違いに気づくことも意識することもなく、《回収》運動パターンを実行したようだった。フリーには子イヌについて、あたかも感情はもちろんのこと、特別な心理的表象というものがないように見え、単に自動的に内在的運動パターンを示しているだけのようだった。

同じことが貯蔵行動にも言える。ノバスコシア州ハリファックスにあるダルハウジー大学オオカミ研究カナダセンターのシモン・ギャドボアと同僚は、長年にわたりイヌ科動物の貯蔵行動を観察し評価してきた。最近の論文でギャドボアらは、貯蔵行動が典型的な単一の「固定された行動パターン」ではなく、その行動の細かい部分が変化する一方で、そこにはある「内在的構造と、この行動の流れと発現の動的な組織化」が存在するという重要な証拠を提示した。この内在的構造は明らかに存在しない穴に骨を埋める行動を導いていて、それは確かに食べ物を隠すという意図的な計画ではないし、何のための穴であるかといった認識もなければ、行動の結果を把握しているわけでもない。ギャドボアと同僚らは賢明にもP・B・リチャード（1983年）の研究を思い出させてくれた。リチャードはヨーロッパのビーバーによるダム建設を研究していた。リチャードが明らかにしたのは、ギャドボアの言葉を借りれば、ビーバーは「（録音した）水の流れる音が聞こえると、すぐそばに水はなくても陸上でダム建設行動を始める」ということだった。

それでは、心的状態や認知的な特性は動物行動学的な説明にまったく関係ないのだろうか？本書では、わたしたちは一貫して動物を機械として見る比喩を採用してきた。それは機械の動作がその形態によって決定され限界づけられているように、動物の行動の基本的特徴も究極的には遺伝的に決定された身体計画によって形成されると考えているからだ。人間が作った機械に意識があるとは思わないし、意図的な目標を自覚しているとも思えないし、知的に計画を立てる能力があるとも思えない。だとすれば、わたしたちは動物を生物学的〝機械〟と特徴付けたのだから、動物行動学者がイヌの心について語ることに意味があるのだろうか？　動物を作動させている原因を理解するには、内在的行動パターン、発達と環境に対する内在的特性の順応、そして運動パターンの相互作用による創発的結果以上のことにあえて訴える必要があるだろうか？　これまで簡単に議論した事例、例えばオオカミの架空の貯蔵行動やボーダーコリーの子イヌ回収の事例を考えてみれば、その必要はないだろう。しかし究極的にこの問いに答えるには、心があるということが何を意味するのかによる。

◉心、脳、機械

デカルトは、動物は単なる機械に過ぎないので、必然的に心はないと考えていたのだろう。しかし、20世紀のイギリスの哲学者バートランド・ラッセルはかつて、心そのものは実際には「提供された素材を極めて驚くべき方法で組み合わせる不思議な機械」と考えられると述べている。ラッセルが思い描いていた機械とはどのようなものだったのだろう？　機械時代初期の時計や産業革命時代の蒸気機関車のようなものでないことは確かだ。これらの装置は、単純な機械的力によって作動するわけだが、動くことは確かで、(動物と同じように) 空間と時間の流れの中で動く。しかしその日のうちには、それがたまに複雑な動きをするだけで、心のない人工物であることがわかる。わたしたちは列車のような機械を擬人化したくなるものなのだろうが（『ちびっこきかんしゃだいじょうぶ』［ふしみみさを訳、ヴィレッジブックス、２００７年］のように）、それでも認知的にはそれらが人間とは全く異なる存在で、一般的な動物とも確かに違うことはわかっている。

どうして動物と機械は異なるのか？　そのひとつの答えは、例えば、蒸気機関車には運動の自律性がなく、周囲の世界に対応して行動を変化させる能力がないからだ。人間の運転手がいなければ、蒸気機関車は自分で走ることはできないし、鉄道の時刻表も全く理解していない。また運行予定に合わせてスピードを上げることもできないし、線路の切り替え点でどちらの線路を進むべきか決定することもできない。こうした昔の蒸気機関車のような機械にも、数え切れないほど複雑な動きをする部品があるだろうが、脳はない。

もちろん、脳はすべての脊椎動物にとってそして多くの無脊椎動物にとっても生物機械の重要な部品だ。脳は神経細胞からなりホルモンによって制御される複雑な装置で、生物の他の部分を集中制御し、究極的にはその行動全体をある程度柔軟に制御している。そして動物―機械の比喩はコンピュータ時代へと入ってくる。今では数え切れないほど多くの種類の機械にある種の脳が組み込まれていて、自律的に動作もする。デジタル時計は機械部品とその動きで動作するのではなくマイクロチップの脳で時間を刻む（ところが動物―機械の比喩にとっては皮肉なことだが、デジタル時計は必ずしもチクタクと時を刻むわけではない）。暴走してしまう蒸気機関車と違い、電子的に制御されたボーイング777は（原理的には）自ら着陸することができる。またスマートフォンは、命令しなくても車を駐車させた場所を検出し、その場所を記憶して、あとでどこに車を駐めたのか教えてくれる。

実際にコンピュータの脳が生物の脳にどれほどよく似ているかについては、いうまでもないが異論が多い。ミツバチやゴキブリのように単純な無脊椎動物にも脳があって、デジタル時計のチップをはるかに超えた能力があり、さらにイヌや人間のようにさらに高等な脊椎動物の脳になると生物学的複雑さの極みだ。しかし肝心なのは、二元論者のデカルトのように心が物理的領域の外部にある存在と考えないとするなら、心を具体化するなんらかの物理的（あるいは生理学的）機構がなければならない。生物では脳がその結節点になっている。

〝心〟の定義や考え方、そして生物の脳あるいはコンピュータの脳で心がどのように現れるのかについての考え方は数多く存在する。この難問を詳細に議論することは本書の範囲には収まらない。しかし、現代の認知科学が提供してくれる明快な考え方によれば、心というものは機械にしても、人間にしても、その他の動物にしても、基本的に情報処理システムであるということだ。

こうしたシステムは世界や自らの内部状態の知識を取得し、それを表象することができる。また情報を蓄えそれを引き出すことができ、それを使って計算を実行できる。つまりふたつの表象を比較するなど、情報を操作し変換することができる。これはAなのかそれともBなのか？　XはYより大きいか？、Zが真ならWが生じるといった具合だ。この意味では、本質的にあらゆる物理的デバイスに心を実装することができる。脳や神経系では情報を神経細胞のような生物学的構造で表象することができ、最新の計算機ならシリコンチップや電子スイッチで表象できる。さらにチャールズ・バベッジの「解析機関」という複雑な計算を実行できる装置は、ゴトゴトと音を立てる蒸気機関を動力とした19世紀の機械だが、それでも真鍮製の回転円盤、歯車、そしてピストンの動きによって情報を表象することができた。

デカルトをはじめとする二元論者なら心的現象は非物理的要素（人間以外の動物には欠けている質）からなると想像するかもしれないが、認知科学者と実在論的生物学者は一般的に、こうした二元論は心を理解する適切な方法とは考えていない。実際、あらゆる認知システムには突き詰めればなんらかの物理的基盤があるはずだ。情報が表象でき操作できる構造さえ存在すれば、その物理的特性はどんなものでもかまわない。心のない機械はあっても、機械のない心は存在しないのである。

こうした見晴らしのいい観点に立つと、デジタル時計でさえそのマイクロチップの脳に組み込まれた心があるということもできる。デジタル時計は規則的な電子的パルスに応じて時間を示すだけではなく、もっと幅広い情報を表象し、保存し、操作することができる。例えば、毎週火曜日の午前8時に目覚ましをかけなければならないことを理解し、自らコロラド州のアメリカ国立標準技術研究所の原子時計をチェックし、必ず正確な時間を正しく表示するようにしている。こうした情報処理能力はこの種の機械が動作するうえで不可欠な部分だ。もちろんその認知能力は極めて単純だし非常に限定的なものなので、それほど関心もわかないだろう。それでもデジタル時計やスマートフォン、あるいはコンピュータ制御のサーモスタットでさえある種の心があると解釈することはできる。もちろん人間の脳の能力とは異なるし、制御する動作も異なるわけだが、それでも心なのである。イヌについてもやはり同じことが言える。ただしイヌの心は少なくともスマートフォンの心よりは認知的に多少は複雑で興味深いだろう。

◉認知の構成（認知アーキテクチャ）

生物の（または機械の）心の全体的形態と機能的組織を「認知アーキテクチャ」ということが

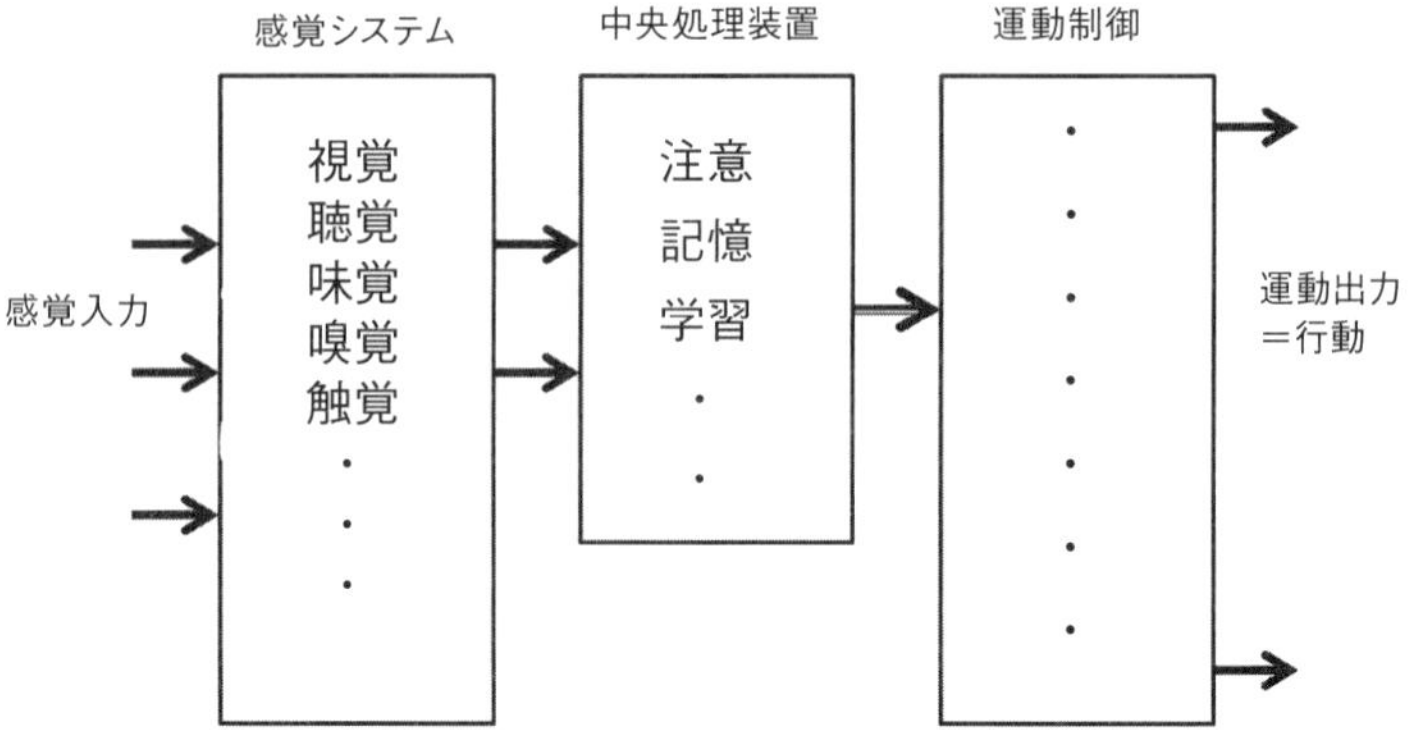

図 45　認知の構成（認知アーキテクチャ）

ある。情報の取得、表象、加工そして利用を可能にするシステムという意味でだ。その詳細は動物によって、また機械によって大きく異なることはあっても、情報処理システムとしての一般的形状は普遍的で、動物の場合なら、生物学的進化の非常に早い段階で生じたことは間違いない。この点で心も動物の表現型のひとつで、行動も含めた生物の特性を集成した全体像の一部ということになる。

情報処理システムの前段階には情報を取得する入力機構がある。動物の場合、これらは光波や音波、圧力の変化、分子の密度といった物理的刺激を感知する知覚器官で、その入力を情報信号に変換し、生物に環境中で起きていることを伝える。このように視覚や聴覚、嗅覚そして触覚の情報を取得する機構は、生物世界の至る所に見られる。ほとんど例外なく、最も単純な生物でさえ、光学的、音響的、化学的変化に対して特殊な内在的かつ適応的な入力構造によって反応する。もちろんこうした入力構造の多くは進化的に非常に古いものだ。例えば、人間の網膜に光の色の違いを検出できる色素タンパク質を発現するのと同じ遺伝子が、5億年以上前に脊椎動物が分岐した単純な無脊椎動物にも見られる。

ひとたび感覚情報が取得されると、中央処理装置つまり脳の複雑な神経構造でその情報が表象される。この脳の働きのおかげで生物は十分な時間をかけてその表象に注意を払いその感覚の特性を識別できるようになり、その情報をメモリーに一時的に保持したり長期的に保存することで、表象された情報を使って計算が実行できるようになる。例えば新たに入力された脅威となるのかどうかはっきりしない動物の表象を、保存されている捕食者のイメージと比較するのである。

最終的にこうした中央情報装置の状態が運動系に送られ、末梢神経系に命令を出して筋肉と器官系を活性化する。こうしたシステムの「出力」によって動物行動学者が観察する行動が生じている。わたしたちが内在的運動パターンの解発因について述べるときはいつでも、最終的にはこの非常に単純な認知的状態の特徴、つまり感覚入力機構を介して取得された視覚や聴覚、触覚その他の情報のなんらかの表象について述べていて、この表象が動作を起こす引き金となるのである。こうした情報の流れと行動の間の構成要素上の関係を簡単に図式化したのが図45だ。

しかし認知の〝構成要素（アーキテクチャ）〟という用語を使うのは、多少紛らわしいところがある。わたしたちは心そのものが身体の器官だと言っているわけではない。図45の図式は、生物のある部位で直接観察されたり正確に位置づけられるような構造設計図ではない。動物の心の機能性、つまり心的状態をもつ能力は、情報を表象し利用する機械部品の複雑な組み合わせが相互に作用することで生じる。認知科学者にとって、〝心〟とは機械の構成要素によって維持されている情報状態の集まりなのである。この意味で心はコンピュータを動かすプログラムやソフトウェアのようなもので、機械そのものではなく、その機械がデータを表象し操作する方法のことなのだ。オペレーティング・システム（OS）が消去され、データが保存されていないノートパソコンに心はないし、イヌに脳がなければそのイヌには心もないのである。

「中央処理装置」としての脳の特別な神経やホルモンに関する特性は確かに認知にとって重要だが、知覚入力器官も重要であり、動物の末梢神経系を介した全身体から脳へのフィードバックも不可欠だ。さらに脳は驚異的に複雑な形態をしているがそれ自体は〝機械部品〟であって、相同な単一の器官ではない。脳には多重に相互作用する構成要素があり、様々な細胞と組織の種類があって、極めて複雑な内部配線と、接続した細胞同士の神経化学的相互作用が存在する。認知と心をうまく理解するには、自動車エンジンが車を動かす能力と同じように捉え、生物の多くの特性が情報状態と合わせて協働的に作用し、そこから動物の行動能力にとって複雑で重要なものが新たに生まれる創発的な結果として、認知と心をと考えたらいいのではないだろうか。

◉なぜ動物に情報が必要か？

典型的な動物行動学の考え方の核心にあるのは、行動が内在的運動パターン、つまり種特有の行動ルールによって駆動されているということだ。そして単純な事実として、どんな運動パターンでもそれが発現するには、動物が情報を持っていなければならない。周囲の世界で何が起きているのかを（そして身体内部の動きについても）認識しなければならないのである。動物たちは自分が認識していることを理解しているかもしれないし、そうではないかもしれなし、認識していることについて何かを感じているかもしれないし、そうでないかもしれない。それでも動物たちは、生きていくうえで必要な行動を発現するために情報を取得し利用しなければならない。

世界が安定して不変であるなら、世界に新しい出来事はなく、生物も情報処理能力をそれほど必要とはしないだろう。しかし、あらゆる動物の環境は常に刻々と動的に変化し、予測不可能な変動期に遭遇することもよくある。食物は常に同じ場所にあるわけではなく、新たに出現した物体は捕食者かもしれないしその他の動物か、あるいは全く脅威のない存在かもしれない。交配相手の候補かもしれないが、受け入れてくれないかもしれない。こうした条件の下では、動物は情報を取得し利用できるようになるまで、効率的な採餌、危険回避そして繁殖といった適応的反応はできない。これは利用可能な食物資源なのだろうか？　検出したのは逃げなければならない危険な捕食者なのだろうか（例えば枝が揺れているのではなくそれはヘビなのか）？　相手は性的な誘いかけを受け入れてくれる同種の個体だろうか？　したがって、感覚入力システム（視覚や聴覚、嗅覚、などを介して情報を取得する構造）、そして情報を処理するニューロンと脳が、誕生後の非常に早いうちに形成されるのも驚くべきことではない。

イヌやオオカミが新しく現れた物体や事象にたいして示す恐怖反応について考えてみよう。この反応は（第7章で議論したように）動物行動学者なら運動パターンの動作と発達段階によって説明できるし、そう理解すべき現象だ。純粋に行動の観点からすれば、形状と運動の説明ができれば、他に言うべきことはない。しかし、イヌの運動反応を説明するには、あきらかに認知が役割を果たしていると考えなければならない。結局実際に、ある刺激が動物にとってこれまでにないものだと感じさせるのは何なのだろうか？　それには既知の刺激に関する情報としての特徴を表象、記憶、検出し、それを新しい刺激と比較しなければならない。それは単純に一定の感覚入力に対する内在的な反応ではあり得ない。

おそらく単純に知覚の強度や新たな出来事に突然遭遇することが恐怖運動パターン反応を発生させる役割を果たしているのだろう。しかし真の新奇性、例えば「これまで見たことも聞いたこともない物体や音、人物」に対して反応することは、ただ物理的刺激に直接反応するのとはわけが違う。ある種の心的状態（つまり情報状態）の介在が必要で、その認知的状態が運動パターンを誘発する決定的な役割を果たしている。生まれたばかりの子イヌの《ロスト・コール》は、温度差に対する内在的でほとんど反射的な反応のよい例だが、それでも情報の変化によって生じているのであって、（非常に単純ではあるが）心的状態が関係していると考えられる。《ロスト・コール》を発した子イヌは身体の片側が肌寒いことを知っているのである。

そうした知識に子イヌは気付いているのか、イヌは迷子になったという（あるいは寒いという）〝感覚体験〟を意識しているのかという問いは、全く別の問題だ。わたしたち人間の脳には確かにこうした情緒的な心的状態が生じるようだし、機械的な機能と構造において人間と非常によく似ている他の動物の脳や神経系にも生じているのだろう。わたしたちは、イヌが恐怖の経験をしたり、走ったときにエンドルフィン放出という快楽を感じ、負傷したりストレスを受けた場合に痛みや不快感を感じている可能性を否定はしない。同じように人間以外の動物の中にもある種の自己意識がある可能性もある（わたしたちは可能性は非常に低いと考えているが）。それでもわたしたちの明らかに地味な動物行動学者としての考え方を述べるなら、イヌなどの動物が実際に恐怖や快楽を経験するとしても、動物の多くの心理的状態は、行動を駆動する機構を活性化するうえで重要な役割を果たす情報の〝信号〟として理解するだけで十分なのである。この観点から考えれば、最近「認知動物行動学」と呼ばれるようになった学問は、動物が世界について知っていることを研究するのだが、その場合には〝認知〟が動物行動学全体の議論において絶対必要な次元になることは明らかだ。

さらに目や腕と同じように、心の基本構造（とそれが支える情報能力）は経験によって獲得できるわけではない。先駆的な動物行動学者たちが一般的に行動は進化の観点から理解しなければならないと気づいたように、これと同じ態度は認知動物行動学者の新しい潮流においても維持されている。なんと言っても、わたしたちは（すべてではないにしても）動物の心の重要な特性の多くは、運動パターンのように、進化の適応的結果である生物の内在的特徴であることが発見されるだろうと予測している。

いい例が、多くの動物が持っている顔に関する情報を利用する能力だ。視覚器官は一般に頭部にあり、動物が外部世界の中を移動すれば、別の個体と鉢合わせになることがあるだろう。顔の特徴に関する知識は、動物の生涯にわたるあらゆる段階で極めて重要になる。例えば多くの動物の場合、視覚的な顔の情報が種の同定に重要な役割を果たしていて、この情報によって適切な交配相手や競争相手、あるいは捕食者を認識できる。さらに、動物の動機（そしておそらくは〝感情〟）に関わる情報の大半は顔の表情に表れ、それが適切な行動反応を解発する合図の役割を果たしていることが多い。最後に動物の顔は互いに全く異なっていることが多いので、顔の違いが多くの種の聴覚と嗅覚による情報とともに特定の個体、例えば所属する社会的グループのメンバーや母子関係を認識する方法となっている。

この種の情報を利用することは、新生子や青年期、そしておとなにとっても決定的に重要なので、確かに顔情報を取得し、表象し、加工する能力が種特有の計算（認知的）機構の内在的特徴と考えるのも当然だ。生まれて間もない頃、人間の赤ちゃんは顔に似た視覚刺激に対して特別な関心を示すが（例えば円形のものに目や鼻、口の代わりになるように点がちょうどよく配置されたもの）、赤ちゃんは（視覚的に遭遇する他の物体とは対照的に）人間の顔に似た視覚入力に対して処理作業を実行する特別な神経メカニズムを働かせている証拠がある。加齢やその他の要因によって人の顔が変化したとしても、人間は生涯を通してそうした個体の顔をはっきりと認識する卓越した能力を発揮することがよくある。この過程は特殊な神経機構が壊れると損なわれ、顔を認識できない相貌失認を患う人もいる。顔の認識と関連する特定の脳構造の発達が不完全であったり、損傷を受けたりするとこの障害が発生するが、そういうことがなければこの顔を認識する能力は種としての一般的な特徴だ。

顔の情報処理に対する似たようなメカニズムは他の多くの種でも示されてきた。ケンブリッジ大学バブラハム研究所のK・M・ケンドリックと同僚らは、例えばヒツジの場合、特定の神経細胞群が、同じ品種のヒツジの顔に対してはイヌや人間の顔とは違って特異的な反応を示すことを明らかにした。さらに、ヒツジは何百頭ものヒツジの個別の顔を長期間にわたって記憶し認識することができる。イヌやその他のイヌ科動物も同じように顔と頭部形状の情報を利用する。例えば口の形状（口をぽかんと開ける《ゲイプ》など）、頭部にある耳の位置、動物が凝視する方向（《注視》）《忍び寄り》運動パターンの流れで見せるような）といった顔の特徴は、遊びや社会的交流のような関係を形成する行動で役割を果たしている。

分類学的に幅広く見られるこの認知特性が、他の内在的運動パターンと同じように、自然選択の産物であると考えるだけの十分な根拠がある。顔に注意を払うために学習する必要はない。この特性は種のすべての個体に存在し明確な適応的価値もある。身体構造や行動の（他の）特性と同じように、この特殊な認知的な適応も、生物機械の全体的形状に組み込まれた特性なのである。

◉イヌに意識はあるか？

さて、心の特性に話題を戻すと、少なくとも人間の場合、確かに心には特殊な驚くべき特性がある。〝私〟、自分自身という強力な感覚、自らとその行動を意識しているという事実、そして世界（色や温度など）と自らの内部条件の特性を実際に経験しているように思える仕組みだ。恐怖しているということは、副腎が多くのノルエピネフリンを分泌し、鼓動と呼吸数を増大するだけでなく、こうした生理学的変化によって、わたしたちは何かを感じているということでもある。

したがって人間が走るなどの行動をしているとき、脳は内部の〝私〟に、その行動を実行していて他のことはしていないと知らせることができる。前にも述べたが、そり犬がレースをしているとき（あるいは子イヌが遊んでいるとき）、イヌはそう行動すること自体からおそらくある種の自己満足を得ているはずだ。そうだとすればそり犬が走っているとき、実際に爽快感を感じているのだろうか？　走るという経験を理解していると言えるだろうか？　イヌは走っているのが自分自身であることを認識しているだろうか？

そうやすやすと答えられるような問題ではない。動物行動学者としてわたしたちのなにより強い欲求は、動物の実際の行動を直接観察し評価することなのだが、心的状態や情報状態は、そうした直接的観察では非常に曖昧にしかわからない。

物理的な脳がこうしたことをどのように達成しているのかを少なくともいくつかの種において正確に説明すること、また意識とは何かを正確に説明することは、科学の大難問のひとつだ。何百年も前にデカルトが初めて心身問題を提起して以来、未だに解決されていないこと自体がひとつのミステリーだ。最近になって認知科学者や神経心理学者、神経科学者そして生物医学の研究者らが、これらの問題を経験的に扱うとっかかりを得ようと、巧妙な方法を開発し始めた。しかし、意識の実際の性質とその物理的基盤は依然としてつかまえどころがない。関連しているのは単独の神経形状や構造ではなさそうだし、単に絶対的な規模の問題でもなさそうだ。意識それ自体が、認知と脳活動の特性の相互作用による複雑な創発的結果と考えるのも、確かにひとつの合理的な主張だ。ともかくも意識の物理的基盤がどうであろうと、わたしたち人間は意識を確かに感じていることは間違いないように思える。そして多くの人間が信じている、あるいは信じたいと願っているのは、イヌなどの動物も確かに意識を感じているということだ。

幸いなことに人類には言葉がある。人間の中央情報処理システムのなかでも極めて重要でおそらくは他に類を見ない要素だ。言葉によって知っていることや経験していること、今どう感じているかを互いにはっきりと伝え合うことができる。残念なのは、イヌなどの動物にはこうした心に通じる窓がない。かつてバートランド・ラッセルは適切に次のように述べた。「イヌがどのように雄弁に吠えたところで、そのイヌの親は貧しかったが正直だったと伝えることはできない」。それでも動物のコミュニケーション・システムにはわたしたちが思っている以上に多くの意味があると考え、例えばイヌの〝言葉〟を解読して心の窓を少しだけでも開く可能性に期待をかけている研究者もいる。しかし、イヌに意識があるかどうか知ろうとしても、まだたいした手がかりもつかめていないのが悲しい現実だ。

実は情報をふんだんに利用した複雑な行動であっても、意識的な気づきも、それを語る能力も必要ない。人間は、そして他の動物も間違いなくそうだが、こうした気づきや話す能力がなくても相当の行動ができるのである。車の運転について考えてみよう。例えばある朝早く通勤の途中だとしよう。車を運転しているとき、ある仕事が完成していなかったことに気づき、到着までにそのことを一生懸命考えなければならない。わたしたちも同じように車を運転しながら授業の計画を立てなければならないことがある。このときわたしたちの意識そのものは、複雑なアイデアを紡いだり、学生への質問を考えたり、次の授業の宿題について考えたりすることにとらわれている。しかし、その間もわたしたちは安全かつスムーズに運転できるだけの大量の情報を取り入れているのである。

こうした非常に難しい行動を実行する場合、ドライバーは多くの複雑な心的状態に置かれていることは間違いないが、実際にはそのことを直接意識することはほとんどない。運転に関係する運動と認知に関することや実際に利用している情報の質については、ふつう意識していない。時間経過や走行距離に気づかないまま何キロも車を走らせるだろう。運転しているときは、アクセルとブレーキそしてクラッチペダルを無意識に正確に動かしながら、常に他の車両の流れに合わせてスピードを調節している。確かに、例えばクラッチとギアをどうやって同時に操作しているのかを意識して丁寧に考えようとしたら、長年標準的なトランスミッション車をスムーズに運転していたとしても、突然ギアの切り替えがぎくしゃくするだろう。〝自己〟、つまり自分自身という人間的感覚は、近い将来について考えているときには大いに関係してくるかもしれないが、運転という行動そのものとは関係ない。

知的な人間がこうした複雑な行動について、直接意識しなくても取り組めるとするなら、そり犬がチームでそりを走らせているとき、この上なく幸せそうに見えてもそり犬はそのことを意識していないとか、ボーダーコリーが《注視》＞《忍び寄り》の動作に入っても、自分が何をしているのか、なぜそうしているのかは理解していないと結論してもおかしくないだろう。わたしたちは《注視（EYE）》に〝自己（I）〟は関係していないだろうと思っている（駄洒落お許しあれ）。つまりボーダーコリーが内在的運動パターンを発現しているときに「わたしはヒツジの群れを集めている」と意識する必要はないのである。確かに人間以外の動物にも情報処理装置としての心はある。この処理装置が行動を駆動するうえで重要な適応的役割を果たしてくれるのだ。しかしだからといって必ずしもはっきりした意識があることは意味しないし、動物がその心的状態や情報状態の経験感覚を感じ取っているわけではない。

◉天才的な動物？

よく自分のイヌが天才だと言ってくる人がいる。ひょっとするとそうかもしれない。ここで地球上空で静止したUFOにエイリアン科学者のチームが乗り組んでいて、研究のためにひとりだけ人間を誘拐したとしよう。たまたまだが誘拐されたのはスティーヴン・ホーキングだとわかった。エイリアン科学者が注意深くホーキングを調べて、その1件だけの標本から、種としての人間は時空連続体の数学をよく理解している（あるいは人間は発話シンセサイザーを使って話す）と結論したとしても、種の知能に関する集団的レベルを説明していることにはならない。

何気なく〝自分のイヌ〟を観察したり、数を数えられるらしいヨウム（オウム目インコ科）を1羽、あるいは人間の語彙を多く理解できるらしい2頭のボーダーコリーを体系的に研究するのは示唆に富んでいるし、興味もかき立てられはするが、端的に言って種に関する信頼できる結論を引き出せるほど十分な根拠はない。ニュース価値があるほどのラッシーだから、不注意な飼い主が旅行中に家から何百キロも離れたドライブインに置き忘れても、5週間後には何とか家に戻ってこられたのだろう。しかし戻ってこられない99・9パーセントのイヌについては誰もニュースにしない。ニュースにならないイヌたちは、たいてい最後には街頭に「迷子の子イヌ見かけませんでしたか？　子どもが悲しんでいます」というポスターが無数に貼られ、そこに切ない写真となって収まることになる。

愛犬家は飼いイヌの心について多くの結論を引き出すのが大好きだ。ペットには心的状態があり、意図があり、自己の感覚がある意識のある主体だとする考え方は特に魅力的であるらしい。無数の飼い主にとっては「ローバーは喜ぶこともあれば悲しむこともあるし、わたしを愛してもくれる…」と信じることが喜びなのである。イヌについて話すときに、たいてい人間がするような複雑な認知に関する言葉を使い、イヌが（基本的な情報感覚を）「わかっている」だけでなく、「わかっていることを理解している」し、物事について考えるし、欲望も希望もあると言い、さらに力説して、一緒に親密に暮らす人間の心的状態を認識し理解するというのである。「うちのイヌはわたしが落ち込んでいるのがわかると、慰めようとしてわたしの顔を舐めてくれる」

イヌの心に関するこうした理解の大半をわたしたちは幻想だと考えている。身近な動物の相棒もわたしたちとよく似ていて、わたしたちを理解してくれていると信じたいという思いが、根深くしつこい擬人化の衝動となって生まれる幻想だ。この幻想は、動物の行動を十分詳しく観察、分析しない場合にも生じる。

この問題のよく知られた例に賢馬ハンスの話がある。19世紀後半のドイツで、あるウマが驚くべき知能があることで有名になった。ドイツ名でクルーゲ・ハンスというこのウマは、誰がどう見ても計算ができた。足し算も引き算もできるし、分数の計算もできる。そのほかに人間でも難しい作業もできた。ハンスは数字で答えるのだが、出題の答えの数だけ蹄で地面を叩いて知らせる。それにはウマが「足す」や「割る」といった言葉も理解していなければならないようにも思われた。飼い主であるヴィルヘルム・フォン・オーステンは数学の教師でウマの調教師でもあった。フォン・オーステンがハンスの前に立って「3かける2は？」と質問する。するとハンスは蹄で6回地面を叩いて答える。ハンスは複雑な質問にも答えられるようだった。例えば特定の日付が何曜日に当たるかを答えたのである。フォン・オーステンはいろいろな場所でハンスをお披露目し、大きな名声（そうでなければ悪評）を得た。

ハンスが持っているように思われる知能は、学者や動物専門家らによる研究班によって調べられ、ハンスの能力にごまかしは一切ないと結論が下された。フォン・オーステンはハンスの行動をこっそり操作して幻の知能を見せるようなステージ魔術師ではなかった。しかし最後にこの現象が心理学者オスカー・フングストの目にとまると、フングストはハンスの知能についていくつか重要な発見をした。第1に、ハンスは質問者が目に入るときにだけ数学の問題を解き、質問に答えているように見えること。第2に、ハンスが答えられるのは、ウマに出題した質問者自身がその答えを知っているときだけだと言うこと。非常に微妙なのだが、ハンスが正しい答えを出したときには、間違いなく質問者が無意識的にウマに合図を出していたのである。確かに質問者が特定の問に対する答えを知らないときには、ウマも答えがわからなかった。フングストによれば、ハンスは答えを意図せず漏らす質問者の行動を非常によく注意していて、そのわずかな表情の特徴や身体の動きをきっかけにして、ハンスは蹄を正しい数だけ叩いたところで、叩くのをやめていたのである。

この「賢馬ハンス効果」は、今でも研究上の方法論的な難しさとして残っていて、研究者や実験環境による何気ない合図によって、動物の認知に関する多くの研究を混乱させている。認知的研究には（もちろん一般的に行動研究は）しばしば動物と人間の研究者との密接な接触が必要となるため、研究者が不注意に対象動物の行動を形成してしまうことがないようにするのは極めて難しいのである。

研究がこうした合図効果の餌食になったとしても、まだ人間以外の動物の情報処理能力について非常に重要なことを教えてくれているのではないだろうか。ハンスのように反応を学習すること自体がウマにとっては至難の業なわけで、それでも動物の中には、ひょっとするとかなり多くの動物が、人間や他の種によって与えられた情報を利用する能力があるということは確かに興味深い（この点についてはあとでもう少し言い添えておこう）。しかし、動物が人間と同じように考えるような印象を与える研究を耳にしたときは、十分に注意すべきだ。オズの魔法使いのように「ついたての後ろの男」がいて、軽率にも動物が実際より認識が洗練されているような誤解を招く印象を作り出しているのかもしれない。

こうした注意はさておくとして、認知の研究にも適切な科学的手法を適用することはできる。過去数十年の間に、動物の心に関する無数の問に対する厳密な実験研究が急増した。特にイヌは最近〝ホットな〟研究対象として注目されている。イヌが人間の期待に背いたとき、罪悪感を感じるのか？　フェアプレー精神や倫理観はあるのか？　イヌには信念や希望といった「志向的状態」があるのか？　人間の飼い主とコミュニケーションをとり、共感する能力があるのか？　イヌの吠え声には動物の外部世界に関する情報が符号化されているのか？

遠方の地ブダペスト（ハンガリー）のエトヴェシュ・ローランド大学やノースカロライナ州のデューク大学に新しく設立されたイヌ科動物の行動研究所では、多くの研究者がこれらの問について活発に研究を進めている。学術雑誌には様々なグループの研究者による何百本もの論文が掲載されている。これらの研究は非常に興味深いのだが、ここでそれらを詳細に検討することは、わたしたちの手にあまるので、読者には巻末の参考文献に上げたいくつかの論文を参照してもらいたい。そのかわり、ごく最近の研究のうち、イヌの心を研究しようとするときに生じるいくつかの問題と、科学者が直面する難問のよい例となる論文を数本だけ検討する。

◉物体（対象）とは何か？

あなたは椅子に座っていて、部屋の向こう側の炉棚の上で花瓶が踊り始めたのが見えるとしよう。花瓶のような物体がひとりでに踊り出すことはないとわかっているので、あなたは何が原因なのだろうと思う。花瓶が揺れているのは地震のせいなのか、それとも誰かが揺すっているのだろうか？　もうひとつの例として、あなたが映画を見ていて映画の中で幽霊が壁を通り抜けたとすると、普通の理解からすれば壁は固くて通り抜けられないので、あなたは自分の疑念を映画を観ている間は一時棚上げしておかなければならない。人には特定の物体がどう動くか、動かないかについて高度な認知能力があり、物体の性質に関してもおおよそ理解している。

物の〝物体らしさ〟とは、単なる個別の認知情報（色、大きさ、形状、音、臭い）ではなく、これら個別の情報をつなぎ合わせ、統一した全体として理解される表象のことで、イヌをはじめ多くの動物が考えたり行動するときに重要な適応的役割を果たしていることは間違いない。動物が獲物、捕食者、そして交配相手に効果的に対応し、適切に働きかけることで便益を引き出したいのであれば、そうした相手がすべてはっきりと認識されなければならないし、世界においてはっきり区別できる単一の存在として表象されなければならない。したがって、物体を表象することは、多くの種が共通して持つ進化した認知特性と考えてもよさそうだ。

物体の理解にはある特殊な特性があって、人間の場合はその特性がはっきりとわかる。ある物体が一度認識され表象されると、観察されなくなったり感覚入力システムで検出できなくなっても、その物体が存在し続けるものとして理解されるのである。心理学者のジャン・ピアジェはこのことを「物体（対象）の永続性」と呼んだ。まだ非常に小さい人間の子どもでも、1歳くらいまでには、物に関する安定した表象を持ち始めるようになる。世界で何かを見れば、それがそこに存在し、今後もそこに存在し続けるものと理解する。通常人間はたいていこのように物を理解しているように思えることから、それは種の個体に共通する認知の特徴と言えるだろう。

他の動物も同じように物体を統一的で永続的な性質を持つものと理解しているだろうか？　例

えば獲物動物がある瞬間に目に入り次の瞬間には物陰に隠れるような場合（獲物が逃げようとして藪から出たり入ったりするようなとき）、その獲物を追跡する捕食者はそう理解していると期待していいだろう。イヌの場合はどうだろう？　飼いイヌにボールを見せ、それを投げる格好をするとしよう。しかし格好だけでボールは投げずに背後に隠す。すると実際にボールを投げたとすればボールが飛んでいくと思われる方向へイヌは走り出し、ボールがどこにあるか探し回るだろう。確かにボールを探しているが見つからないといった様子に見える。その様子を見ていると、イヌには物体の表象があって、その表象が空間を移動し、再びその物体としてどこかに現れると期待しているように見える。はじめて誰かがボールを投げるのをみたとき、イヌはボールのような物体が簡単に消えることはないと理解しているのだろうか？（あなたは花瓶が自分の意思で踊ることはないと学習する必要があっただろうか？）。物体の永続性は、イヌの場合も種の個体に共通する進化した認知の特徴で、情報処理システムの内在的特性なのだろうか？

当然のことながら、その答えは単純ではない。わたしたちの授業では、この問題をしばしば小さな実験を使って説明している。まず最初に、ボール状の物体を3つのバケツのうちひとつに入れる。イヌはその様子を見ている。それからボールを入れたバケツにもう一度手を入れてボールを取り出し、手に持ってイヌにもそれが見えるようにする。ボールを持った手で同じ動作を2番目のバケツでも繰り返す。ただし今回は手を取りだしても手の中にボールは見えない。つまりボールをバケツに残しておいたのである。最後に、空っぽの手で3番目のバケツに向かい、空っぽの手をバケツに入れて、もう一度何も持っていない手を引き出す。さて、こうしてから、イヌを放して正しいバケツに向かいボールを発見できるかどうかを確かめる。多くの人は、自分の飼いイヌなら3つのバケツのどれに物体が入っているかを試すこの種のテストには合格すると思うと話してくれた。ところがわたしたちと学生が検証した何百頭ものイヌの中で、正しいバケツに直接向かってボールを回収できたのは1頭もなかったのである。

対照的に、人間の子どもなら2歳を過ぎればこうしたテストは非常にうまくこなせるし、その能力はゴリラやオランウータン、チンパンジーなど他の大型類人猿にもあることが証明されている。1992年、シルヴァン・ギャニオンとフランソワ・ドリがわたしたちと同じような実験を行っている。そしてふたりはイヌも物体永続性を利用していると結論したのである。意外かもしれないが、他の研究ではサルやイルカ、イエネコなど（高等霊長類を除く）多くの動物でそのことが示せなかったのである。しかしこの実験を詳しく調べたオーストラリアのチーム（エマ・コリエ＝ベイカーと同僚ら）は、ギャニオンとドリが賢馬ハンス効果の対策を取っていなかったことを突き止めた。何よりコリエ＝ベイカーは、イヌを取り扱っていた実験者たちの位置が、故意にではないが物体を置いた場所の合図になっていたことを明らかにした。

ところがコリエ＝ベイカー、ジョアン・M・デイヴィス、そしてトーマス・サデンドルフが故意でない合図が生じないように対策を施した研究を繰り返してみると、それでもイヌは隠した物体を頼もしくも探し出せるようだった。しかしコリエ＝ベイカーらも気づいていたように、隠した物体をすぐとなりの容器に入れたかどうかといったことが交絡因子として入り込んだ可能性があった。その後の実験で、コリエ＝ベイカーらは、イヌが物体をうまく探し出せたのは、目標となる物体を最初に入れた容器のすぐとなりの容器に入れたときだけであることを見いだした。結局、実際にはイヌは「次の箱へ行く」という単純なルールに従っているようだった。これはわたしたちが簡単な実験を行って、物体永続性の証拠がないことを発見したときには考慮していなかった因子だが、わたしたちの実験では必ず隣り合わないバケツにボールを隠していた。

なぜイヌがすぐとなりの場所にある物体を探そうとする傾向があるのか、一度検討してみる価値がある。動物が環境の情報を収集しているとき、例えば食物を探しているときなど、環境を探索するときにはでたらめに移動して手当たり次第に探しているのかもしれない。しかしはるかに効率的なのは（しかもエネルギー消費も少なくてすむ）、例えばすぐとなりの場所を次々と探していくなど、体系的に探すことだ。そして自然選択によってこの種の情報収集メカニズムが選好され、単純な内在的な認知の適応が生じ、一般的な行動に必要となる条件を整えてくれたのだろう。

イヌをはじめ動物がもっと複雑な心的能力を持っている可能性をあっさりあきらめてしまいたくはない。多くの著者が、イヌには少なくともなんらかの形で物体永続性を確かに持っていると結論づけている。しかし右に述べたような実験計画上の微妙で重要な問題点が、こうした特性を人間以外の動物で正確に研究することがいかに難しいか、また動物の認知能力を簡単に過剰解釈してしまいがちであるかを示している。こうした複雑な因子は他にも数多く存在する。例えば品種の違いを考えてみよう。品種の違いが認知研究の結果（と解釈）に影響を与えるだろうか？たいてい、実験者は多様な品種を寄せ集めたサンプルを研究対象としている（研究者や大学院生のペットを対象とすることもある）。しかし、行動学の視点からこれまで何度も述べてきたように、犬種の違いは行動にも大きく影響し、イヌの注意の払い方や物体に対する反応、なかでも動いている物体への反応は犬種によって全く異なる。

ものを追いかけるイヌもいれば、追いかけないイヌもいる。思い出してもらいたいのだが、家畜護衛犬は目の前にボールを投げられても、そのボールを追いかけなかったが、それは家畜護衛犬には《急追》運動パターンがないというだけのことだった。視覚システムはすべてのイヌに共通し、確かにボールを検出するのは当たり前だとわたしたちは思っている。だから目の前にボールが転がってもただそれを見送るだけのマレンマ・シープドッグを見ていると、その個体は物体の安定した表象を形成し維持することができているのだろうかと思ってしまう。しかしマレンマの行動に関する限り、ボールは消えてかまわないのである。

対照的にボーダーコーリーなど他の犬種ではボールをひっきりなしに追いかける。ボールを投げるとボーダーコリーはその軌跡を《注視》し、それから《急追》に移行し、ボールが視界から隠れてもうまく探し出すだろう。したがってボーダーコリー（やその他の牧羊犬）にはボールの物体表象があり、おそらく物体永続性を理解する能力もあると結論づけるのも理にかなっている。この点で興味深い例をあげると、わたしたちは、ボーダーコリーを人間との接触や社会的相互作用が非常に少ない隔離した犬小屋で育てたことがある。そして、こうした制約された環境だと、ボーダーコリーは《急追》運動パターンを決して見せなかったし、ボールにも関心を示さず追いかけることもなかった。イヌの心的能力に関する研究を評価する場合、運動パターンのレパートリーに見られた犬種による内在的な差異を軽視しないことが重要だとわたしたちは考えていて、そうでなければそれぞれの個体の発達過程における順応的影響を見逃してしまうことになるからだ。

◉指さし合図の意味

もうひとつ、人差し指を物体に向けると何が起きるか考えてみよう。人間がその動作を見れば、指の先から出ている想像上の直線をたどった先にはなにか興味深いもの、ひょっとすると食べ物があるのではないかと理解する。わたしたちはこのようにして大量の情報を取得している。指さしで対象を指示することは、言語の使用よりずっと前から始まっていただろう。イヌは人間が示すこの種の情報を理解し、利用することができるのだろうか?

ブライアン・ヘアと彼の研究グループ(当時の所属はドイツのライプチヒにあるマックスプランク進化人類学研究所)によれば、この能力は、おそらくイヌと人間の密接な関係から生まれた独特で内在的な認識能力で、動物の家畜化との関連で共進化した心的特徴と行動の収斂を示しているという。ヘアらは実験データを収集し、イヌは一般的に人間が与えた視覚情報を利用する能力が非常に優れているが、オオカミはそうではないことを示した。さらにチンパンジーはしばしば人間の知能にも匹敵する能力があると見なされているが、イヌはそのチンパンジーより人間が指でさす意味をよく理解できるらしいのだ。

確かにこうした主張は、人間と飼いイヌとの絆という、多くの人がもつ思い入れに訴えかけるものがある。イヌにも知能があると考えたいわたしたちの欲求に応えてくれるわけで、こうした主張はメディアでも大きく取り上げられている。ヘアらの研究結果は、イヌに特殊な認知能力がある証拠として当たり前のように科学論文に引用されている。しかし別の研究者による最近の論文は（引用されることは少ないが）別の方向性を示唆している。フロリダ大学のモニク・ユーデル、ニコル・コリー、そしてクライヴ・ワインは、誕生したときからずっと徹底して人間に育てられたオオカミの集団を研究し、この〝野生〟動物が人間の指し示しを解釈する能力についてイヌと同じくらい優秀で、実験によってはイヌよりも優秀な結果が出たことを明らかにした。したがって適切な環境と機会が与えられれば、オオカミにも人間の指し示しを理解するチャンスがあるということだ。人間の指し示し情報を利用する能力は、イエイヌの最近の進化で生じた特有の認知的適応ではないだろうし、「人間の最良の友」とともに特殊な心的親密性の証拠を示しているわけでもない。

さらにヘアの研究対象となったおとなのイヌはすべてペットで、早い段階から人間と親密に接触して育てられていた。この環境因子だけでも、ヘアの実験に大きく影響しただろう。対照的にユーデル、コリーそしてワインは、実験にペットでないイヌや、保護施設（アメリカにいる7500万頭のイヌのうち約500万頭が保護施設にいる）で生涯を終えたイヌも加えている。明らかになったのは、保護施設のイヌ、例えば子イヌの頃から保護施設で育てられたイヌや、社会化がうまくいかなかったということで飼い主に捨てられたりしたイヌは、指し示し情報を利用できないということだった。したがって繰り返しになるが、同じ種であっても、認知能力は、その動物が体験した生活史の影響を受け、発達過程での経験に対する順応に依存すると考えられる。

例えばイヌとチンパンジー、あるいはイヌと人間など異なる種の間で認知（あるは知能）を比較することは、興味をそそる課題となる。原理的には、心とその進化の性質に関するかなりの知識が得られるはずだ。しかし実際には、研究で注目している特性を分離するために、実験しているグループ間のあらゆる違いを最小化したいわけだが、異種間の実験となるとそうした実験管理が非常に難しい。

例えばヘアの研究では、イヌは指さし合図から食べ物を見つけなければならないが、その指さしは実際はイヌたちにとって自然な環境が背景として与えられている。つまり人間のそばで生活し、しばしば人間とずっと一緒に生活する、そうした環境が前提となっているのである。さらにヘアの実験対象動物はすべて誰かの家で飼われていたイヌで、人間が手を使って餌を与えていた。対照的にチンパンジーの方は、捕獲した野生動物だ。実験者はチンパンジーにガラス張りの檻の穴から手を伸ばすように要求する。これではチンパンジーが通常餌を探す自然状態とは全く異なる。

そういうわけで、わたしたちはイエイヌには人間の指さし合図を利用する独自の認知能力があり、家畜化との関連で選択された特殊な適応があるとする結論には懐疑的だ。確かにイヌのこの能力に関する研究はますます盛んで数も非常に多いが、人間が与えた情報を利用することがわかったからといって驚くべきではなかった。イヌが指さしや、声による命令、笛や身振りに応えるということは別に新しいニュースではない。人間はこのイヌ科動物の能力を何千年も効果的に利用してきたのである。ハンターもそり犬レーサーも、羊飼いも、イヌのトレーナーも、みんな指さしと変わらない手の合図を利用している。手話システム（人間の言語のようなものなのかはとにかくとして、この点については異論が多い）を学習したチンパンジーの50年間にわたる研究から、これらの動物も適切な訓練を受ければ、なんらかの卓越した方法で人間が与える情報を使うことができるようになる。さらに言えば、人間以外の非常に多様な生物が、指さし合図を利用できるようなのだ。そうした生物にはチンパンジーやイヌと比べてもずっと「知能が低い」と見なされがちな生物、例えば人間が飼育したコウモリさえ含まれるのである。口絵8に注目しよう。レイが七面鳥に指さしで合図をし、同じように人間の羊飼いもヒツジに合図している。

他の生物に注意を向け、その動きを追いその生物（や環境）から情報を取得することは、集団での採餌行動や交配相手の認知、捕食者を避けることなど、多くの行動を維持するうえで（すべてとは言わないまでも）多くの動物にとって重要であることは間違いない。わたしたちはこの一般的な能力が最も古い認知的適応のひとつではないかと考えている。きっと他の生物に注意を向けるという基本的能力は、認知の進化に重要な役割を果たしてきたのだろう。例えば動物が対象を検出する（そして最終的にその対象についてなんらかの知識を得る）には、流動的な世界でいくつか特定の特徴に注目し、十分時間をかけてそれらの特徴を結びつけ、それがある特定の物体であることを理解する必要がある。

それでもイヌは注意を払う特別な能力があるのではないだろうか？　バーナード・カレッジ

（コロンビア大学）のアレクサンドラ・ホロウィッツの研究によると、イヌは遊んでいる間に他者が見せる非常に多くの合図、例えば以前にも議論した「プレイ・バウ」やその他の多くの動作、表情、そして姿勢による合図などに注意を払っている。イヌが遊んでいる間にこうした合図を使うのは、イヌが他者に注意を向けるだけでなく、他者も自分に注意しているかどうかについても注意を払っている証拠だと、ホロウィッツは論じている。もし特定の動作や合図で、その送り手との関係が生まれなければ、イヌは柔軟に別の注意を引く行動に転換する。ホロウィッツは「注意していることに注意する」という似たような状況が、イヌと人間が交流しているときにも見られることを示唆している。同じように、アダム・ミクロジと彼のハンガリーの同僚は、イヌは自分には手が届かない物体を獲得するために人間の注意を引くことができると報告している。

このように注意に関する高度な能力はどれほど一般的に見られるのか、社会化していない野良犬でも見られるのか、オオカミや他の動物でも見られるのかは、まだ未解決の問題だ。例えばユーデルと彼女の同僚は最近次のことを発見した。「ペットのイヌだけは（本で顔が覆われている）読書中の人間はペットをかまってくれないことを認識しているが、わたしたちの研究では、保護施設で生活しているイヌと人間に育てられたオオカミは現在の環境でのこうした状況を経験する機会はほとんどなかったため、読書をしている人にも、彼らに注意を向けている人にも同じようにおねだりをする」

まだまだ研究しなければならないことは多いが、こうした研究によって動物の心の性質（とその限界）について奥深い可能性が提起されている。例えば「注意することに注意する」という現象が、認知科学者の言う「心の理論」（theory of mind）を暗示しているのは実に興味深い。「心の理論」とは他者の心的状態を把握する能力のことだ。人間には明らかにこの種の「心を読む」能力があり、それが意識の中心的特性（あるいは、少なくとも意識にとって必要な前提条件）ということも考えられる。研究者は長い間人間以外の動物にも「心の理論」の兆候がないか探してきたが、説得力のある証拠はなかなか見つからない。おそらくイヌによっては基礎的な「心の理論」を持っているのだろう。少なくともイヌが「注意することに注意する」行為には、イヌ科動物の意識のかすかな兆しが見えると言ってもいいだろう。

というわけで、行動がどれほど複雑な心的状態と関連し、心的状態によって導かれているという早まった結論に飛びつくのは、愛犬家も研究者も注意した方がいいのではないだろうか。もちろんイヌは認知的能力がある動物であり、空間と時間の流れのなかで展開するイヌの動作も、世界についての情報で支えられている。しかし「人間の最良の友」を特別な動物として理解したいという衝動が、イヌに対する文化的認知、例えばイヌにチャーミングで魅力的な存在といった意味を持たせてきた。そのことによってイヌの心に関する度の過ぎた見方も助長されてきたのである。確かに認知動物行動学が、イヌやそのほかの動物の心について重要で全く新しい考え方を提供し始めてはいるが、みなさんの飼いイヌが実際にどれほど感情を理解し、どんなに賢いかについてはまだ結論は出ていないとわたしたちは考えている。

最後に一言

本書の原題は"How Dogs Work"だから、イヌをはじめ動物がどうしてそのような動作をするのかという問いに明確な答えが得られると思われたかもしれない。しかし、唯一の簡単な答えがあるわけではなかった。その主な理由はイヌがみな同じように行動するわけではないからだった。しかし動物行動学者が動物を研究していて特に魅了されるのは、動物には非常に多くの形状と大きさがあり、さらに変種や犬種ごとに行動が異なることなのである。

例えばボーダーコリーを牧羊犬として利用する場合、ボーダーコリーは羊飼いや牧羊犬競技会愛好家らが時々〝クラッピング〟と呼ぶ非常に特殊な姿勢を示す（ヒツジに向かって腹を地面に近づけ身体を伏せる）。わたしたちはこの行動を《注視・忍び寄り》と呼び内在的運動パターンとして特徴付けた。ボーダーコリーが生まれ持った形状の特徴だ。クラッピングはどんなイヌにでも教えられるわけではないが、ボーダーコリーならヒツジの群れを集めるためにクラッピングを訓練できる。クラッピングは遺伝的行動なのだ。羊飼いとブリーダーはイヌの1頭1頭が見せるクラッピング動作の特殊な形状に細心の注意を払い（動物の内在的な特徴であっても小さな変異が存在する)、最もうまくクラッピングを行うイヌを選択的に繁殖させている。

しかしイタリアのマレンマ・シープドッグなどの家畜護衛犬の場合はこの行動を見せることはほとんどないし、生まれて早い時期にこの運動パターンを自発的に示さないからといって、クラッピングを教えることはできない。また家畜護衛犬がクラッピング行動を見せたとしても、羊飼いはそのイヌを使わないし、繁殖させることもない。つまりここにはダーウィンの人為選択が働いているのである。

ボーダーコリーをよく観察したことがあれば、どんなにペットとして可愛がり、どれほど人間の作業を手伝う能力を賞賛できたとしても、動物の行動は機械的であるという何百年も前のデカルトの考えに反対するのは難しいだろう。エンジンのピストン動作のように、クラッピングの形状もボーダーコリーの構造、そして部品が協働して作動する仕組みによって決定され、限界づけられている。こうした言い回しは、これまでにも述べたように、動物行動学の基本的知見を理解しようとするときに役立つ比喩的方法だ。行動は、種(あるいは品種)に関する他の分類学的形質と全く同じ身体的特性であって、生物の進化によって形成された動物の形状で、特定の環境においてその行動形状が選択的有利性をもたらすために生じたのである。

では、これらの内在的な機械的特性(犬種によって異なる)でイヌの行動をすべて説明できるだろうか? それはできない。生物機械は人間が組み立てた装置とは違い、動物の生涯を通じてその形状も行動も変化する。例えばボーダーコリーが競技会に最適な資質を持っているのは3歳から6歳までの時期だけだ。ブリーダーは多くのイヌを選別し、優秀な牧羊犬になりそうなイヌや競技会に勝てる見込みのあるイヌだけを繁殖させてきたのだろう。しかしボーダーコリーがすぐそのまま完全な行動をするわけではない（新しいパソコンはそうであってほしいものだが）。優れたボーダーコリーを得るには、与えられた環境で成長し作業をする必要がある。プレッシャーや経験が異なれば、異なるイヌになり、発達途上にある特定の形状だけがうまく機能するようになる。おそらく自然選択と同じような作用になるのだろうが、初期の内在的能力がどうであれ、再生産年齢にまで達する個体は非常に少ないのである。子オオカミで3歳以降まで生存できるのはわずか10パーセントにすぎない。

したがって行動の問題は、動物の遺伝的特性か経験か、生まれか育ちかという単なる純粋な二元論ではない。動物行動学者がはっきり理解するようになってきたのは、行動は常に両者の相乗的結果ということだ。なぜなら行動は身体的形状の働きであり、生物学的形状は遺伝子によって前もって完全に決定されているわけではないからだ。確かに動物はみな遺伝子の産物で、時にはその遺伝子によって実質的に変化することのない内在的特性が生まれることもある。しかし多くの特性は、わずかではあっても生物が環境に順応することによって変容する。イヌの最終的形状は、その行動も含めて常に、成長し生活してきた環境の特性に対して内在的形態が反応し変化した結果なのである。イヌの行動は、内在的作用と順応的作用がともに働くことで形成されている。

ではこれで一件落着だろうか？　動物行動学者にとって基本的な作業仮説は、動物の行動は自然選択の適応作用によって形成されるもので、行動は進化するということだ。しかしこの仮説には問題もある。非常に興味深いいくつかの行動がこの〝選択主義者〟的な理解ではうまく説明できないようなのだ。例えばオオカミの協同的狩猟に見られる複雑性と繊細さ、それは適応的である可能性はあるとしても、特殊な動作への選択圧力に訴えたところでうまく説明はできない。そこでこの卓越した行動を説明しようとしてきた研究者は、代替となる仮説に手を伸ばした。それは、例えば、オオカミは狩りで相互作用するとき、知的な問題の解決とコミュニケーションを利用するというもので「そっちで待ち伏せしていろ、俺はこっちで待ち伏せする」といった具合だ。

しかしこれと類似した行動の複雑性の事例、例えば魚類の群泳や鳥類が群がる行動などを研究している他の研究者は、異なる（工夫のある）説明を提案している。つまり新奇的で複雑な現象は、より単純な特性の相互作用から創発するということだ。数学者、コンピュータ科学者、そして生物学者も同じような見方をし始めている。創発という考え方は形態の多くの側面を説明するうえで重要だということを理解し始めているのだ。そしてわたしたちは、この考え方がおなじみのイヌの複雑な行動現象を理解するうえでも、新しい刺激的な方法を提供してくれるものと考えている。例えば、遊びや吠えは標準的な適応主義者や選択主義者の枠組みではどうしても説明しきれない。創発性は動物行動学の重要な第3の次元なのである。

最後に、動物の行動を説明するには、動物が周囲の世界で何が起きているのかを知る必要があるという事実を説明しなければならない。そのためには、少なくとも、動物にも心があると考えなければならない。それは、動物が活動を導くために情報を表象し利用できるという、動物の形状がもつ特別な性質だ。動物は機械に似ているといっても、それは情報処理機械だ。では動物には直感や自己認識といったもっと複雑な心の特性はあるだろうか？　おそらくあるだろう。わたしたちはみなさんの大切なペットが冷徹で無情なただの機械だと言っているのではない。なんと言っても人間も生物機械であって、世界を感じ経験しそれを意識する心を持っている。コンピュータとロボットが日に日に能力を上げていることからすれば、それほど遠くない将来、感情を持つ機械が現実のものとなることもあり得ないことではない。それでもわたしたちは、イヌの行動の多くが、必ずしも意識のような高度な認知特性を想定しなくても説明できることを示そうと試みた。

動物を機械の比喩で説明し、行動がおおよそ内在的特性によって駆動されているとする考え、あるいはオオカミの狩り行動やイヌの吠え、そして遊びは自然選択を介した進化の産物ではなく、創発的現象であるとわたしたちが主張していること、また多くのイヌの行動が意識や直感に訴えなくても説明できるというわたしたちの見解に、納得がいかない読者もいるだろう。おそらくこうした考え方がしっくりこなかったり、自分のイヌに対する経験とは反対だと思われた読者もいただろう。いい視点だ。長く大学教授を務めてきた者として、わたしたちは指導と学習の最善の方法は、積極的に批判的な疑問が出るよう促すことだと考えている。学生や読者には科学的に考えてもらいたいし、イヌの行動についてわたしたちの結論を鶴の一声と捉えて鵜呑みにしてほしくはない。

科学的探求はどの領域においても多様な見方、そして競合する理論がある。動物行動学も例外ではない。しかし他の条件がすべて同じであれば、たとえ複雑な理論が知的にも感情的にも魅力的であったとしても、科学は一般に観測可能な事実を説明できる最も単純な説明を選択する。例えば、ボーダーコリーがその腕前を披露していて、クラッピングから急追へと移り、ヒツジを美しくも知的なダンスを踊っているかのように誘導する姿を見ているとき、イヌはその作業のことを理解しているであるとか、心に意識的な目標をもっている、あるいは羊飼いを喜ばせたがっているといった仮説を受け入れるのは簡単だ。こうした考えは魅力的かもしれないが（そして多くの人が、ボーダーコリーはイヌの中で最も知的だと考えたがっている）、ボーダーコリーの内在的行動機構を理解することでもっと単純にこの行動を説明することができるのである。ボーダーコリーの行動が知的に見えるのは、羊飼いが知的だからであって、イヌの方が知的なわけではない。羊飼いが機械のスイッチを切り替えず、ボーダーコリーの運動パターンの発現を制御しなければ、イヌはヒツジを追いかけるとしても、あのよく知られた牧羊犬に独特な行動は決して見せないだろう。もちろん羊飼いが「さあ、ヒツジを納屋に入れろ。そうしたらバーで待ち合わせてビールで乾杯だ」とイヌに話しかけることはありえない。

　内在的遺伝メカニズムと発達過程における順応、創発的現象そして心の間の驚くほど複雑な相互作用を理解することは、科学にとって最大級の挑戦だ。将来、動物の行動を説明する理論として最善なものが最終的にどんなものになったとしても、他の人々がイヌをどう捉えどう価値づけようと、わたしたちはイヌが動物行動学者の研究対象として素晴らしく興味深い動物であると考えている。そして読者にもそのことを理解してもらえればと願っている。

謝辞

わたしたちの45年間にわたる研究の大部分は、ハンプシャー・カレッジ（マサチューセッツ州アマースト）とウルフ・パーク（インディアナ州バトルグラウンド）の学生と同僚との共同研究だ。そうしたわたしたちの研究に重要な貢献をしてくれた人たちすべてのお名前を挙げることは不可能だろう。研究を大きく前進させることができたのは、ハンプシャー・カレッジの初期の学長であったチャールズ（チャック）・ロングスウォースが、わたしたちの家畜護衛犬プロジェクトのような大規模な研究計画の資金集めのアイデアを提供してくれたおかげだ。計画初期にはメロン財団のスー・メロンとロックフェラー・ブラザーズ財団のビル・ディーテルから惜しみない援助をいただいた。ハンプシャー・カレッジ第3代学長アデル・シモンズには想像力豊かな資金調達構想を継続していただいた。アデルはヘレンティ・ホーマンズらを紹介してくれ、彼らもまた素晴らしい研究所と教室、オフィス、さらにイヌの飼育場の建設を支援してくれた。この飼育場のおかげで教職員と学生の関心が動物の行動に関する多様な学問的見地からの問いかけに向けられることにもなった。こうした学際的な交流からいくつか魅力的な研究も生まれた。多くの人がこの研究に貢献してくれたが、なかでもマシュー・ベリー、スーザン・ゴールドホール、ラモン・エスコベド・マルティネス、リン・ミラー、ドナテラ・ミュアヘッド、クリスティナ・ムーロ、フランシスコ・ペトルッチ＝フォンセカ、シルヴィア・リベイロ、ウィル・ライアン、C・K・スミス、リー・スペクター、ダニエル・スチュワート、マイク・サザーランド、そしてディーン・アーサー・ウェスティングらは計り知れない貢献をしてくれた。

わたしたちにとって最も意義深かったのは、学生が関わってくれたことだった。ハンプシャー・カレッジのユニークな教育プログラムは、学生自ら研究の方向性を決めることと学際的交流を重視していて、それに刺激された優秀な学部生が斬新な研究に取り組みその成果を発表している。本書の執筆にあたっても十数名の学生が手伝ってくれた。その多くが同僚研究者となりよき友人ともなっている。彼らの貢献については本文中や参考文献にしばしば引用させてもらっている。（残念ながら非常に多くのお名前は割愛させていただかざるを得ないが）一部だけ名前を挙げさせてもらうと、シンディ・アーロンズ、リスカ・クレメンス、アビー・グレーズ・ドレイク、ジョン・グレンデニング、ゲイル・ランゲロー、キャスリン・ロード、ジェイ・ローレンツ、アレシア・オートラーニ、マイク・サンズ、デイヴィッド・シメル、リチャード・シュナイダー、エレン・トロップ、キャリン・ヴォーゲルそしエミリー・グロウヴズ・ヤズウィンスキー。以前学生だったマラガ・バルディはいつもわたしたちに付き合い執筆を手伝ってくれた。ウルフ・パークと長くおつきあいさせていただいていることもありがたかった。エーリック・クリングハマーが１９７２年に設立したこの公園は、卓越した教育と研究の施設となっている。ウルフ・パークの職員とサポーターがわたしたちの研究のあらゆる側面で長年にわたって協力してくれている。エーリックはわたしたちにイヌ科動物の行動に関する知識を検証し教育する非常に貴重な場を提供してくれ、わたしたちを動物行動学のさらに広い世界と結びつけてくれた。わたしたちは著名な（そしてそれほど有名ではないとはいえ同じく重要な）ヨーロッパの動物学者と出会い交流することができたのもエーリックのおかげで、わたしたちが多くの実験を進めるのを支援するために、彼のスタッフまで送り込んでくれた。デイナ・ドランゼク、パット・グッドマン、ホリー・ジェイコックス、トム・オダウド、モンティ・スローンのような人々との交流がなければ、この45年間1日たりとも過ごすことはできなかった。

すべてのお名前を挙げることができないほど非常に多くの人々が組織の枠を越えてわたしたちの研究を支えてくれた。なかでもイタロ・コスタ、ハドソン・グリンプ、カール・フィリップス、ペテル・ピナルディそしてポール・トラクトマンを挙げておきたい。イギリス応用ペット動物行動学研究所のピーター・ネヴィルは本書の土台となる草案を執筆するきっかけを与えてくれた。最後になるが、もちろんとりわけ大切な人たちに感謝申し上げたい。ローナ・コッピンジャーとキャロル・ゴメス・ファインスタインには、知的な面でも個人的にも数え切れず計り知れないほどのご協力をいただいた。本当にありがとう。

speech. *Cognitive Critique* 3: 49-83.

McGinn, C. 2000. *The Mysterious Flame: Conscious Minds in a Material World.* New York: Basic Books.（『意識の〈神秘〉は解明できるか』、石川幹人・五十嵐靖博訳、青土社、2001 年）

Miklósi, Á. 2009. *Dog Behaviour, Evolution, and Cognition.* 1st ed. New York: Oxford University Press.（『イヌの動物行動学：行動、進化、認知』、藪田慎司他訳、東海大学出版部、2014 年）

Miklósi, Á., R. Polgárdi, J. Topál, and V. Csányi. 2000. Intentional behaviour in dog-human communication: an experimental analysis of "showing" behaviour in the dog. *Animal Cognition* 3: 159-66.

Miklósi, Á., and K. Soproni. 2006. A comparative analysis of animals' understanding of the human pointing gesture. *Animal Cognition* 9: 81-93.

Purves, D. 1988. *Body and Brain.* Cambridge, MA: Harvard University Press.（『体が神経を支配する：トロフィック説と脳の可塑性』、松本明訳、羊土社、1990 年）

Shettleworth, S. J, 1998. *Cognition, Evolution and Behavior.* New York: Oxford Universiry Press.

Stillings, N., S. Weisler, C. Chase, M. Feinstein, J. Garfield, and E. Rissland. 1995. *Cognitive Science: An Introduction.* 2nd ed. Cambridge, MA: MIT Press.（『認知科学通論』、海保博之訳、新曜社、1991 年）

Udell, M. A. R., N. R. Dorey, and C. D. L. Wynne. 2008. Wolves outperform dogs in following human social cues. *Animal Behaviour* 76: 1767-73.

Udell, M. A. R., K. A. Lord, E. N. Feuerbacher, and C. D. L. Wynne. 2014. A dog's-eye view of canine cognition. In *Domestic Dog Cognition and Behavior*, ed. A. Horowitz, 221-40. doi: 10.1007/978-3-642-53994-7-10.

van Rooijen, J. 2010. Do dogs and bees possess a "theory of mind"? *Animal Behaviour* 79:e7-e8.

Wynne, C. D. L. 2004. *Do Animals Think?* Princeton, NJ: Princeton University Press.

Wynne, C. D. L., and M. A. R. Udell. 2014. *Animal Cognition: Evolution, Behavior and Cognition*. 2nd ed. New York: Palgrave Macmillan.

Wynne, C. D. L., M. A. R. Udell, and K. A. Lord. 2008. Ontogeny's impacts on human-dog communication. *Animal Behaviour* 76:el-e4. doi: 10.1016/j.anbehav.2008.03.010.

233-51. Oxford: Blackwell.
Bekoff, M., C. Allen, and G. Burghardt. 2002. *The Cognitive Animal.* Cambridge, MA: MIT Press.
Bensky, M. K., S. D. Gosling, and D. L. Sinn. 2013. The world from a dog's view: a comprehensive review of dog cognition research. In *Advances in the Study of Behavior*, ed. H. J. Brockmann, 209-387. Vol. 45. Amsterdam: Elsevier.
Collier-Baker, E., J. M. Davis, and T. Suddendorf. 2004. Do dogs (*Canis familiaris*) understand invisible displacement? *Journal of Comparative Psychology* 118: 421-33.
Dennett. D. 1991. *Consciousness Explained.* New York: Little Brown and Co.（『解明される意識』、山口泰司訳、青土社、1998 年）
Fisher, S. E. 2006. Tangled webs: tracing the connections between genes and cognition. *Cognition* 101: 270-97.
Fiset, S., and V. Plourde. 2012. Object permanence in domestic dogs (*Canis lupus familiaris*) and gray wolves (*Canis lupus*). *Journal of Comparative Psychology* 127, no. 2: 115-27. doi: 10.1037/a0030595.
Gagnon, S., and F. Y. Doré. 1993. Search behavior ofdogs (Canisfamtliuris) in invisible displacement problems. *Animal Learning and Behavior* 21: 246-54.
Griffin, D. R. 1976. *The Question of Animal Awareness.* New York: Rockefeller University Press.（『動物に心があるか　心的体験の進化的連続性』、桑原万寿太郎訳、岩波書店、1979 年）
-----. 1984. *Animal Thinking.* Cambridge, MA: Harvard University Press.（『動物は何を考えているか』、渡辺政隆訳、どうぶつ社、1989 年）
-----. 1992. *Animal Minds.* Chicago: University of Chicago Press.（『動物の心』、長野敬・宮木陽子訳、青土社、1995 年）
Hall, N. J., M. A. R. Udell, N. R. Dorey, A. L. Walsh, and C. D. L. Wynne. 2011. Megachiropteran bats (*Pteropus*) utilize human referential stimuli to locate hidden food. *Journal of Comparative Psychology* 125: 341-46.
Hare, B., M. Brown, C. Williamson, and M. Tomasello. 2002. The domestication of social cognition in dogs. *Science* 298: 1634-36.
Horowitz, A. 2009. Attention to attention in domestic dog (Canisfamtliuris) dyadic play. *Animal Cognition* 12: 107-18.
-----, ed. 2014. *Domestic Dog Cognition and Behavior*. Berlin: Springer.
Jackendoff, R. 1994. *Patterns in the Mind.* New York: Basic Books.（『心のパターン』、水光雅則訳、岩波書店、2004 年）
Kendrick, K. M. 1991. How the sheep's brain controls the visual recognition of animals and humans. *Journal of Animal Science* 69: 5008-16.
Kruska D. 1988. Mammalian domestication and its effect on brain structure and behavior. In *Intelligence and Evolutionary Biology*, ed. H. J. Jerison and I. Jerison. New York: Springer-.
MacNeilage, P. F., 2011. Lashley's serial order problem and the acquisition/evolution of

Fagen, R. 1981. *Animal Play Behavior*. New York: Oxford University Press.
-----. 1992. Play, fun and the communication of well-being. *Play and Culture* 5: 40-58.
Fagen, R., and J. Fagen. 2004. Juvenile survival and benefits of play behaviour in brown bears, *Ursus arctos. Evolutionary Ecology Research* 6: 89-102.
-----. 2009. Play behaviour and multi-year juvenile survival in free-ranging brown bears, *Ursus arctos. Evolutionary Ecology Research* 11: 1053-67.
Graham, K. L., and G. M. Burghardt. 2010. Current perspectives on the biological study of play: signs of progress. *Quarterly Review of Biology* 85: 393-418.
Leyhausen, P., 1979. *Cat Behavior: The Predatory and Social Behavior of Domestic and Wild Cats*. New York: Garland STPM Press. (『ネコの行動学』、今泉吉晴、今泉みね子訳、どうぶつ社、1998年)
Palagi, E.. G. M. Burghardt, B. Smuts, G. Cordoni, S. Dall'Olio, H. N. Fouts, M. Řeháková-Petrtů, S. M. Siviy, and S. M. Pellis. 2015. Rough-and-tumble play as a window on animal communication. *Biological Reviews*.
Panksepp, J. 1981. The ontogeny of play in rats. *Developmental Psychobiology* 14, no. 4: 327-32.
-----. 1998. *Affective Neuroscience: The Foundations of Human and Animal Emotions*. New York: Oxford University Press.
Pellis, S. M., and V. C. Pellis. 1996. On knowing it's only play: the role of play signals in play fighting. *Aggression and Violent Behavior* I: 249- 68.
-----. 2009. *The Playful Brain: Venturing to the Limits of Neuroscience*. Oxford: Oneworld Press.
Pellis, S. M., V. C. Pellis, and H. C. Bell. 20ro. The function of play in the development of the social brain. *American Journal of Play* 2, no. 3: 278-96.
Pellis, S. M., V. C. Pellis, and C. J. Reinhart. 2010. The evolution of social play. In *Formative Experiences: The Interaction of Caregiving, Culture, and Developmental Psychobiology*, ed. C. Worthman, P. Plotsky, D. Schechter, and C. Cummings, 404-31. Cambridge: University Press, Cambridge.
Richmond, G., and B. D. Sachs. Ig80. Grooming in Norway rats: the development and adult expression of a complex motor pattern. *Behaviour* 75, nos. 1-2: 82-96.
Spencer. H, 1855. T*he Principles of Psychology*. London: Longman. Brown Green and Longmans.

第10章

Arons, C., and W. Shoemaker. 1992. The distribution of catecholamines and β-endorphin in the brains of three behaviorally distinct breeds of dogs and their F1 hybrids. *Brain Research* 594, no. 1: 31-39.
Baron-Cohen, S. 1991. Precursors to a theory of mind: understanding attention in others. In *Natural Theories of Mind: Evolution, Development and Simulation*, ed. A. Whiten,

in evolving populations of flying agents. In *Proceedings of the Genetic and Evolutionary Computation Conference (GECC0-2003)*, ed. E. Cantu-Paz et al., 61-73. Berlin: Springer.

Stromböm D., R. P. Mann, A. M. Wilson, S. Hailes, A. J. Morton, D. J. T. Sumpter, and A. J. King. 2014. Solving the shepherding problem- heuristics for herding autonomous, interacting agents. *Journal of the Royal Society: Interface* 11: 201407819.

Zimen, E, 1987. Ontogeny of approach and flight behavior toward humans in wolves, poodles and wolf-poodle hybrids. In Man and Wolf, ed. H. Frank, 275-92. Dordrecht: Dr. W. Junk Publishers.

第9章

Bekoff, M. 1995. Play signals as punctuation: the structure of social play in canids. *Behaviour* 132: 419-29.

Bekoff, M., and J. A. Byers. 1981. A critical re-analysis of the ontogeny and phylogeny of mammalian social and locomotor play: an ethological hornet's nest. In *Behavioral Development: The Bielefeld Interdisciplinary Project*, edited by K. Immelmann et al., 296-337. Cambridge: Cambridge University Press., eds.

-----. 1998. *Animal Play: Evolutionary, Comparative, and Ecological Approaches*. New York: Cambridge University Press.

Bell, H. C., and S. M. Pellis. 2011. A cybernetic perspective on food protection in rats: simple rules can generate complex and adaptable behaviour. *Animal Behaviour* 82: 4.

Bradshaw, J. W. S., A. J. Pullen, and J. Nicola. 2015. Why do adult dogs "play"? *Behavioural Processes* 110: 82-87.

Burghardt, G. M. 19g8. The evolutionary origins of play revisited: lessons from turtles. In *Animal Play: Evolutionary, Comparative, and Ecological Perspectives*, ed. M. Bekoffand J. A. Byers, 1-26. Cambridge: Cambridge University Press.

-----. 2009. *The Genesis of Animal Play*. Cambridge, MA: MIT Press.

-----. 2011. Defining and recognizing play. In *The Oxford Handbook of the Development of Play*, A. D. Pellegrini, 9-18. Oxford: Oxford University Press.

-----. 2014. A brief glimpse at the long evolutionary history of play. *Animal Behavior and Cognition* 1: 90-98.

-----. In press. The origins, evolution, and interconnections of play and ritual: setting the stage. In *Play, Ritual and Belief an Animals and in Early Human Societies*, ed. C. Renfrew, I. Morley; and M. Boyd. Cambridge: Cambridge University Press.

Coppinger, R. P., J. Glendinning, E. Torop, C. Matthay, M. Sutherland, and C. Smith. 1987. Degree of behavioral neoteny differentiates canid polymorphs. *Ethology* 75: 89-108.

Coppinger, R. P., and C. K. Smith. 1989. A model for understanding the evolution of mammalian behavior. *Current Mammalogy* 2: 335-74.

and maladjusted social behavior of puppies. *Journal of Genetic Psychology* 77: 25-60.

Spencer, J. P., M. S. Blumberg, B. McMurray, S. R. Robinson, L. K. Samuelson, and J. B. Tomblin. 2009. Short arms and talking eggs: why we should no longer abide the nativist-empiricist debate. *Child Development Perspectives* 3, no. 2: 79-87

Twitry, V. C. 1966. *Of Scientists and Salamanders*. San Francisco: W. H. Freeman.

West, M, A. King, and D. White. 2003. The case for developmental ecology. *Animal Behaviour* 66: 617-22.

West-Eberhard, M. J. 2003. *Developmental Plasticity and Evolution.* Oxford: Oxford University Press.

第8章

Altenberg. L. 1994. Emergent phenomena in genetic programming. In *Evolutionary Programming: Proceedings of the Third Annual Conference*, ed. A. V. Sebald and L. J. Fogel, 233-41. River Edge, NJ: World Scientific Publishing.

Bell, H. S., and M. Pellis. 2011. A cybernetic perspective on food protection in rats: simple rules can generate complex and adaptable behaviour. *Animal Behaviour* 82:659-66.

Coppinger, R., and M. Feinstein. 1991. Hark! hark! the dogs do batk. and bark and bark. *Smithsonian* 21: u9-29.

Escobedo, R., C. Muro, L. Spector, and R. P. Coppinger. 2014. Group size, individual role differentiation and effectiveness of cooperation in a homogeneous group of hunters. *Journal of the Royal Society: Interface* 11, no. 95: 1-10.

Fentress, J. C. 1992. Emergence of pattern in the development of mammalian movement sequences. *Journal of Neurobiology* 23: 1529-56. doi: 10.1002jneu.480231011.

Lord, K., M., Feinstein, and R. Coppinger. 2009. Barking and mobbing. *Behavioural Processes* 81: 358-68.

Morton, E. S. 1977. On the occurrence and significance of motivation-structural rules in some bird and mammal sounds. *American Naturalist* 111: 855-69.

Muro, C., R. Escobedo, L. Spector, and R. P. Coppinger. 2011. Wolf-pack (*Canis lupus*) hunting strategies emerge from simple rules in computational simulations. *Behavioural Processes* 88: 192-97.

Saunders, P. T. 1993. The organism as a dynamical system. *Thinking about Biology*, ed. W. Stein and F. Varela, 41-63. SFI Studies in the Sciences of Complexity, Lecture Notes, vol. 3. Reading, MA: Addison Wesley.

Schassburger, R. 1993. *Vocal Communication in the Timber Wolf,* Canis lupus (*Linnaeus*): *Structure, Motivation, and Ontogeny*. Advances in Ethology, no. 30. Berlin: Paul Parey

Spector, L. 2011. Towards practical autoconstructive evolution: self-evolution of problem-solving genetic programming systems. In *Genetic Programming Theory and Practice*, vol. 8, ed. R. Riolo. T. McConaghy, and E. Vladislavleva, 17-33. New York: Springer.

Spector, L., J. Klein, C. Perry, and M. Peinstein. 2003. Emergence of collective behavior

vulpes). *Behavioural Processes* no: 3-14.
Leyhausen, P. 1973. *Motivation of Humans and Animal Behavior: An Ethological View*. New York: Van Nostrand.
Lord, K., R. P. Coppinger, and L. Coppinger. 2013. Differences in the behavior of dog breeds. In *Genetics and the Behavior of Domestic Animals*, ed. T. Grandin and M. J. Deesing 195-235. 2nd ed. San Diego, CA: Acadernic Press.
Schleidt, W. M. 1974. How "fixed" is the fixed action pattern? *Zeitschrift für Tierpsychologie* 36: 184-2n.
Serpell, J., and I. A. Jagoe. 1995. Early experience and the development of behaviour.
In *The Domestic Dog: Its Evolution, Behaviour, and Interactions with People*, ed. J. Serpell, 79-102. Cambridge: Cambridge University Press.（J・サーペル編『ドメスティック・ドッグ―その進化・行動・人との関係』、森祐司監修、武部正美訳、チクサン出版社　1999 年所収）
Twitty, V. C. 1966. *Of Scientists and Salamanders*. San Francisco: W. H. Freeman.

第 7 章

Bateson, P. 1979. How do sensitive periods arise and what are they for? *Animal Behaviour* 27: 470-86.
-----. 2010. *Independent Inquiry into Dog Breeding*. Halesworth, UK: Micropress.
Chomsky, N. 1975. *Reflections on Language*. New York: Pantheon Press.（『言語論：人間科学的省察』、井上和子ほか共訳、大修館書店、1979 年）
Estep, D. Q. 1996. The ontogeny of behavior. In *Readings in Companion Animal Behavior*, ed. V. L. Voith and P. L. Borchelt, 19-31. Trenton, NJ: Veterinary Learning Systems.
Fentress, J. C., and F. P. Stillwell. 1973. Grammar of a movement sequence in inbred mice. *Nature* 244: 52-53.
Fox, M. 1969. Behavioral effects of rearing dogs with cats during the "critical period of socialization." *Behaviour* 35: 273-80.
Goldin-Meadow, S. 2005. Watching language grow. *Proceedings of the National Academy of Science* 102: 2271-72.
Lord, K. A. 2013. A comparison of the sensory development of wolves (*Canis lupus lupus*) and dogs (*Canis lupus familiaris*). Ethology 119: 110-20.
Serpell. J., and J. A. Jagoe. 1995. Early experience and the development of behaviour. In *The Domestic Dog: Its Evolution, Behaviour, and Interactions with People*, ed. J. Serpell, 79-102. Cambridge: Cambridge University Press.（J・サーペル編『ドメスティック・ドッグ―その進化・行動・人との関係』、森祐司監修、武部正美訳、チクサン出版社　1999 年所収）
Schneider, R. A. 2007. How to tweak a beak: molecular techniques for studying the evolution of size and shape in Darwin's finches and other birds. *BioEssays* 29: 1-6.
Scott, J. P., and M. Marston. 1950. Critical periods affecting the development of normal

Schleidt, W. M. 1974. How "fixed" is the fixed action pattern? *Zeitschrift für Tierpsychologie* 36: 184-211.

第 5 章

Hall, W. G., and C. L. Williams. 1983. Suckling isn't feeding, or is it? a search for developmental continuities. *Advances in the Study of Behavior* 13: 219-54.
Leyhausen, P. 1979. *Cat Behavior: The Predatory and Social Behavior of Domestic and Wild Cats*. New York: Garland STPM Press.（『ネコの行動学』、今泉吉晴、今泉みね子訳、どうぶつ社、1998 年）
Lord, K. 2010. A heterochronic explanation for the behaviorally polymorphic genus *Canis*: a study of the development of behavioral difference in dogs (*Canis lupus familiaris*) and wolves (*Canis lupus lupus*). PhD diss. University of Massachusetts, Amherst.
-----. 2013. A comparison of the sensory development of wolves (*Canis lupus lupus*) and dogs (*Canis lupus familiaris*). *Ethology* 119:110-20.
Lord, K., M. Feinstein, B. Smith, and R. Coppinger. 2cu3. Variation in reproductive traits of members of the genus Canis with special attention to the domestic dog (*Canis familiaris*). *Behavioural Processes* 92: 131-42.

第 6 章

Berridge, K. C., J. C. Fentress, and H. Parr. 1987. Natural syntax rules control action sequence of rats. *Behavioural Brain Research* 23: 59-68.
Coppinger, R., and L. Coppinger. 2001. *Dogs: A New Understanding of Canine Origin, Behavior and Evolution*. New York: Scribner.
Coppinger, R. P., C. K. Smith, and L. Miller. 1985. Observations on why mongrels may make effective livestock protecting dogs. *Journal of Range Management* 38: 560-61.
Coren. S. 1995. *The Intelligence of Dogs: A Guide to the Thoughts, Emotions, and Inner Lives of Our Canine Companions*. New York: Bantam Books.（『デキのいい犬、わるい犬ーあなたの犬の偏差値は ?』、木村博江訳、文藝春秋、1994 年）
Fentress, J. C. 1990. Organizational patterns in action: local and global issues in action pattern formation. *In Signal and Sense: Local and Global Order in Perceptual Maps,* ed. G. M. Edelman, W. E. Gall, and W. M. Cowan, 357-82. New York: Wiley-Liss.
Fentress, J. C., and S. Gadbois. 2001. The development of action sequences. In *Developmental Psychobiology, Developmental Neurobiology and Behavioral Ecology: Mechanisms and Early Principles*, ed. E. M. Blass. Handbooks of Behavioral Neurobiology, vol. 13: New York: Kluwer Academic Publishers.
Gadbois, S., O. Sievert. C. Reeve, F. H. Harrington, and J. C. Fentress. 2015. Revisiting the concept of behavior patterns in animal behavior with an example from food-caching sequences in wolves (*Canis lupus*), coyotes (*Canis latrans*), and red foxes (*Vulpes*

Haldane, J. B. S. 1926. On being the right size. *Harper's Magazine* (March), 424-27.
Kemper, K. E., P. M. Visscher, and M. E. Goddard. 2012. Genetic architecture of body size in mammals. *Genome Biology* 13: 244.
Morey, D. F. 1992. Size, shape, and development in the evolution of the domestic dog. *Journal of Archaeological Science* 19: 181-204.
Phillips, C. J., R. P. Coppinger, and D. S. Schimel. 1981. Hyperthermia in running sled dogs. *Journal of Applied Physiology* 51:135-42.
Sands, M. W., R. P. Coppinger, and C. I. Phillips., 1977. Comparisons of thermal sweating and histology of sweat glands of selected canids. *Journal of Mammalogy* 58: 74-78.
Stockard, C. R. 1941. *The Genetic and Endocrinic Basis for Differences in Form and Behavior*. American Anatomical Memoirs, no. 19. Philadelphia: Wistar Institute of Anatomy and Biology.

第 4 章

Barlow, G. W. 1977. Modal action patterns. In *How Animals Communicate*, T. A. Sebeok, 98-134. Bloomington: Indiana University Press.
Coppinger, R., and L. Coppinger. 1996. Biological bases of behavior of domestic dog breeds. In R*eadings in Companion Animal Behavior*, ed. V. Voith and P. Borchelt, 9-18. Trenton, NJ: Veterinary Learning Systems.
-----. 1998. Differences in the behavior of dog breeds. In *Genetics and Behavior of Domestic Animals*, ed. T. Grandin. San Diego, CA: Academic Press.
-----. 2001. D*ogs: A New Understanding of Canine Origin, Behavior and Evolution*. New York: Scribner.
Coppinger, R., and R. Schneider. 1995. The evolution of working dog behavior. In *The Domestic Dos*, ed. I. A. Serpell. Cambridge: Cambridge University Press.（J・サーペル編『ドメスティック・ドッグ―その進化・行動・人との関係』、森祐司監修、武部正美訳、チクサン出版社　1999 年所収）
Fentress, J. C., and P. J. McLeod. 1986. Motor patterns in development. In *Developmental Psychobiology and Developmental Neurobiology*, ed. E. M. Blass, 35-97. Handbook of Behavioral Neurobiology, vol. 8. New York: Plenum Press.
Lehner, P. 1979. *Handbook of Ethological Methods*. Cambridge: Cambridge University Press.
Leyhausen, P. 1979. *Cat Behavior: The Predatory and Social Behavior of Domestic and Wild Cats*. New York: Garland STPM Press.（『ネコの行動学』、今泉吉晴、今泉みね子訳、どうぶつ社、1998 年）
Lord, K., R. Schneider, and R. Coppinger. In press. The evolution of working dog behavior. In *The Domestic Dog*, ed. J. A. Serpell. Cambridge: Cambridge University Press.（J・サーペル編『ドメスティック・ドッグ―その進化・行動・人との関係』所収）
Morey, D. F. 1992. Size, shape, and development in the evolution of the domestic dog. *Journal of Archaeological Science* 19: 181-204.

Dawkins, R. 1976. Hierarchical organization: a candidate principle for ethology. In *Growing Points in Ethology*, ed. P. P. G. Bateson and R. A. Hinde, 7-54. Cambridge: Cambridge University Press.
Eibl-Eibesfeldt, I. 1970. *Ethology: The Biology of Behavior*. New York: Holt, Rinehart and Winston.
Kruuk, H. 2003. *Niko's Nature: A Life of Niko Tinbergen and the Science of Animal Behavior*. Oxford: Oxford University Press.
Lehner, P. N. 1996. *Handbook of Ethological Methods*. Cambridge: Cambridge University Press.
Lorenz. J., R. Coppinger, and M. Sutherland. 1986. Causes and economic effects of mortality in livestock guarding dogs. *Journal of Range Management* 39: 293-95.
Lorenz, K. 19S5. *Man Meets Dog*. Boston: Houghton Mifflin Company.
Martin, P., and P. Bateson. 2007. *Measuring Behaviour: An Introductory Guide*. Cambridge: Cambridge University Press. (『人イヌにあう』、小原秀雄訳、至誠堂、1966 年)
Nisbett, A. 1976. *Konrad Lorenz*. New York: Harcourt Brace Jovanovich. (『コンラート・ローレンツ』(新装版)、木村武二訳、東京図書、1986 年)
Price, E. O. 1999. Behavioral development in animals undergoing domestication. *Applied Animal Behaviour Science* 55: 245-71.
Spencer, J. P., M. S. Blumberg, B. McMurray, S. R. Robinson, L. K. Samuelson, and J. B. Tomblin. 2009. Short arms and talking eggs: why we should no longer abide the nativist-empiricist debate. *Child Development Perspectives* 3, no. 2: 79-87.
Thorpe, W. H. 1966. Ritualization in ontogeny. *Philosophical Transactions of the Royal Society of London*, ser. B: Biological Sciences 251: 311-19.
Tinbergen, N. 1951. *The Study of Instinct*. Oxford: Oxford University Press. (『本能の研究』、永野為武訳、三共出版、1975 年)
-----. 1968. On war and peace in animals and man. *Science* 160: 1411-18.
-----.1963. On aims and methods of ethology. *Zeitschnft für Tierpsychologie* 20:410-33.
-----. 1972. *The Animal in Its World*, vol. 1, Field Studies. London: George Allen and Unwin. (『ティンバーゲン動物行動学 - 上巻　野外研究編』、日高敏隆・羽田節子訳、平凡社、1982 年)
Twitty, V. C. 1966. *Of Scientists and Salamanders*. San Francisco: W. H. Freeman.

第 3 章

Arons, C., and W. Shoemaker. 1992. The distribution of catecholamines and ⊠-endorphin in the brains of three behaviorally distinct breeds of dogs and their F_1 hybrids. *Brain Research* 594, no. 1: 31-39.
Coppinger, L. 1977. *The World of Sled Dogs*. New York: Howell Book House.
Coppinger, R. 2009. Physical and behavioral conformation of dogs. *Skripte Animal Learn Internationales Hundesymposium* 2009: 5-18.

McDermott, D. 2001. *Mind and Mechanism*. Cambridge. MA: MIT Press.
Morey, D. F. 2005. Burying the evidence: the social bond between dogs and people. *Journal of Archaeological Science* 33: 158-75.
Podberscek, A. L. 2009. Good to pet and eat: the keeping and consuming of dogs and cats in South Korea. *Journal of Social Issues* 65: 615-32.
Price. E. O. 1984. Behavioral aspects of animal domestication. *Quarterly Review of Biology* 59: 1-32.
-----. 1998. Behavioral genetics and the process of animal domestication. In *Genetics and the Behavior of Domestic Animals,* ed. T. Grandin, 31-65. San Diego. CA: Academic Press.
Woolpy, J. H., and B. E. Ginsburg. 1967. Wolf socialization: a study of temperament in a wild social species. *American Zoologist* 7: 357-63.
World Health Organization. 2004. *WHO Expert Consultation on Rabies: First Report.* Geneva, Switzerland: World Health Organization.
Wynne, Clive D. L. 2007. What are animals? why anthropomorphism is still not a scientific approach to behavior. *Comparative Cognition and Behavior Reviews* 2:125-35.

第2章

Burghardt, G. M. 1973. Instinct and innate behavior: toward an ethological psychology In *The Study of Behavior: Learning, Motivation, Emotion, and Instinct*, ed. J. A. Nevin and G. S. Reynolds, 322-400. Glenview, IL: Scott Foresman.
Coppinger, L., and R. Coppinger. 1982. Livestock-guarding dogs that wear sheep's clothing. *Smithsonian* 13, no. 1 (April): 64-73.
Coppinger, R., and L. Coppinger. 1995. Interactions between livestock guarding dogs and wolves. In *Ecology and Conservation of Wolves in a Changing World,* ed. L. N. Carbyn, S. H. Fritts, and D. R. Seip, 523-26. Occasional Publication no. 35. Edmonton: Canadian Circumpolar Institute.
-----. 1993. Dogs for herding and guarding livestock. In *Livestock Handling and Transport,* ed. T. Grandin, 179-96. Wallingford, UK: CAB International.
Coppinger, R., L. Coppinger, G. Langeloh, L. Gettler, and J., Lorenz. 1988. A decade of use of livestock guarding dogs. *Proceedings of the Vertebrate Pest Conference* 13: 209-14.
Coppinger. R., J. Lorenz. J. Glendinning, and P. Pinardi. 1983. Attentiveness of guarding dogs for reducing predation on domestic sheep. *Journal of Range Management* 36: 275-79.
Coppinger, R., and R. Schneider. 1995. The evolution of working dog behavior. In *The Domestic Dog: Its Evolution, Behaviour, and Interactions with People*, ed. J. Serpell, 21-47. Cambridge: Cambridge University Press.（J・サーペル編『ドメスティック・ドッグーその進化・行動・人との関係』森祐司監修、武部正美訳、チクサン出版社　1999 年所収）

参考文献

以下に各章で取り上げたり参照した書籍、学術論文その他の資料を挙げておく。わたしたちの議論とは別の考え方や、もっと幅広く、奥深い（もっと技術的な）アプローチを知りたい読者には興味があるだろう。

第1章

Burghardt, G. M. 2007. Critical anthropomorphism, uncritical anthropocentrism, and naïve nominalism. *Comparative Cognition and Behavior Reviews* 2: 136-38.

Coppinger, R., and L. Coppinger. 2001. *Dogs: A New Understanding of Canine Origin, Behavior, and Evolution*. Chicago: University of Chicago Press.

Coppinger, R. P. and C. K. Smith. 1983. The domestication of evolution. *Environmental Conservation* 10: 283-92.

Coppinger, R., L. Spector, and L. Miller. 2010. What, if anything, is a wolf? In *The World of Wolves: New Perspectives on Ecology, Behaviour, and Management,* ed. M. Musiani, L. Boitani, and P. C. Paquet, 41-67. Calgary: University of Calgary Press.

Darwin, C. 1858. On the tendency of species to form varieties and on the perpetuation of varieties of species by natural selection. *Zoological Journal of the Linnean Society* 3: 45-62.

-----. 1899. *The Variation of Animals and Plants under Domestication,* Vol. 1. New York: Appleton.（ダーウィン全集4『家畜・栽培植物の変異』、永野為武・篠遠嘉人訳、白揚社、1938年）

Frank. H., and M. G. Frank. 1982. On the effects of domestication on canine social development and behavior. *Applied Animal Ethology* 8: 507-25.

Klinghammer, E., and P. A. Goodman. 1987. Socialization and management of wolves in captivity. *Man and Wolf,* ed. H. Frank, 31-59. Dordrecht: Dr. W. Junk Publishers.

Larson, G., E. K. Karlsson, A. Perri, M. T. Webster, S. Y. W. Ho, J. Peters, et al. 2012. Rethinking dog domestication by integrating genetics, archeology, and biogeography. *Proceedings of the National Academy of Sciences* 109, no. 23: 8878-83.

Lorenz, K. Z. 1950. The comparative method in studying innate behavior patterns. In *Physiological Mechanisms of Animal Behavior,* ed. Society for Experimental Biology, 221-68. Symposia of the Society of Experimental Biology, no. 4. Cambridge: Cambridge University Press.

-----. 1982. *The Foundations of Ethology: The Principal Ideas and Discoveries in Animal Behavior*. New York: Simon and Schuster.

【著者】

レイモンド・コッピンジャー (Raymond Coppinger)

ハンプシャー・カレッジ生物学名誉教授。著書として本書と同じくシカゴ大学出版部から出版された『イヌの驚くべき起源、行動、進化』(Dogs: A New Understanding of Canine Origin, Behavior, and Evolution) などがある。イヌ研究の第一人者として、さまざまな分野に影響を与えている。

マーク・ファインスタイン (Mark Feinstein)

ハンプシャー・カレッジ認知科学教授。

【訳者】

柴田譲治 (しばた・じょうじ)

1957 年神奈川県生まれ。早稲田大学大学院理工学研究科修士課程修了。サイエンスライターなどを経て翻訳家。主な訳書に『世界の科学者図鑑』『ヴィジュアル版人類が解けない科学の謎』『ヒトとイヌがネアンデルタール人を絶滅させた』『大絶滅時代とパンゲア超大陸』など。

イヌに「こころ」はあるのか

遺伝《いでん》と認知《にんち》の行動学《こうどうがく》

●

2016年9月28日　第1刷

著者…………レイモンド・コッピンジャー
マーク・ファインスタイン

訳者…………柴田譲治《しばたじょうじ》

装幀…………犬塚勝一

発行者…………成瀬雅人

発行所…………株式会社原書房

〒160-0022 東京都新宿区新宿 1-25-13
電話・代表 03（3354）0685
http://www.harashobo.co.jp
振替・00150-6-151594

印刷…………新灯印刷株式会社
製本…………東京美術紙工協業組合

ISBN978-4-562-05348-3, Printed in Japan